先进高强贝氏体钢相变和组织性能控制

胡海江　周明星　徐 光　著

北 京
冶 金 工 业 出 版 社
2021

内 容 提 要

本书第1、2章简要介绍了贝氏体及贝氏体钢基本原理、研究现状及应用前景，第3~6章主要论述了成分设计、热处理工艺、变形和应力等对贝氏体钢相变、组织和性能的影响。本书内容均立足于作者多年来在贝氏体钢方面的研究成果，以期能对贝氏体和贝氏体钢相关知识的推广和应用产生促进作用。

本书可供从事金属材料组织和性能控制等方面研究的科技人员及高等院校有关专业师生参考。

图书在版编目(CIP)数据

先进高强贝氏体钢相变和组织性能控制/胡海江，周明星，徐光著.
—北京：冶金工业出版社，2021.12

ISBN 978-7-5024-8748-5

Ⅰ.①先… Ⅱ.①胡… ②周… ③徐… Ⅲ.①贝氏体钢—研究
Ⅳ.①TG142.2

中国版本图书馆CIP数据核字(2021)第032064号

先进高强贝氏体钢相变和组织性能控制

出版发行 冶金工业出版社　**电　话** (010)64027926
地　址 北京市东城区嵩祝院北巷39号　**邮　编** 100009
网　址 www.mip1953.com　**电子信箱** service@mip1953.com

责任编辑 曾 媛 美术编辑 彭子赫 版式设计 禹 蕊
责任校对 王永欣 责任印制 李玉山
三河市双峰印刷装订有限公司印刷
2021年12月第1版，2021年12月第1次印刷
710mm×1000mm 1/16；14.5印张；284千字；224页
定价89.00元

投稿电话 (010)64027932 投稿信箱 tougao@cnmip.com.cn
营销中心电话 (010)64044283
冶金工业出版社天猫旗舰店 yjgycbs.tmall.com

前　言

自20世纪30年代末期，贝氏体组织被Davenport和Bain等人发现，贝氏体得到了广泛研究和应用，至今已经开发出了多种系列贝氏体钢。我国著名学者柯俊、徐祖耀院士等人在贝氏体相变及贝氏体的组织和性能研究方面做出了巨大贡献，国内也出版了一些关于贝氏体及贝氏体钢的专著，如《贝氏体相变与贝氏体》（徐祖耀等著）、《贝氏体与贝氏体相变》（刘宗昌等著）等，对提升贝氏体及贝氏体相变认识起到了重要作用，推动了贝氏体及贝氏体钢在国内的研究及推广应用。围绕贝氏体相变本质特征，研究人员做了大量工作，但贝氏体相变的本质特征仍存在分歧，例如国际上仍然存在切变控制和扩散控制两种观点。尽管如此，这并没有阻碍贝氏体钢的实际生产和应用，目前贝氏体钢已在全世界得到认可并推广，其中低碳贝氏体钢的生产和应用更为广泛，但中、高碳高强贝氏体钢的应用还有诸多限制，其中主要的问题在于板条贝氏体相变的时间过长，贝氏体钢组织控制与强塑性的内在关系还未完全明确等。因此出版一本关于贝氏体钢，尤其是超高强贝氏体钢相变、组织和性能控制及优化方面的专著是十分必要的。

本书的写作从酝酿至完稿长达七年之久，内容总结了作者在贝氏体钢方面的研究工作和结果，主要包括成分设计、热处理工艺、变形和应力等对贝氏体相变、组织和性能的影响规律，目的是通过优化贝氏体钢成分及加工和热处理工艺，精确控制贝氏体组织，提升贝氏体钢性能。此外，通过变形、外加应力等手段研究加速低温贝氏体相变的方法，为超高强贝氏体钢的开发和应用建立基础。如能由本书引起学术讨论，也将对贝氏体相变理论的探索和发展起到推动作用，对贝氏体钢的应用起到促进作用，这都是作者所冀望的。

本书第3、5章由胡海江执笔，第6章由周明星执笔，第1章由徐光执笔，第2、4章由胡海江、周明星合写，全书由徐光统稿。要特别感谢田俊羽博士提供的部分素材，感谢陈光辉、姚籽杉、刘曼等博士生的实验贡献。

本书书稿经历过多次修改，力求精简易懂，但由于作者水平所限，不足和疏漏之处在所难免，谨希望读者指正。

胡海江

2020年9月

目　录

1 概 述

先进高强度钢（Advanced High Strength Steel，AHSS）的研究和生产一直受到钢铁研究界和企业界重视，随着钢铁产品不断升级换代，对钢铁材料的强度提出了更高要求，超高强度钢逐渐成为研究热点。超高强度钢是在传统合金结构钢的基础上发展起来的具有超高强度的钢铁材料，采用合金化、冷热加工和热处理工艺，能显著提高其强度，同时获得良好的韧塑性。超高强度钢使用范围很广泛，包括桥梁建筑、机械制造、车辆工程、海洋船舶等领域；此外，还可应用于装甲车钢板、重载列车转向架和大型运输机起落架等特殊领域。因此，超高强度钢具有广阔的应用前景，是先进高强度钢铁材料的重要发展和研究方向。随着钢材强度水平提高，通常其塑性、韧性会降低，在钢铁材料超高强度化发展趋势下，同时保持良好塑性、韧性是其面临的重要问题，新一代钢铁材料发展的目标是在满足超高强度的同时具有良好的韧塑性。

近年来，一种具有高强塑积的贝氏体钢受到钢铁界重视，其具有超高的强度和良好的韧性，被称为超级贝氏体钢[1]，是依据超细晶粒钢理论和组织调控思想发展起来的新一代钢铁材料。这种新型贝氏体钢具有贝氏体钢中最高的强塑积和超细贝氏体结构，其屈服强度高达 1.5GPa，抗拉强度为 1.77~2.5GPa，伸长率为 5%~30%，断裂韧性高达 $40MPa \cdot m^{1/2}$，具有优异的强韧性匹配，其室温韧性可以媲美高强钢中韧性最优的回火马氏体钢[2]。超级贝氏体钢由英国剑桥大学著名教授 Bhadeshia 及其团队提出[3,4]，该钢利用 Si 元素抑制脆性碳化物的析出，并通过低温贝氏体相变得到超细板条贝氏体，其显微组织为纳米级贝氏体板条和板条间分布的薄膜状残余奥氏体，以及少量马氏体。超细贝氏体板条提供超高强度，残余奥氏体为韧性相，在小应力作用下会发生塑性变形，延缓裂纹的扩展，有利于提高钢材韧塑性；应力作用较大时，残余奥氏体则会发生马氏体相变诱发塑性效应（TRIP 效应），进一步提高钢的强韧性能。

超级贝氏体钢中超细（微/纳米级别）贝氏体结构是通过低温贝氏体转变得到的，低温转变的特点决定了其超长的转变时间[5]，不利于工业生产，因此需要从成分设计、热处理和变形等工艺方面考虑缩短贝氏体转变时间的途径。同时，变形对贝氏体相变的影响还存在三种不同的观点：一些学者认为变形阻碍贝氏体相变；也有学者认为变形仅加速初始贝氏体相变，但减少贝氏体最大转变量；还有学者认为变形促进整个贝氏体相变过程。因此，变形对贝氏体相变的影响还有待阐明。此外，为使超级贝氏体钢同时具备超高强度和高韧塑性，需要对超级贝氏体钢中贝氏体组织和残余奥氏体的微结构（包括含量、形貌和分布等）进行合理调控，深入研究超级贝氏体钢的相变规律，建立超细贝氏体组织的形成理论和调控技术。本书基于国内外超高强度钢已有的良好基础，以超高强贝氏体钢（即超级贝氏体钢，也称纳米结构贝氏体钢）为研究对象，分析了成分、热处理工艺以及变形对超高强贝氏体钢相变、组织和性能的影响规律，探讨超高强贝氏体钢成分设计与制备过程中的关键基础科学问题，力争在超级贝氏体钢的成分设计、热处理和变形工艺等方面提供理论和技术基础，本书研究可以为超级贝氏体钢的开发与生产提供理论指导，具有重要科学意义和实际应用价值。

1.1 贝氏体的发展

1.1.1 贝氏体的发现

英国金相学家和地质学家索比（H. C. Sorby，1826~1908）把岩相学的方法，即试样制备、抛光和腐蚀等相关技术运用到钢铁研究工作中，开创了金相学研究方法的先河，引起了世界各国研究人员的强烈反响，激起了人们对钢铁微观结构的研究。截止到20世纪20年代初期已经陆续发现了铁素体、奥氏体、渗碳体、珠光体、索氏体、托氏体等显微组织。1930年，根据前人的研究经验，Davenport和Bain在珠光体转变截止温度和马氏体转变开始温度之间进行奥氏体等温处理，发现了一种新的显微组织，其结构不同于在同一种钢中观察到的马氏体和珠光体组织，如图1-1所示。

他们认为新观察到的组织形成过程与马氏体类似，但又或多或少有部分回火的特征，并伴随碳的析出，因此最初他们把这种新观察到的组织称为“马氏体—屈氏体”。1934年，实验室研究成员为了纪念其同事Bain在研究中做出的贡献，将发表的第一张1000×的这种显微组织图正式命名为贝氏体[7]。然而，这种针状聚合物是否是一个新的组织就连Bain自己都不确定，因此被新命名的贝氏体组织并没有立刻被接受。当时提到这种组织都只是通过形貌来描述：如1936年，Villa、Guellich和Bain称其为“未命名的、黑色腐蚀、针状聚合物”；1939年，Davenport称其为“容易腐蚀的针状组织”；1940年，Greninger和Troiano称其为“等温淬火组织”。

1.1.2 贝氏体的定义

正如贝氏体的发现过程所陈述的，贝氏体转变是过冷奥氏体在介于珠光体（精细珠光体）转变温度和马氏体转变温度之间的一种转变，也称为中温转变，转变兼有珠光体和马氏体转变的某些特性[8]。鉴于其转变的复杂性和结构多样

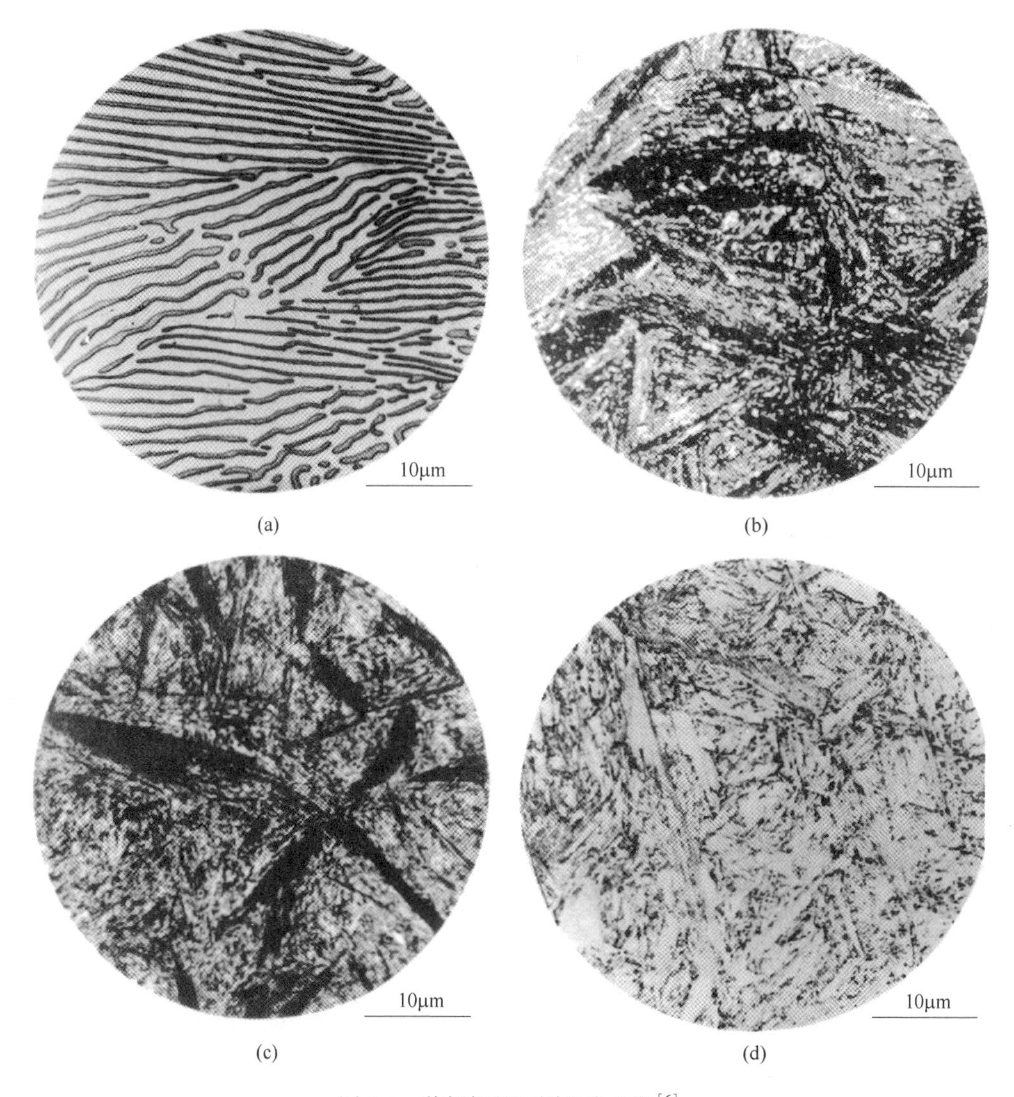

图 1-1 共析钢的不同显微组织[6]

（a）720℃等温形成的珠光体；（b）290℃等温形成的贝氏体；
（c）180℃等温形成的贝氏体；（d）马氏体组织

性，从贝氏体的发现至今的近一个世纪里，国内外专家学者对其进行了大量的研究，并给出了不同的定义。

1952 年，柯俊[9]认为贝氏体是切变的产物，而切变受到碳扩散的控制。贝氏体相变时，切变界面移动受碳扩散的控制，导致相变速度小于马氏体，这种状况下形成的组织为贝氏体。他是从相变过程来定义贝氏体的。1990 年，Aaronson 从三个方面对贝氏体进行了定义：

(1) 微观结构定义：贝氏体是过冷奥氏体在共析分解时铁素体和碳化物非协同竞争生长形成的非层状结构。

(2) 整体动力学定义：贝氏体 C 曲线与珠光体转变 C 曲线不重合区形成海湾，在此区间内形成的相即为贝氏体。

(3) 表面浮凸定义：贝氏体相变界面运动速度受碳扩散速度控制的影响，以类马氏体方式运动，铁素体在光滑界面上形成表面浮凸现象[10]。

2000 年，Hillert 认为“贝氏体”是被误用的，其定义应该澄清不同产物之间的机制差异及检测手段，同时对于 Bhadeshia 定义的贝氏体是切变完成后碳再从过饱和铁素体中扩散出来的予以否定，认为这一过程的产物应该称为回火马氏体，同时给出自己的理解，贝氏体是扩散形成的铁素体和渗碳体共析结构[11]。2002 年 Aaronson 发现，当 Si 含量比较高时，中温转变的产物定义为贝氏体，但组织组成是铁素体和残余奥氏体[12]，与其微观定义的组织组成不符，认为此时的组织不应该称为贝氏体。2005 年 Garcia-Mateo 再次论述了 Bhadeshia 和 Christian 的研究，认为贝氏体是切变产物，并把铁素体可以切变的最高温度定义为 B_s 点[13]。2006 年我国学者徐祖耀通过综述贝氏体相变结果给出如下贝氏体定义：贝氏体是在马氏体开始点以上，经过扩散相变后形成的产物，呈现片状，具有自由表面帐篷型浮凸现象[14]。

综上所述，由于人们对贝氏体的相变机理还没有完全研究清楚，相变组织结构还存在分歧，以致对贝氏体的定义现在还没有一个统一的观点；但从上面的研究过程及专家学者的分析可知，贝氏体是过冷奥氏体在珠光体和马氏体转变温度之间，由于铁素体切变，或者界面移动受到碳扩散控制，形成的由板条铁素体或者针状铁素体和碳化物或者残余奥氏体组成的非片层结构组织。

1.1.3 贝氏体的分类

贝氏体通常具有优良的综合力学性能，生产上常常采用连续冷却或等温淬火工艺得到贝氏体组织。由于含碳量、合金元素、微合金元素等对贝氏体转变时的形态和转变温度的影响，导致贝氏体中铁素体和碳化物的形态和分布多变或者不形成碳化物等。而不同的贝氏体其力学性能也有很大的差别，因此研究贝氏体组织性能具有很重要的意义。

早在 1939 年，Mehl 在贝氏体温度的高温区和低温区分别进行奥氏体等温处理，得到了两种形态的组织并命名为“上贝氏体”和“下贝氏体”，并一直沿用至今；20 世纪 50 年代后期，Habraken[15]发现并命名了粒状贝氏体组织，随后人们在低碳和中碳合金钢中发现了这类贝氏体，它是由铁素体和 M/A 岛状物构成的混合组织。1970 年，Kinsman 在过共析合金钢中发现了反常贝氏体[16]。

因此，常见的贝氏体分为上贝氏体、下贝氏体、粒状贝氏体、反常贝氏体和无碳化物贝氏体。

1.1.3.1 上贝氏体

上贝氏体是在珠光体转变温度以下，贝氏体转变温度区间的高温段生成的，转变温度一般在350~600℃之间，根据不同的成分及外部条件，其转变点也有所不同。上贝氏体由成束的，宽度接近且平行的板条聚集而成。板条间为富碳区，通常形成马氏体和渗碳体，但对于上贝氏体，板条间碳化物几乎全是渗碳体。中、高碳钢中上贝氏体在光学显微镜下呈现典型的羽毛状，故又被称为羽毛状贝氏体，此时的贝氏体是无法看清其片层间的渗碳体的；但透射电镜下，可以清晰地看到几乎平行的铁素体板条及板条间分布的渗碳体，如图1-2所示。

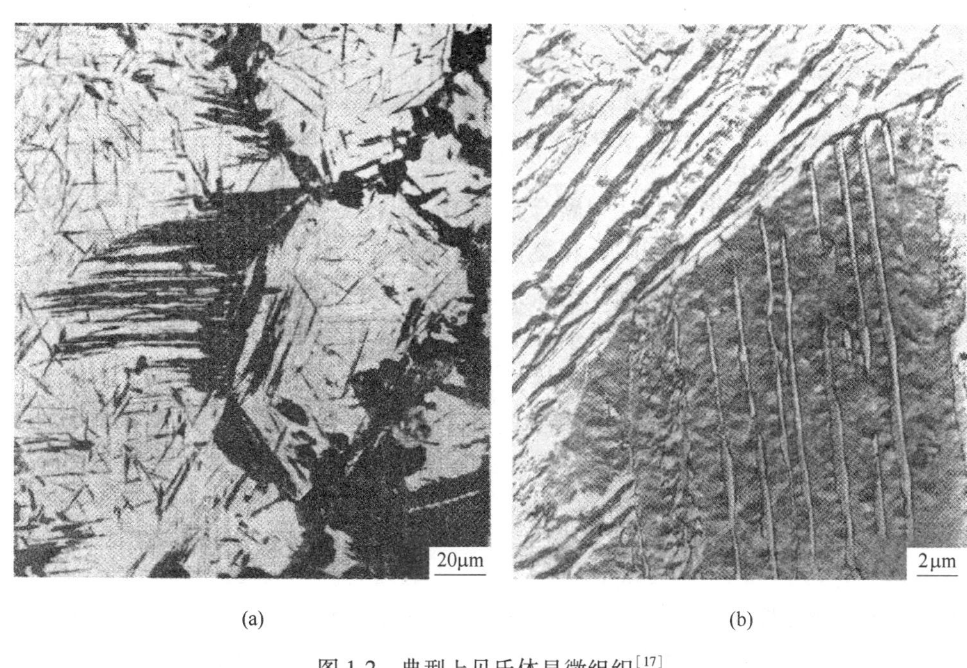

(a) (b)

图1-2 典型上贝氏体显微组织[17]

（a）光学显微组织（羽毛状）；（b）透射电镜组织

奥氏体从高温骤冷到贝氏体相变区时，上贝氏体首先从晶界开始形核，然后向晶内生长，总体形貌呈现平行的条状铁素体，此时铁素体内的含碳量高于平衡态，这就必然会向其周围未转变的奥氏体排出多余的碳，因而会导致尚未转变的奥氏体中含碳量随着铁素体的生长而越来越高，直到铁素体停止生成。随着温度的进一步降低，先形成的铁素体内会由于固溶度降低而在铁素体内析出薄膜状的碳化物即渗碳体，富碳的大部分奥氏体也会析出渗碳体，有些奥氏体由于种种原因，不能转变成渗碳体最后会以残余奥氏体或者冷速足够直接转变成马氏体存在于铁素体板条间或周围。上贝氏体形成过程如图1-3所示。

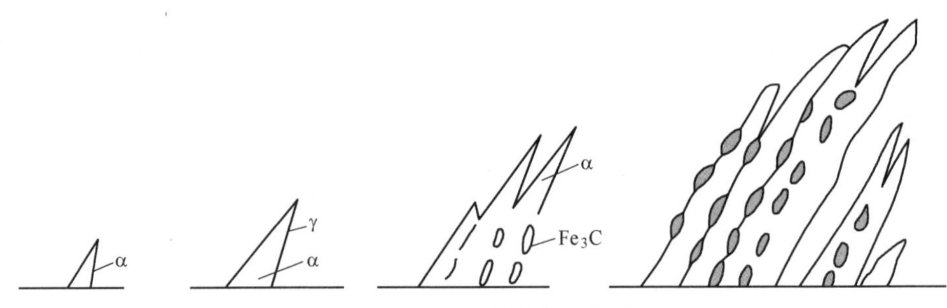

图 1-3　上贝氏体转变示意图

从上面的介绍可以看出，上贝氏体与珠光体极其类似，都是铁素体和渗碳体组成的机械混合物，但贝氏体板条宽度通常要比同温度下珠光体的大，同时我们都知道，珠光体是典型的片层结构，但上贝氏体为非片层结构，渗碳体只是残留于羽毛状的间隙中，有的甚至存在于铁素体内。同时，上贝氏体的板条状与板条马氏体比较相似，但马氏体板条一般可以直接贯穿整个奥氏体晶粒，板条束间一般为残余奥氏体，马氏体中的铁素体位错密度非常高，一般比上贝氏体的位错密度高 2~3 个数量级。

上贝氏体形成温度高，贝氏体板条和板条间的碳化物较粗大，其分布具有明显的方向性，这种分布导致铁素体板条容易产生脆断；上贝氏体硬度低，冲击韧性较差，所以工程用钢应该尽量避免形成上贝氏体组织。

1.1.3.2　下贝氏体

下贝氏体是在贝氏体转变区间的低温段形成的，温度一般在 M_s（马氏体转变点）~350℃之间，因此其相变驱动力较大；但同时由于温度过低，合金元素基本不扩散，且碳原子的扩散能力相对形成上贝氏体时要弱。下贝氏体随着温度的降低，除了和上贝氏体组成相类似（也是由非层状铁素体和碳化物组成）外，最主要的区别在于，铁素体中过饱和的碳原子会在铁素体内部析出，形成不同于上贝氏体的碳化物，也称ε-碳化物；但 Matas 和 Hehemann[18] 认为，ε-碳化物在随后的保温过程中，会逐渐转变成渗碳体。在光学显微镜下，下贝氏体多是沿着晶面单独的或者成堆的生长成针叶状；在电子显微镜下，我们能明显看到针状铁素体内部析出细小碳化物，如图 1-4 所示。

奥氏体从高温降到下贝氏体转变温度时，此时的温度相对较低，过冷度大，形核驱动力较大，因此铁素体除了在原奥氏体晶界形核外，还会在晶内形核。铁素体在长大的过程中，由于温度较低，碳原子不能做长程扩散，生长的铁素体周围碳含量会随着铁素体的生长逐渐升高，到一定程度就阻碍了铁素体的生长。铁素体和铁素体之间，也会因为其周围碳含量的影响而向不同方向生长，这就形成了我们在光

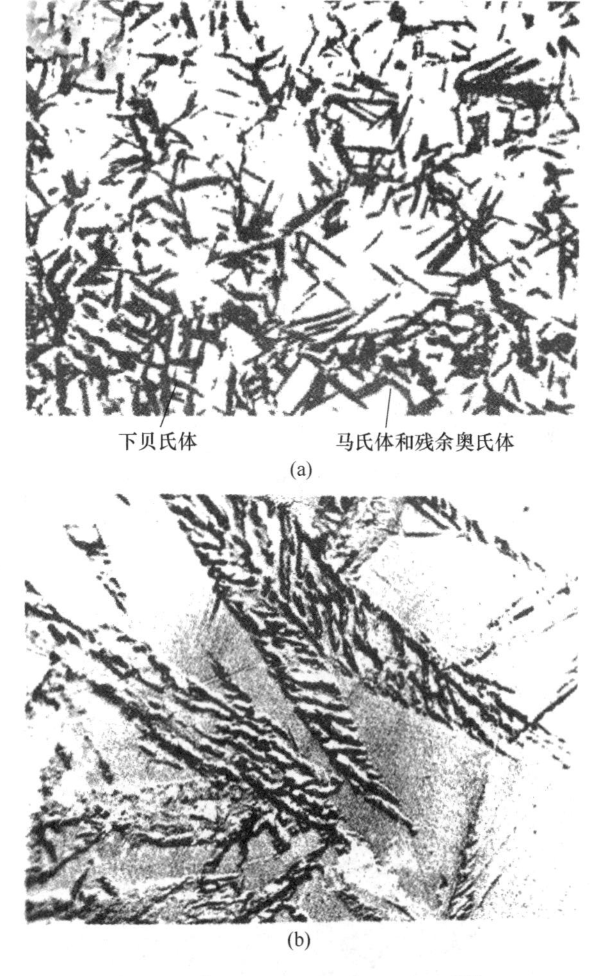

(a)

(b)

图 1-4 典型下贝氏体的显微组织[17]

（a）光学显微组织；（b）透射电镜组织

学显微镜下看到的效果：一簇一簇呈针状分布。同时由于铁素体中过饱和的碳来不及析出，在继续冷却过程中，碳就会在铁素体内部析出碳化物，它们与铁素体长度方向成55°~65°夹角，如图 1-4（b）所示。其生长示意图如图 1-5 所示。

下贝氏体形成温度低，相变过程中产生的应力更难消除，因此位错密度更高。从上面的形成过程可以看出，铁素体细小且分布均匀，同时铁素体内部又有碳化物沉淀析出，致使下贝氏体表现出强度高、韧性好的综合力学性能。

1.1.3.3 粒状贝氏体

粒状贝氏体在低、中碳钢中比较常见，它是在上贝氏体形成温度以上和奥氏体

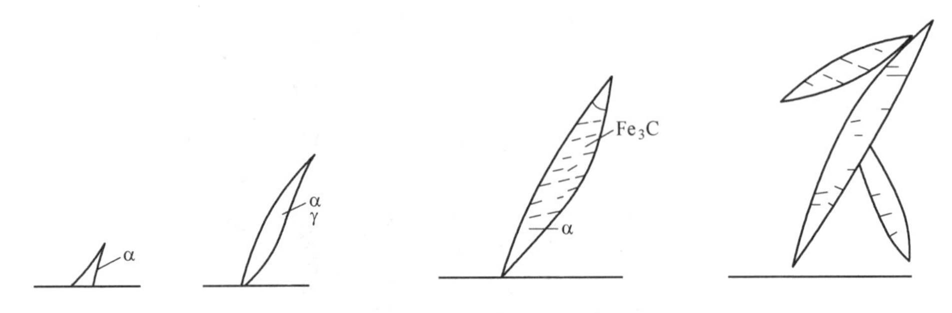

图 1-5　下贝氏体转变示意图

开始转变为贝氏体即 B_s 点温度之间形成的。粒状贝氏体是由块状（等轴）或者针状铁素体和分布于其中的岛状富碳马氏体和奥氏体组织，有时还伴随有碳化物组成。由于富碳区这种特殊的小岛结构，因此这种富碳区又称为 M/A 岛。一般观点认为，粒状贝氏体只能在连续冷却过程中出现，等温处理则不能形成。在光学显微镜下，粒状贝氏体由铁素体基体和分布于其间的小岛组成，观察不到岛内组织；但在更高分辨率的电镜下，可以看到小岛内部结构，粒状贝氏体组织如图 1-6 所示。

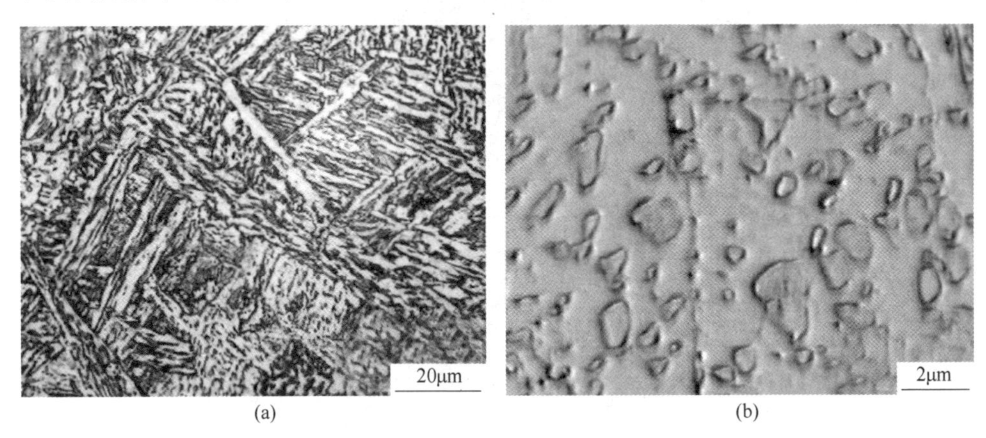

图 1-6　粒状贝氏体的显微组织
（a）光学显微组织；（b）透射电镜组织

粒状贝氏体的形成过程是：当奥氏体从高温降到粒状贝氏体形成区域时，奥氏体首先向铁素体转变，此时，由于温度很高，铁素体中大量过饱和碳向未转变的奥氏体中扩散，随着铁素体的形核、长大，未转变的奥氏体中碳含量越来越高，直到奥氏体中碳含量过高，导致铁素体无法形核、生长；而此时的铁素体由于温度很高，其内部的碳含量近乎于接近平衡态下铁素体中的碳含量，此时由近平衡的铁素体和未转变的富碳奥氏体组织（后期的岛状转变物）组成；随后温度进一步降低时，变化的仅仅是未转变的奥氏体。由于成分和冷速等条件的影响，含碳量高的岛状奥氏体可能由不同的组织组成：单一的奥氏体（常称为残余奥氏体）或者马氏体；残余奥氏体和马氏体的混合物；铁素体和碳化物的混合物，如珠光体等。

一般认为粒状贝氏体形成机制与常规贝氏体相同，在样品的抛光表面也会产生浮凸效应，但我国学者方鸿生等认为粒状贝氏体包含并不相同的两种组织：一种是会生成沿着铁素体条状小岛以半连续状分布的条形 M/A 岛的粒状贝氏体，转变时有明显的浮凸效应；另一种是海湾状跨母相晶界生长，不易显示母相晶界的 M/A 岛状贝氏体，转变时不会产生表面浮凸现象[19,20]。粒状贝氏体的抗拉强度和屈服强度与小岛所占比例有关，所占面积越大强度越高。

1.1.3.4 反常贝氏体

在过共析钢中，当温度冷到 B_s点以上时，会有先共析渗碳体析出，使周围的碳含量降低，从而促进了在 B_s温度以下形成上贝氏体，此时铁素体将包围渗碳体。由于它的形成过程与正常贝氏体组织形成过程（即先生成铁素体，再在富碳区形成碳化物）相反，因此称为反常贝氏体，其形成示意图如图 1-7 所示。反常贝氏体的金相组织图如图 1-8 所示。

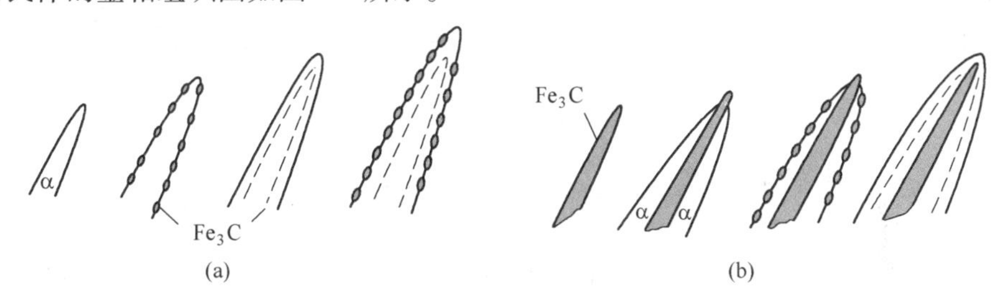

图 1-7 正常贝氏体与反常贝氏体转变示意图

（a）正常贝氏体；（b）反常贝氏体

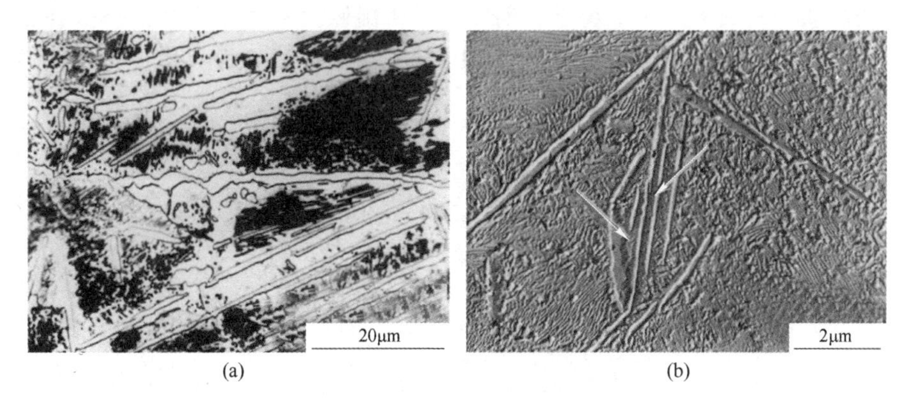

图 1-8 反常贝氏体的显微组织

（a）光学显微组织；（b）透射电镜组织

1.1.3.5 无碳化物贝氏体

无碳化物贝氏体在组织形态上与上、下贝氏体极为相似，都由铁素体和板条间的富碳区组成，区别在于上、下贝氏体板条间基本为渗碳体或其他碳化物，可能有极少量的马氏体，而无碳化物贝氏体板条间由薄膜残余奥氏体组成，它们会被一直保留到室温。因此，无碳化物贝氏体是由板条铁素体和板条间薄膜残余奥氏体组成，它们之间没有碳化物沉淀。在光学显微镜下，很难与一般的上、下贝氏体相区别，光学显微镜和透射电镜下的金相组织如图 1-9 所示。

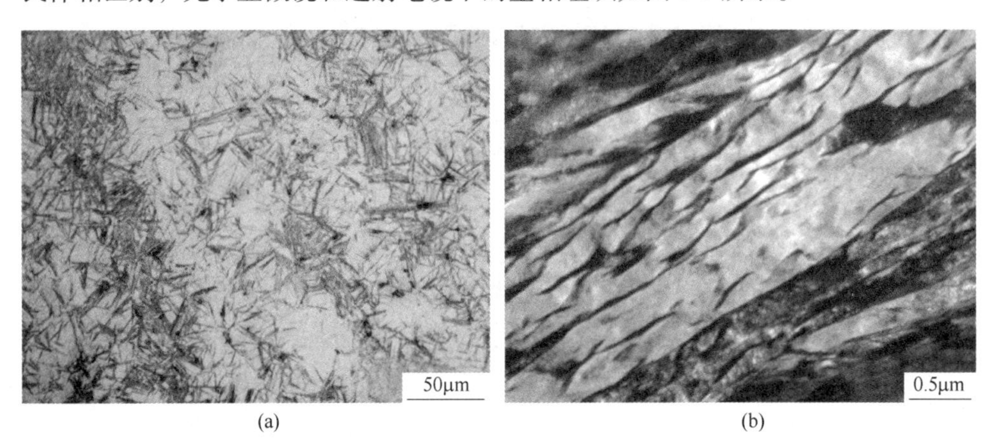

图 1-9　无碳贝氏体的显微组织
（a）光学显微组织；（b）透射电镜组织

早期的无碳化物贝氏体为了使铁素体中过饱和的碳能充分扩散到残余奥氏体中，转变温度都比较高，在贝氏体转变时，过饱和的碳从铁素体中排出。这个过程比较缓慢，一般需要比较缓慢的冷却速度或者直接等温处理，使铁素体中碳含量基本达到平衡，不至于后期冷却时析出碳化物，未转变的奥氏体富碳区穿插于铁素体间，由于碳和其他合金元素的共同影响，像奥氏体钢一样被保留至常温下，形成残余奥氏体薄膜。无碳化物贝氏体的形成示意图如图 1-10 所示。

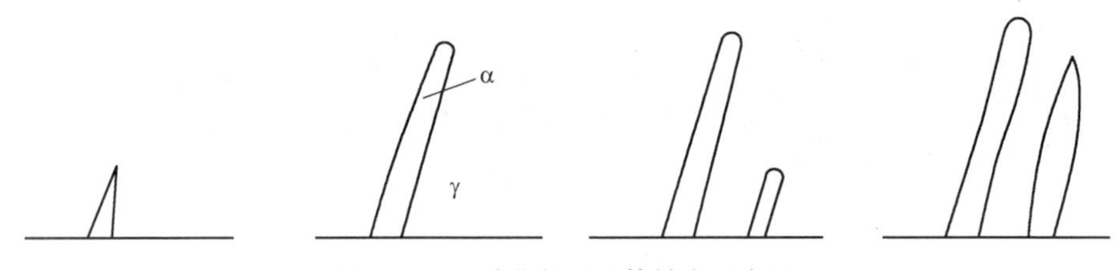

图 1-10　无碳化物贝氏体转变示意图

1.2 超高强度钢的组织和性能关系

1.2.1 残余奥氏体和强塑积

强塑积指抗拉强度和伸长率的乘积，是反映钢铁材料的综合性能指标参数。根据钢铁材料的发展趋势，将 DP 钢（Dual-phase，马氏体/铁素体双相钢）、TRIP 钢（Transformation Induced Plasticity，相变诱导塑性钢）和马氏体钢称为第一代先进钢铁材料（主要为体心立方 bcc 相），其强塑积为 10~20GPa·%，少量添加 Si、Mn、Cr、Mo、Nb、V、Ti 等合金，其合金元素总量一般不大于 5wt.%，抗拉强度可以从 IF 钢（Interstitial Free，超低碳钢）的 300MPa 提高到马氏体钢的 2000MPa，甚至更高；但在高强度时，塑性很差，导致工艺成型性能难，碰撞吸收能低。将奥氏体钢和 TWIP 钢（Twinning Induced Plasticity，孪生诱发塑性钢）称为第二代先进钢铁材料（主要为面心立方 fcc 相），其强塑积高达 50~70GPa·%，大量添加 Cr、Ni、Mn、Mo、Si、Al 等合金，其合金元素总量一般约为 30wt.%，抗拉强度为 800~1000MPa，塑性可以高达 50%~90%；但很难达到超高强度，同时高含量的贵重合金元素，导致其生产成本较高，且冶炼生产困难。为了节约矿产资源、降低生产成本，第三代先进钢铁材料的目标是，成本接近第一代先进钢铁材料而性能接近第二代先进钢铁材料，其强塑积不小于 30GPa·%，且抗拉强度大于 1500MPa 的超高强度钢，其组织为 bcc（体心立方结构）和 fcc（面心立方结构）的混合相（图 1-11（a））。从没有（或只有少量）奥氏体的 DP 钢和马氏体钢，到具有 5vol.%~15vol.%奥氏体的 TRIP，到具有 5vol.%~20vol.%奥氏体的 Q&P 钢（淬火-碳分配钢）和 Q-P-T 钢（淬火-碳分配-回火钢），再到具有 20vol.%~35vol.%奥氏体的超级贝氏体钢（也称为低温贝氏体钢），最后到具有约 100vol.%奥氏体的奥氏体钢和 TWIP 钢，它们的强塑积从 10~15GPa·%，20~25GPa·%，25~35GPa·%，30~45GPa·%，增加到 50~70GPa·%（图 1-11（b））。可见钢材的强塑积几乎随着奥氏体体积分数的增加而呈线性增加，说明提高钢材塑性和强塑积的一个有效措施是增加钢中奥氏体组织的含量。另外，钢材因节能减重而要求高抗拉强度（特别是对于抗拉强度大于等于 1500MPa 的超高强度钢），同时要保证 30~40GPa·%的强塑积，必须通过合理的组织调控获得硬相与残余奥氏体软相。因此新型超高强度钢应该是具有纳米/亚微米级马氏体或者贝氏体（bcc）板条，同时含有较多的残余奥氏体（fcc）的双相组织。

1.2.2 强塑性机制

在传统超高强度钢中，强度提高的同时，通常伴随着塑性的下降，而理想的

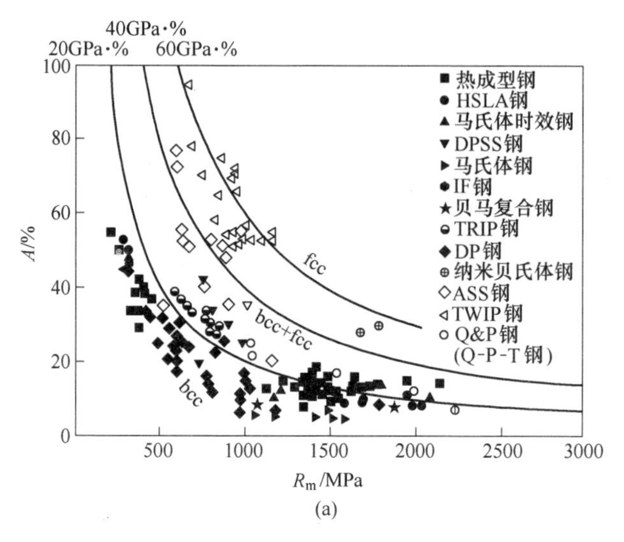

(a)

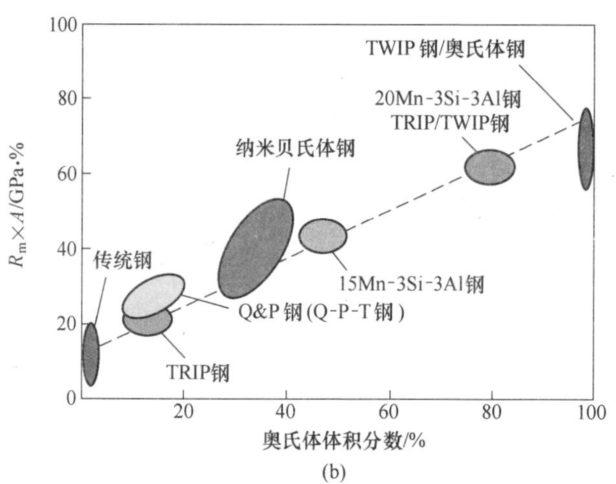

(b)

图 1-11　各种钢的组织结构与性能关系分析[21]

钢铁材料应兼具超高强度和良好塑性，但这两者往往相互矛盾。对纳米结构贝氏体钢进行合金设计和组织控制之前，需要对材料的强塑化机制有一定的了解，这可以更好地理解超高强度钢的强度、塑性及其与微观结构之间的关系，把握成分设计和组织控制的关键原则。纳米结构贝氏体钢的强度主要取决于碳以及合金元素的固溶强化、纳米贝氏体铁素体板条的细晶强化、高位错密度的位错强化；塑性主要取决于残余奥氏体的含量、形态和分布。按照残余奥氏体对塑性的影响，主要有相变诱发塑性（TRIP）效应、阻止裂纹扩展（BMP）效应和残余奥氏体吸收位错（DARA）效应。通过分析可知，纳米结构贝氏体钢需要达到超高强度和保持良好塑性、韧性，最有效的方式就是细化贝氏体铁素体或者马氏体板条和控制残余奥氏体微结构。

下面简单说明残余奥氏体对塑性影响的三个效应：

（1）**TRIP** 效应。奥氏体是面心立方（fcc）结构，奥氏体内位错滑移时派纳力较小，因此奥氏体具有非常好的塑性变形能力，可以很好地协调奥氏体晶粒及与其他相的形变。纳米结构贝氏体钢中，在贝氏体铁素体或者马氏体板条间，含有大量的薄膜状残余奥氏体，在较高的应力-应变状态下能发生马氏体相变，可以有效缓解局部应力的集中，推迟裂纹形成和阻止裂纹扩展，能有效提高组织的整体变形能力，从而推迟缩颈的发生，这就是 TRIP 效应。

（2）**BMP** 效应。马氏体或者贝氏体束（或板条）间的块状或者薄膜状残余奥氏体，在应力作用下，可使裂纹分叉（以曲折途径扩展）或者阻碍裂纹扩展。纳米结构贝氏体钢在应力作用下，随着应变进一步增大而产生的微裂纹，在马氏体或者贝氏体板条间的残余奥氏体可有效阻碍裂纹扩展，这就是 BMP 效应。

（3）**DARA** 效应。上海交通大学戎咏华等[22,23]发现，当钢中含有较多的残余奥氏体（≥10vol. %），同时马氏体（或贝氏体）和残余奥氏体两相处于共格（或半共格）界面时，在均匀形变阶段，马氏体或者贝氏体中的部分位错可以移动到相邻残余奥氏体中，使马氏体或者贝氏体中位错密度减少，残余奥氏体中位错密度增加，提出了残余奥氏体的吸收位错效应，即 DARA 效应。DARA 效应可以有效地增强硬相马氏体（或贝氏体）与软相残余奥氏体的协调形变能力。

1.3 贝氏体钢的发展及研究现状

1.3.1 贝氏体钢的发展

英国 Pickering 和 Irvine 等人[24]，在 20 世纪 50 年代就制备了空冷贝氏体钢，主要为 Mo-B 系贝氏体钢，Mo 和 B 对铁素体和珠光体转变有推迟作用，可使钢在较大冷却速度范围内获得贝氏体组织。Mo-B 系贝氏体钢的开发引起了广泛关注，但由于 Mo 元素成本较高，同时 Mo-B 钢的贝氏体组织转变温度高，产品强度和韧性较差，使其推广受到了一定程度的限制。20 世纪 70 年代，清华大学方鸿生等人[25]开发出了 Mn-B 系贝氏体钢，添加足够量的 Mn 元素，使过冷奥氏体等温转变曲线出现上下 C 曲线分离，Mn 和 B 复合添加，可以增加高温转变孕育期，降低贝氏体开始相变温度，从而较容易获得空冷贝氏体，提升强韧性；Mn-B 系贝氏体钢的开发弥补了 Mo-B 系贝氏体钢的缺点，逐渐成为贝氏体钢发展的主要方向。随后，康沫狂等人[26]研发了 Si-Mn-Mo 系贝氏体钢，在钢中添加 Si、Al 等合金元素，利用其对碳化物析出的抑制作用，得到不含碳化物的贝氏体铁素体和奥氏体，并定义为准贝氏体。钢中合金元素的加入推迟了铁素体和珠光体开始转变线，对贝氏体析出影响相对小一些，从而在较大过冷度范围内能获得贝氏体组织，同时一定量的 Si 抑制了碳化物析出。Si-Mn-Mo 系准贝氏体钢是在一般贝氏体钢基础上开发出的一种新型钢，既具有一般贝氏体钢优异的加工和焊接性能，又合理改善了强度和韧塑性匹配，其综合性能超过了同强度级别的马氏体钢和超高强度钢等。近年来，北京科技大学贺信莱和尚成嘉[27]在高性能低碳贝氏体钢方面做出了巨大贡献，开发的高性能低碳、超低碳贝氏体钢，已经成功地用于板带钢的生产。随着对贝氏体组织的深入认识和贝氏体相变理论的不断发展，贝氏体钢不断走向高强度和高韧塑性，成为众多钢材产品中的先进钢种，如图 1-12 所示，先进贝氏体钢不仅具有很高的强度，而且具有良好的延伸性能，是第三代先进高强钢研究热点之一，也逐渐成为各大型钢企和研究人员的研究重点。

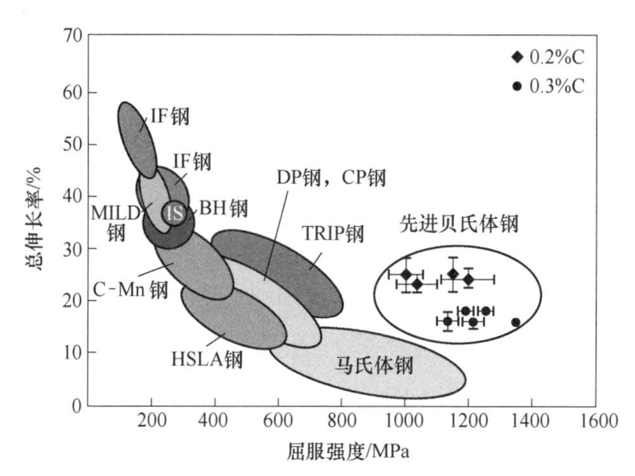

图 1-12 先进贝氏体钢的强度和延伸性能

1.3.2 超高强贝氏体钢研究现状

2002 年，Bhadeshia 和西班牙国家冶金研究中心的 Caballero 等在对贝氏体研究的基础上，设计了一种成分为 Fe-0. 79C-1. 59Si-1. 94Mn-1. 33Cr-0. 30Mo-0. 11V（wt. %）的高碳钢，经过 1000℃保温 15min 后迅速降到 125～300℃下进行 14 天、29 天等温处理。研究发现，在高硅高碳钢中，即使温度低至 125℃也能得到贝氏体，同时给出了这种成分钢种的贝氏体开始转变温度为 300～350℃之间。观察金相组织发现，由于转变温度很低，形成的贝氏体组织非常细小；经透射电镜分析，如图 1-13 所示，在 190℃形成的贝氏体铁素体板条尺寸在 50nm 以下，板条间是由薄膜状残余奥氏体隔开。力学测试如图 1-14 所示，在 190℃下等温 2 周后的贝氏体组织在室温下具有良好的塑性且屈服强度达到了 2000MPa，而其抗拉强度达到 2500MPa，断裂韧度在 30~40MPa·$m^{1/2}$之间。其抗拉强度远高于之前所研究的几种贝氏体组织，他们称为“低温贝氏体（Low Temperature Bainite）”[28]。

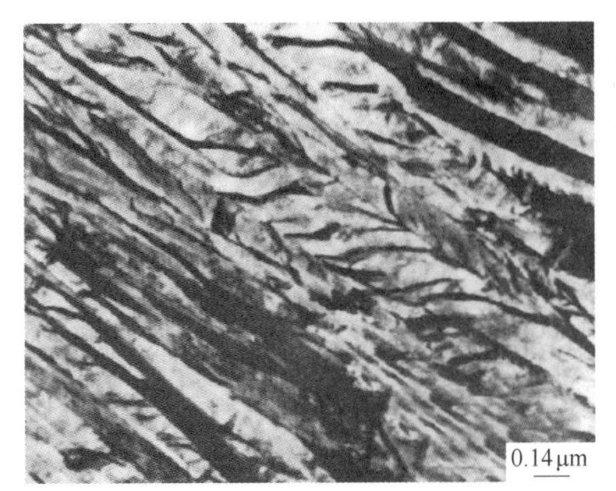

图 1-13　190℃保温 2 周的透射电镜图[28]

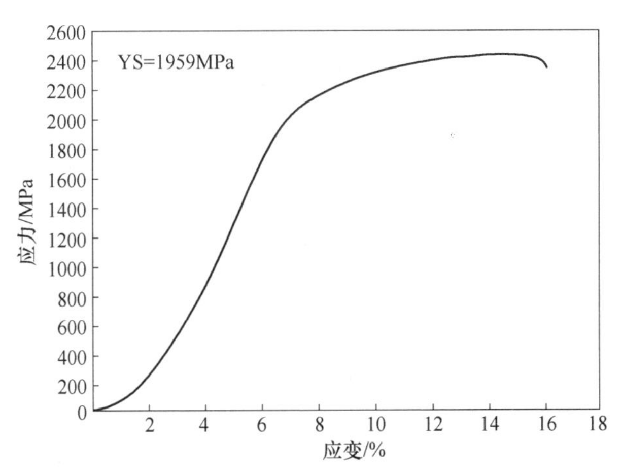

图 1-14　190℃保温 2 周后的拉伸试验结果[28]

目前对这种钢的命名还没有达成一致的共识，比较常见的命名有：超细贝氏体钢（Ultra-Fine Beinitic Steels）、先进贝氏体钢（Advanced Bainitic Steels）、超强贝氏体钢（Ultra Strength Bainitic Steels）、无碳化物贝氏体钢（Carbide-Free Bainitic Steels）、纳米结构贝氏体钢（Nanobainitic Steels）、超级贝氏体钢（Super Bainitic Steels）等。本书研究把具有这类组织的钢，统一纳入到超高强贝氏体钢范畴。

尽管超级贝氏体钢的抗拉强度如此之高，但由于其等温时间长达数周，不适合工业生产，只能在实验室条件下进行少量制备。为此，2003 年 Bhadeshia 和 Caballero 从相变自由能的角度，设计了通过加入少量溶质原子 Al 和 Co 增加奥氏体向铁素体转变的驱动力来加快超级贝氏体相变，从而达到缩短等温时间的目的[29]，其化学成分见表 1-1。

表 1-1　钢的化学成分　(wt. %)

编号	C	Si	Mn	Cr	Mo	V	Co	Al
A	0.79	1.59	1.94	1.33	0.3	0.11	—	—
B	0.98	1.46	1.89	1.26	0.26	0.09	—	—
C	0.83	1.57	1.98	1.02	0.24	—	1.54	—
D	0.78	1.49	1.95	0.97	0.24	—	1.6	0.99

表 1-1 中的钢种 B 经过奥氏体化后在 200℃ 保温 15 天的贝氏体组织如图 1-15 所示。低温贝氏体组织以宽度在纳米级（20~40nm）的细条状贝氏体铁素体为主，贝氏体条间存在着大量的薄膜状残余奥氏体。其中贝氏体铁素体含碳量处于过饱和状态，对贝氏体起着强烈固溶强化作用；随等温温度的下降，碳固溶度增大，贝氏体强度增加。C-Si 偏聚形成的残余奥氏体分割细化了原奥氏体晶粒，板条贝氏体铁素体组织的片层间距变小，根据 Hall-Petch 关系，组织的屈服强度与有效晶粒尺寸成反比。因此，低温等温组织中贝氏体铁素体板条极细（20~40nm），可以有效增加基体强度、提高韧性；反之，等温温度上升，有效晶粒尺寸增加，强度下降。此外，板条贝氏体中存在较高密度的位错，能起到位错强化作用。此外，低温贝氏体组织还具有较好的韧性，一方面与板条贝氏体铁素体亚结构位错有关；另一方面在贝氏体铁素体束之间存在薄膜状奥氏体，是提高韧性的主要原因。奥氏体本身属于韧性相，可以提高低温贝氏体组织韧性，合理的形态分布可以增加对裂纹的吸收效应。因此低温贝氏体钢的强度主要取决于贝氏体的板条尺寸、碳和合金元素的固溶强化，以及位错密度，而残余奥氏体的数量、形态和分布影响其强度和韧性。

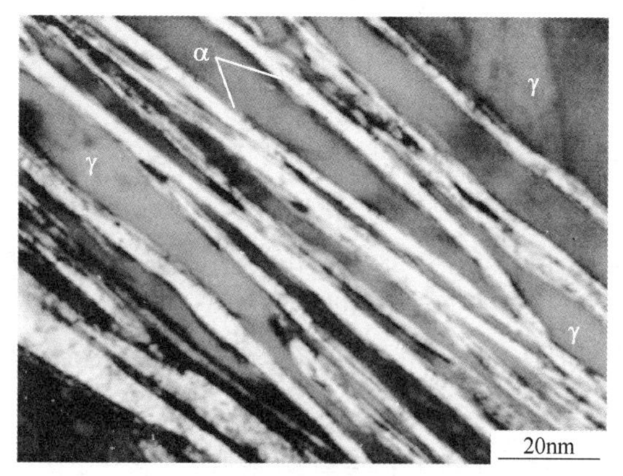

图 1-15　钢种 B 在 200℃ 保温 15 天的 TEM 图[29]

实验测得的贝氏体转变量与保温时间的关系如图 1-16 所示。可见，在缩短贝氏体等温相变时间方面，单独添加 Co 时，效果已经很明显，但同时添加 Co 和 Al 时，效果更显著。从 200℃、250℃、300℃等温不同时间试样的相变动力学、晶粒尺寸和硬度值结果可以看出，在保持性能、温度不变时，同时添加 Co 和 Al 能大大缩短贝氏体转变时间，转变时间缩短至 10h 左右；适当的提高等温温度也对缩短相变有很显著效果。到目前为止，低温贝氏体转变完成时间仍然无法满足实际需求，超级贝氏体钢在工业应用中大面积推广仍存在一定的难度。

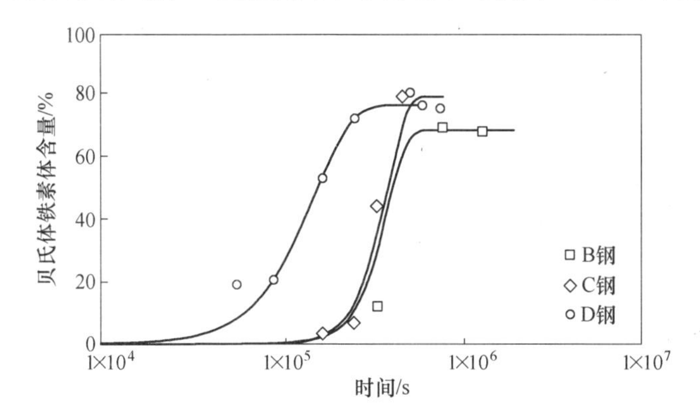

图 1-16　在 200℃保温转变 15min 后贝氏体转变量[29]

2007 年，Caballero 等利用原子探针对表 1-1 中 B 钢种等温过程中的合金元素分配情况进行了研究，在等温处理的前期阶段观察到了碳含量的成分起伏，在等温过程中贝氏体铁素体和残余奥氏体在未达到平衡时有合金原子的扩散发生。随后，他又通过 X 射线衍射和原子探针相结合的方法对超级贝氏体的生长状况进行了观察，得到只要有贝氏体的转变就会发生碳原子向残余奥氏体区扩散的现象，而当铁素体和残余奥氏体中的碳含量达到一定值（此时，相同成分的奥氏体和铁素体自由能相等），转变立即停止，这为贝氏体的不完全转变提供了新的依据。2009 年，Caballero 根据多年对超级贝氏体钢的研究和相变理论的成熟应用，考虑到此前所研究的钢中含碳量过高，影响了材料的焊接等性能，希望通过合金元素的添加，设计一种含碳量在 0.3wt.%左右的超级贝氏体钢，同时研究了 Ni 替代 Mn、适当降低 Mn 含量以及奥氏体变形后 50℃/s 冷却至 450℃、500℃和 550℃后空冷对材料性能的影响。这一研究过程为超级贝氏体钢的工业化连续生产提供了参考依据，研究结果表明，Ni 代替 Mn 能使先共析铁素体的 TTT 曲线右移，有利于在较小冷速下抑制奥氏体分解，保证贝氏体的转变；Mn 元素的适当降低对屈服强度和抗拉强度影响不大，但能提升其伸长率，而快冷后空冷的起始温度升高会导致抗拉强度、屈服强度以及伸长率的降低。

此外，在等温处理方面，Soliman[30]提出了一种新的等温处理工艺，即在300℃下保温6h后再在260℃下保温6h，结果发现超级贝氏体钢板条间距得到有效细化，力学性能得到改善，后来这种工艺被称为两步法等温处理工艺。Yoozbashi等人以Bhadeshia等设计的Mucg83热力学程序为依据，设计了两种不同成分的C-Co-Cr超级贝氏体钢，研究发现其性能与成分、转变温度以及贝氏体晶粒大小和体积百分数有很大的关系，提出影响伸长率的关键因素——残余奥氏体含量和含碳量[31]。

国内对超级贝氏体钢的研究也很多，其中清华大学方鸿生教授等研究了B/M复相钢在280~370℃等温时的氢脆稳定性，发现氢脆稳定性随着温度的升高而降低，这有利于研究贝氏体回火脆性和马氏体回火脆性的变化规律。同时确定薄膜状残余奥氏体拥有较好的力学性能，大大提高了钢材的韧性[32]。在此基础上，方鸿生教授又研究了形变热处理对另一种B/M双相钢结构和性能的影响，指出当形变在860℃以下时，应变大小影响贝氏体相变过程。随着形变温度的降低，先共析铁素体大量生成，B/M双相钢的强度和韧性都会随之下降，同时强调变形后的快冷很重要，这也是为了避免先共析铁素体的提前析出。近年来，超级贝氏体钢研发和应用也在逐渐增加，燕山大学张福成团队[33]研发的高Al纳米贝氏体钢，采用高碳降低马氏体转变点，在低温条件下进行等温贝氏体转变，从而获得纳米级别贝氏体组织，这种超级贝氏体钢已成功应用于铁路辙叉；此外，他们还开发了高碳超级贝氏体钢，成功应用于大功率风电轴承[34]。另外，北京科技大学赵爱民等人[35]研究了温轧对贝氏体相变的影响，发现多道次温轧不仅可以加速超级贝氏体钢相变，而且可以提升综合性能。

1.4 本章小结

低温转变的贝氏体钢具有超高的强度和良好的韧塑性，将成为新一代先进高强钢，其显微组织包括纳米级板条贝氏体、残余奥氏体以及少量马氏体，纳米尺寸的板条贝氏体和马氏体决定了其超高的强度，分布在板条间的残余奥氏体决定了其良好的韧塑性。但超级贝氏体低温转变的特点决定了其超长的转变时间，通过成分设计、热处理工艺可以改善这一问题，但有待进一步优化。到目前为止，已有很多关于超高强贝氏体钢的研究报道，其中包括成分设计、工艺优化、变形和应力等对超级贝氏体相变、组织和性能的影响，并取得了长足的进步，为实现超高强贝氏体钢的工业化生产和广泛应用提供了基础。本书内容主要围绕超高强贝氏体钢的成分优化、热处理和变形工艺优化等问题，利用不同手段优化超高强贝氏体钢相变、组织和性能，从而丰富超高强贝氏体钢的基础理论，并为其实践应用提供依据。

参 考 文 献

[1] 徐光，操龙飞，补丛华，等．超级贝氏体钢的现状和进展 [J]. 特殊钢，2012，33：18-21.

[2] Caballero F G, Chao J, Cornide J, et al. Toughness of advanced high strength bainitic steels [J]. Materials Science Forum, 2010, 638-642: 118-123.

[3] Yokota T, Garcia-Mateo C, Bhadeshia H K D H. Formation of nanostructured steels by phase transformation [J]. Scripta Materialia, 2004, 51: 767-770.

[4] Caballero F G, Bhadeshia H K D H, Mawella K J A, et al. Very strong low temperature bainite [J]. Materials Science and Technology, 2002, 18: 279-284.

[5] Caballero F G, Bhadeshia H K D H, Mawella K J A, et al. Design of novel high-strength bainitic steels: Part Ⅰ [J]. Materials Science and technology London, 2001, 17: 512-516.

[6] Bain. The Alloying Elements in Steel [M]. New York: Chapman and Hall, 1939.

[7] Bhadeshia H K D H. Bainite in Steels [M]. 2nd edition. London: IOM Communications, 2001.

[8] 胡光立，谢希文．钢的热处理 [M]. 西安：西北工业大学出版社，2004.

[9] Ko T, Cottrell S A. The formation of bainite [J]. Journal of the Iron and Steel Institute, 1952, 30: 307-313.

[10] Aaronson H I, Reynolds W T J, Shoflet G J, et al. Bainite viewed three different ways [J]. Metallurgical Transactions A, 1990, 21: 1343-1380.

[11] Hillert M, Purdy G R. On the misuse of the term bainite [J]. Scripta Materialia, 2000, 43: 831-833.

[12] Aaronson H I, Spanos G, Reynolds W T. A progress report on the definitions of bainite [J]. Scripta Materialia, 2002, 47: 139-144.

[13] Garcia-Mateo C, Sourmail T, Caballero F G, et al. New approach for the bainite start temperature calculation in steels [J]. Materials Science and Technology, 2005, 21: 934-940.

[14] 徐祖耀．贝氏体相变简介 [J]. 热处理，2006，21：1-20.

[15] Habraken L J. Bainitic transformation of steels [J]. Revue de Metallurgie, 1956, 53: 930.

[16] Kinsman K R, Aaronson H I. The inverse bainite reaction in hypereutectoid Fe-Calloys [J]. Metallurgical Transactions, 1970, 1: 1485-1488.

[17] 崔忠圻，秦耀春．金属学与热处理 [M]. 北京：机械工业出版社，2007.

[18] Matas S J, Hehemann R F. The structure of bainite in Hypoeutectoid [J]. Trans. TMS-AIME, 1961, 221: 179-185.

[19] 刘东雨，徐鸿，方鸿生，等．我国低碳贝氏体钢的发展 [J]. 热处理，2005，20（2）：12-15.

[20] 刘东雨，方鸿生，白秉哲，等．我国中低碳贝氏体钢的发展 [J]. 江苏冶金，2002，30（3）：1-5.

[21] 董瀚，曹文全，时捷，等．第 3 代汽车钢的组织与性能调控技术 [J]. 钢铁，2011，46（6）：1-11.

[22] Zhang K, Zhang M H, Guo Z H, et al. A new effect of retained austenite on ductility enhancement in high-strength quenching-partitioning-tempering martensitic steel [J]. Materials Science and Engineering A, 2011, 528: 8486-8491.

[23] Wang Y, Zhang K, Guo Z H, et al. A new effect of retained austenite on ductility enhancement in high strength bainitic steel [J]. Materials Science and Engineering A, 2012, 552: 288-294.

[24] Ivine K J, Pickering F B. Low carbon bainitic steels [J]. Journal of Iron and Steel Institute, 1957, 187: 292-309.

[25] 方鸿生，郑燕康，黄进峰，等．我国贝氏体钢的前景 [J]. 金属热处理，1998 (7): 11-14.

[26] 康沫狂，贾虎生，杨延清．新型系列准贝氏体钢 [J]. 金属热处理，1995 (12): 3-5.

[27] 贺信莱，尚成嘉，杨善武，等．高性能低碳贝氏体钢 [M]. 北京：冶金工业出版社，2008.

[28] Caballero F G, Bhadeshia H K D H, Mawella K J A, et al. Very strong low temperature bainite [J]. Materials Science and Technology, 2002, 18: 279-284.

[29] Caballero F G, Bhadeshia H K D H. Very strong bainite [J]. Current Opinion in Solid State and Materials Science, 2004, 8: 251-257.

[30] Soliman M, Mostafa H, Sabbagh A S E, et al. Low temperature bainite in steel with 0. 26 wt% C [J]. Materials Science and Engineering A, 2010, 527: 7706-7713.

[31] Yoozbashi M N, Yazdani S. Mechanical properties of nanostructured, low temperature bainitic steel designed using a thermodynamic model [J]. Materials Science and Engineering A, 2010, 527 (13-14): 3200-3206.

[32] Liu D Y, Bai B Z, Fang H S, et al. Effect of tempering temperature and carbide free bainite on the mechanical characteristics of a high strength low alloy steel [J]. Materials Science and Engineering A, 2004, 371: 40-44.

[33] 张福成，杨志南，康杰．铁路辙叉用贝氏体钢研究进展 [J]. 燕山大学学报，2013, 37 (1): 1-7.

[34] 张福成，杨志南．高性能纳米贝氏体轴承用钢发展与展望 [J]. 工程，2019, 5 (2): 319-328.

[35] 何建国，赵爱民，黄耀，等．温轧工艺对纳米贝氏体相变速率、组织和力学性能的影响 [J]. 材料研究学报，2015, 29 (3): 207-212.

2 贝氏体相变基础理论

自从发现贝氏体组织以来，其形成机制一直存在争论，争论的问题主要包括晶体结构由面心立方转变为体心立方的原子运动机制、相变界面处的平衡条件和碳原子的作用、贝氏体相变不完全反应现象等。1952 年，我国学者柯俊院士[1]发现钢中形成贝氏体时，出现表面浮凸现象，认为与马氏体相变表面浮凸类似，并以此作为判定贝氏体相变机制的依据，提出了贝氏体相变切变学说，此后该观点被 Hehemann 和 Bhadeshia 等人[2~7]接受，发展成为系统的切变学说；我国学者康沫狂等[8,9]也支持这种学说，并且做了大量研究工作。而后 20 世纪 60 年代末美国冶金学家 Aaronson 以及其合作者否定切变机制，提出贝氏体台阶-扩散机制[10~12]，认为贝氏体相变与碳原子的扩散有关，贝氏体铁素体是通过台阶的激发形核-台阶长大机制进行的，长大过程受碳原子扩散控制，徐祖耀、方鸿生等学者[13,14]支持扩散学说，并且做了大量实验和理论工作，取得显著成绩。至此，对于贝氏体相变机制形成了“切变”和“扩散”两派，随着研究的深入，刘宗昌等人[15,16]提出了贝氏体相变的切变-扩散整合机制，认为贝氏体相变过程中碳原子的界面扩散和体扩散都是可能的位移方式，可依据相变温度不同而改变，低碳甚至超低碳的奥氏体贫碳区转变为贝氏体铁素体亚单元，是成分不变的形核过程，通过相界面处原子非协同热激活跃迁实现位移。总体来说，切变学派和扩散学派，都认为贝氏体铁素体的长大与碳原子扩散相关，区别之处在于以不同的方式长大，切变观点认为替换原子以切变位移的方式形成亚单元，而扩散学派则支持以扩散台阶方式形成亚单元。

2.1 晶体学

Greninger 和 Troiano[17]早期利用孪晶痕迹和光学显微镜测得钢中奥氏体的晶体学取向，并指出钢中马氏体的惯习面指数为无理数，这些结果与更早的非铁基马氏体的结果一致。他们还发现，贝氏体的惯习面指数也是无理数，但与相同成分钢中马氏体惯习面指数不同，如图 2-1 所示。惯习面指数随着钢中平均碳含量及相变温度的不同而发生变化，这一结果指出了贝氏体和马氏体在本质上的差异。由于在高温时，贝氏体铁素体的惯习面与魏氏体铁素体接近，而在低温时，与先共析渗碳体接近，且其总是与马氏体的惯习面不同，Greninger 和 Troiano 据此提出：在最初阶段，贝氏体以铁素体和渗碳体聚合物的形式长大。铁素体和渗碳体的竞争认为是引起贝氏体惯习面变化的原因，这些晶体学结果随后被 Smith 和 Mehl 证实[18]。这些作者还发现贝氏体铁素体与奥氏体之间的取向关系随温度和碳含量的变化并不迅速，且与马氏体和魏氏体铁素体的取向相比，差别在几度之内，但是与珠光体铁素体和奥氏体间的晶体学取向则相差较大。由于未发现贝氏体和奥氏体之间的取向关系发生变化，Smith 和 Mehl 认为 Greninger 和 Troiano 对于惯习面变化的解释是不充分的，意味着惯习面不能脱离取向关系发生变化。事实上，后来的马氏体晶体学理论证实了惯习面、取向关系和形状变形均不能独立的发生变化[19,20]。

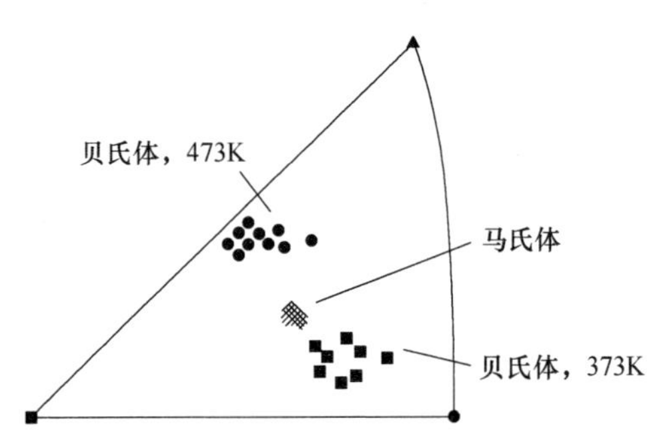

图 2-1　贝氏体无理数惯习面指数随相变温度变化的示例[17]，
贝氏体的惯习面与马氏体惯习面不同

贝氏体铁素体和奥氏体基体之间的晶体学取向存在 K-S 关系[21]和 N-W 关系[22,23]，如图 2-2 所示。K-S 关系和 N-W 关系的不同之处在于，沿两种结构平行

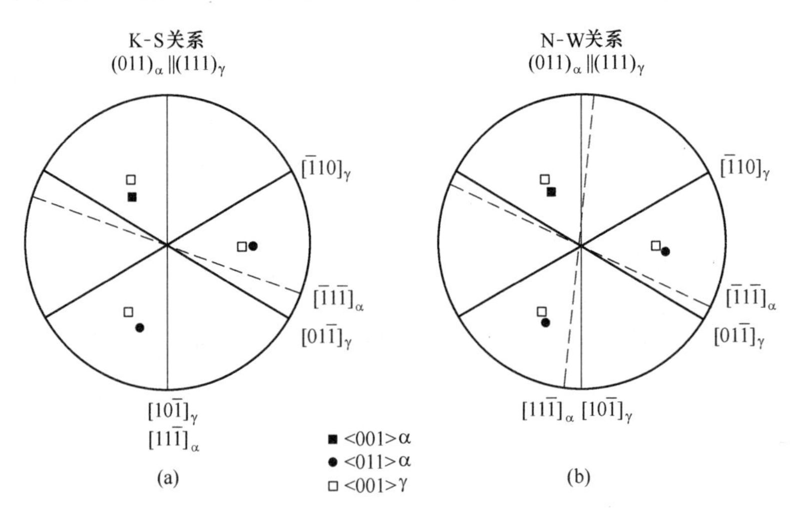

图 2-2　K-S 关系（a）和 N-W 关系（b）的立体图示[24]
（N-W 关系可以通过将 K-S 关系沿［011］$_\alpha$ 旋转 5.26°得到）

密排面的法线方向两者仅差 5.26°。虽然贝氏体铁素体和奥氏体之间的取向关系更接近于 N-W 关系，但都不是完全准确的符合 K-S 或者 N-W 关系。由于显微组织中残余奥氏体含量较少且贝氏体铁素体中位错密度较高，所以贝氏体晶体学测定结果难以达到很高的精确度。尽管如此，利用现代先进技术可以证明贝氏体铁素体与奥氏体之间的取向关系往往与精确的 K-S 和 N-W 取向关系有一定偏差。

2.2 碳的再分配

通过测量马氏体相变前后相的化学成分可以很容易确定马氏体相变时碳原子是不发生扩散的。然而，贝氏体相变发生在相对较高的温度，在这个温度区间内碳原子可以从贝氏体板条中排出，因此通过实验直接测定贝氏体铁素体长大过程中是否存在碳的扩散是困难的。

X 射线衍射和一些其他实验结果表明：贝氏体的形成会使残余奥氏体中富碳，因而 Klier 和 Lyman[25]认为在贝氏体转变之前，奥氏体内成分变得不稳定，存在富碳区和贫碳区，即发生上坡扩散。在低碳浓度区域，奥氏体可以通过“类马氏体”晶格重排的方式转变为相同成分的过饱和贝氏体，随后很快析出碳化物，后续许多研究也支持这一观点[26~28]。然而，Aaronson 等人[29]使用热力学分析证明，Fe-C 奥氏体固溶体并不能自发地形成富碳区和贫碳区，也不存在使奥氏体发生调幅分解的趋势。Stone 等人[30]支持这一观点，并指出奥氏体在转变为贝氏体之前保持均匀状态，具有唯一的晶格参数，如图 2-3 所示。随后一些中子衍射实验结果进一步证实了这一结论[31]（Koo 等，2009）。Bhadeshia 等人同样不赞同贫碳区和富碳区理论，他们指出贝氏体形核过程中存在碳原子的扩散，但长大过程中碳原子是不扩散的，贝氏体亚单元以无扩散的切变方式长大，长大结束后碳原子迅速从亚单元中排出[24]。

当然，Aaronson 等人的证明并未排除动态平衡中成分以及任意固溶体类型的随机波动。因此，有观点认为由于成分波动引起的奥氏体中碳浓度相对较低的区域是贝氏体形核的有利区域[32]。事实上，在所有的温度下，共析成分的奥氏体中都存在几千个铁原子范围的无碳区域[33]。Bhadeshia 等人认为如果接受贫碳区域增加形核率的观点，会在解释时出现问题，因为伴随贫碳区的形成，必然存在一个富碳区，而富碳区会降低贝氏体形核的可能性，这就抵消了贫碳区的促进作用。此外，有研究认为碳原子偏析到位错，也会在奥氏体中形成一个贫碳区域，从而促进贝氏体形核[34]。

目前，不管是扩散学派还是切变学派，都认可贝氏体相变伴随碳扩散，仍存在的争论点主要在于，碳扩散是发生在贝氏体长大之前还是之后？但不管贝氏体相变机制本质属于哪种，贝氏体相变动力学总是会受到碳扩散速率影响，这是两派学者公认的观点。本书内容将不会参与到贝氏体相变机制的争论中，而是结合

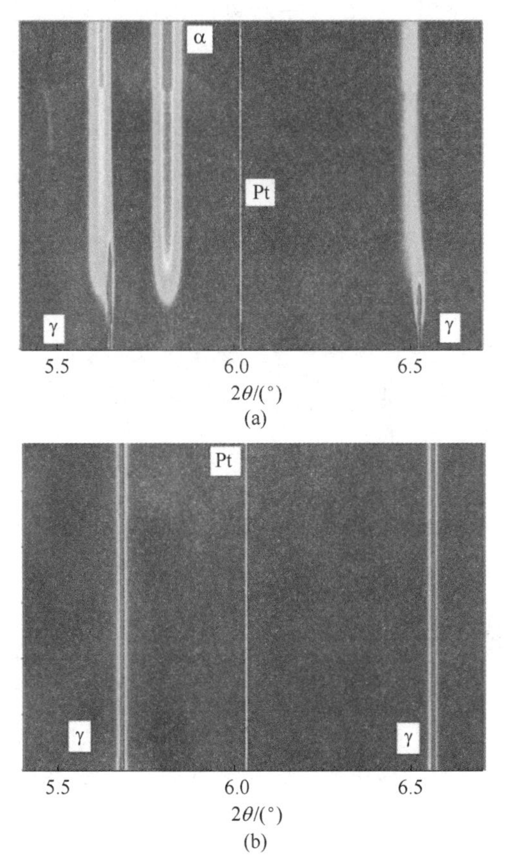

图 2-3　等温过程中 X 射线衍射（纵坐标表示时间）[30]
（a）300℃转变，在形成无碳化物贝氏体之前，奥氏体有唯一的晶格常数；
（b）贝氏体转变之前在 200℃保温 10h，无任何衍射峰分裂

已有的贝氏体相变理论与大量实验结果，揭示超高强贝氏体钢的相变、组织和性能控制影响因素，具体从成分、热处理工艺、变形和应力等方面，研究其对贝氏体钢相变、组织和性能影响规律，从而为超高强贝氏体钢的实际生产和应用提供依据，同时部分创新研究也将有利于扩充和完善贝氏体相变理论。

2.3　热力学

贝氏体钢中通常含有 C、Si、Mn、Cr、Ni 等合金元素，其中 Si、Mn、Cr、Ni 等属于置换型溶质，而 C 属于间隙型溶质，它主要存在于 Fe 原子晶格的间隙位置。当贝氏体相变温度较低时，许多学者认为置换型溶质不能发生扩散，这点可通过原子探针实验证明[24]。如图 2-4 所示，根据贝氏体相变切变理论[24,35]，贝氏体相变时，首先以切变方式形成含碳量过饱和的贝氏体铁素体片。随后，如

果相变温度较高，多余的碳会扩散到周围奥氏体中，形成上贝氏体；如果相变温度较低，多余的碳一部分在铁素体中析出，一部分扩散到周围奥氏体中，形成下贝氏体。

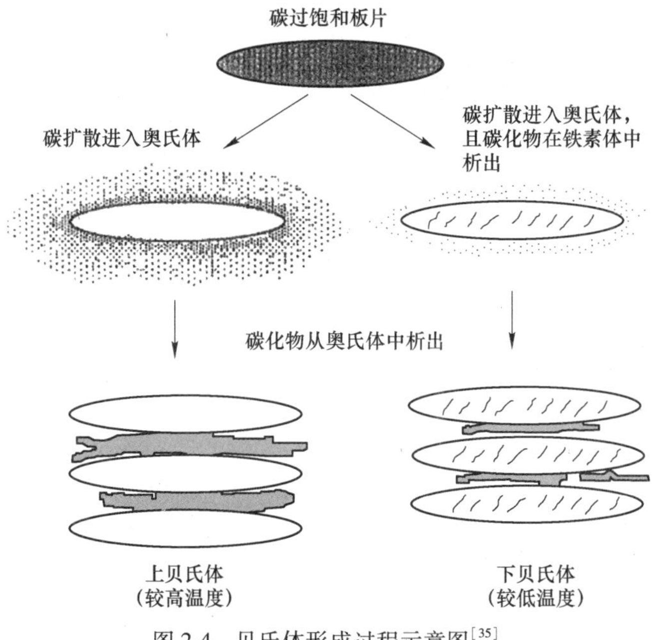

图 2-4 贝氏体形成过程示意图[35]

根据贝氏体切变相变理论，贝氏体相变时 Fe 和置换原子在形核与长大两个过程中均不发生扩散，C 原子在贝氏体亚单元形核过程中发生扩散，而在长大过程中不发生扩散。虽然贝氏体长大过程中不发生 C 原子的扩散，但在长大结束后，贝氏体铁素体中过饱和的 C 原子迅速扩散到周围奥氏体中。

由于 C 原子在贝氏体形核与长大时的运动状态是不一样的，所以贝氏体形核与长大的热力学条件不同。如图 2-5（a）所示，在某一固定温度下达到平衡状态时，γ 相转变为含碳量较低的 α 相和含碳量较高的 γ′相，相变前后吉布斯自由能变化为 $\Delta G^{\gamma\to\gamma'+\alpha}$ 。γ 相与 γ′相晶体结构相同，但含碳量不同。设转变前 γ 相的含碳量为 $\bar{x}$，则转变后达到平衡状态时，α 相和 γ′相的含碳量可由两者吉布斯自由能曲线公切线的共切点得到。所以，平衡状态下 α 相的含碳量为 $x^{\alpha\gamma}$，γ′ 相的含碳量为 $x^{\gamma\alpha}$ ，如图 2-5（a）所示。平衡状态下 α 相所占比例可以通过杠杆定律计算得到，即：$(x^{\gamma\alpha}-\bar{x})/(x^{\gamma\alpha}-x^{\alpha\gamma})$ 。所以在这种情况下生成单位摩尔 α 相的自由能变化 ΔG_2 可以表示为：

$$\Delta G_2 = \Delta G^{\gamma\to\gamma'+\alpha} \times \frac{x^{\gamma\alpha}-x^{\alpha\gamma}}{x^{\gamma\alpha}-\bar{x}} \tag{2-1}$$

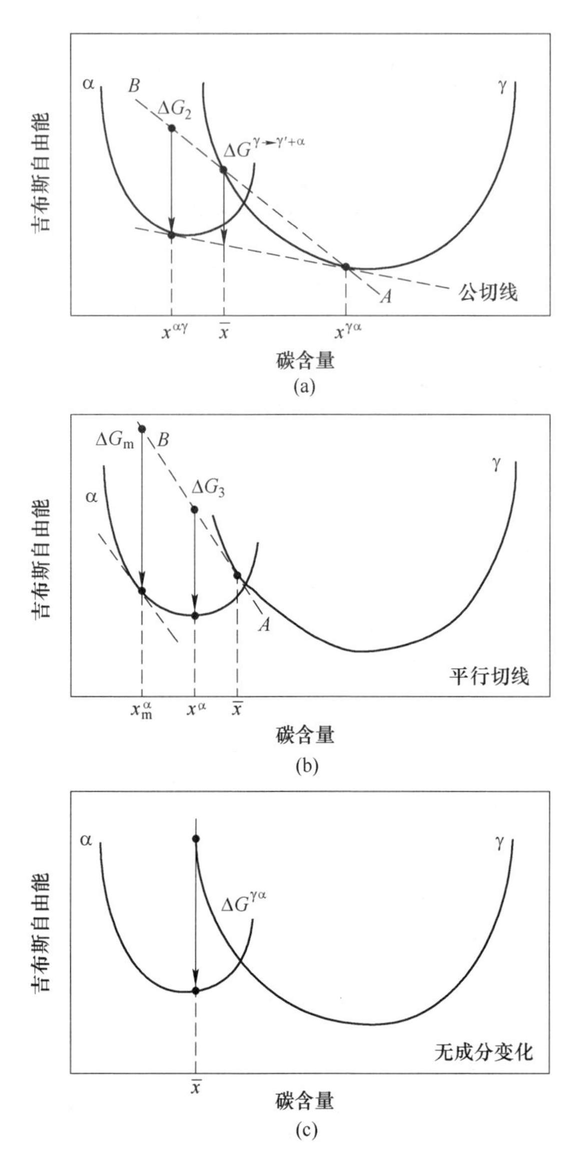

图 2-5　贝氏体形核与长大过程中化学自由能变化示意图[24]

ΔG_2 在图中可表示直线 AB 与 α 相的吉布斯自由能之差，上述分析表明奥氏体相分解为平衡组织时，其含碳量发生明显变化，由原来的 $\bar{x}$ 增加到了 $x^{\gamma\alpha}$。然而，铁素体晶核形成时，其体积十分细小，几乎不会影响剩余奥氏体的含碳量。所以可以认为铁素体晶核形成时，剩余奥氏体含碳量仍为 $\bar{x}$。结合图 2-5（a）和（b）可以看出，奥氏体含碳量接近 $\bar{x}$ 时，直线 AB 斜率不断变化。极限状态下，即奥氏体含碳量为 $\bar{x}$ 时，直线 AB 变为了 γ 相吉布斯自由能曲线的切线，如图 2-5

(b) 所示。此时，吉布斯自由能变化为 ΔG_3，它表示形成 1mol 含碳量为 x^{α} 铁素体晶核时吉布斯自由能变化。由图 2-5 (b) 可以看出，当铁素体晶核成分为 x_m^{α} 时，形核过程中自由能变化最大。这一形核过程中可能产生的最大吉布斯自由能变化称为 ΔG_m，因此 ΔG_m 为贝氏体形核时最大可能产生的驱动力。

形核过程中存在一系列的阻力，必须克服这些阻力才能形成稳定的晶核。所以 ΔG_m 需要超过某一临界值，这一临界值可由热力学数据计算得到，称为通用形核函数（Universal Nucleation Function），G_N。Bhadeshia 等人给出了 G_N 的计算公式[24]：

$$G_N = C_1(T - 273.18) - C_2 \tag{2-2}$$

当温度介于 670~920K 时，式中 C_1 为 (3.637 ± 0.2)J/(mol · K)，C_2 为 (2540±120)J/mol。因此，贝氏体相变过程中形核的热力学条件为[24]：

$$\Delta G_m < G_N \tag{2-3}$$

贝氏体长大过程中没有成分改变，所以自由能变化为同成分奥氏体与铁素体自由能之差（$\Delta G^{\gamma\to\alpha}$），如图 2-5 (c) 所示，即贝氏体长大的驱动力为 $\Delta G^{\gamma\to\alpha}$。长大的阻力包括应变能、界面能等，由于切变长大方式界面能很低，因此贝氏体长大的热力学条件为[24]：

$$\Delta G^{\gamma\to\alpha} < - G_{SB} \tag{2-4}$$

式中，G_{SB} 为应变能，约为 400J/mol。

式 (2-3) 和式 (2-4) 为贝氏体相变的热力学条件，同时满足形核与长大的热力学条件时，贝氏体相变才能发生。

刚好满足式 (2-3) 和式 (2-4) 所示热力学条件的温度点即为贝氏体开始转变温度 (B_s)。通过一些实验可以得到 B_s 温度与钢化学成分的经验公式，例如，Steven 和 Haynes 给出了如下经验公式[36]：

$$B_s(℃) = 830 - 270\,w_C - 90\,w_{Mn} - 37\,w_{Ni} - 70\,w_{Cr} - 83\,w_{Mo} \tag{2-5}$$

式中，w_i 为化学元素 i 在奥氏体中的含量。

Lee 等人给出了另一种经验方程[37]：

$$B_s(℃) = 745 - 110w_C - 59w_{Mn} - 39w_{Ni} - 68w_{Cr} - 106w_{Mo} + 17w_{Mn}w_{Ni} + 6w_{Cr}^2 + 29w_{Mo}^2 \tag{2-6}$$

2.4 转变不完全现象

很多研究发现，奥氏体转变为贝氏体时存在不完全转变现象（Incomplete Reaction Phenomenon）。所谓不完全转变是指贝氏体相变停止时，奥氏体成分并没有达到平衡态，即 A_{e3} 相界给出的成分状态，如图 2-6 所示。这一现象可以结合贝氏体相变切变机制和 T_0' 曲线来理解。某一温度下，新相贝氏体铁素体自由能需低于母相奥氏体自由能时才有可能发生贝氏体转变。将相同成分铁素体与奥氏体自由能相等的点绘制在以碳含量为横坐标，以温度为纵坐标的图中便得到了 T_0 曲线。如果将相变过程中的应变能考虑进去，则 T_0 曲线将向左移动，成为了 T_0' 曲线，T_0' 曲线与贝氏体相变热力学条件式（2-4）是一致的。贝氏体相变时，其温度和成分状态需处于 T_0' 曲线左侧，奥氏体才能转变为贝氏体。贝氏体铁素体亚单元形成后，新相 α 中过饱和的碳随即向周围母相奥氏体扩散，随着相变的进行，母相奥氏体含碳量最终达到饱和点时（即 T_0' 曲线），相变热力学条件无法满足，贝氏体相变随之停止，如图 2-6 所示。因此，奥氏体中含碳量在远低于 A_{e3} 相界给出的平衡状态时，相变就停止了，出现了不完全转变现象。贝氏体转变停止后，可以在等温过程中以非常慢的速率继续转变为其他相，如珠光体，从而向平衡状态发展。例如，有研究发现某一钢在 450℃ 相变时，贝氏体相变在几分钟内便结束了，但后续珠光体相变在 32h 后才启动；而有时贝氏体相变结束后，奥氏体分解为其他相的等待时间达到数十天。因此，在等温贝氏体相变过程中，往往不容易观察到后续珠光体等转变。此外，由 T_0' 曲线可以看出，相变温度越低，贝氏体相变停止时奥氏体中容纳的碳含量越高，贝氏体相变的程度就越大，所以根据 T_0' 理论，贝氏体最大转变量随相变温度降低而增大。

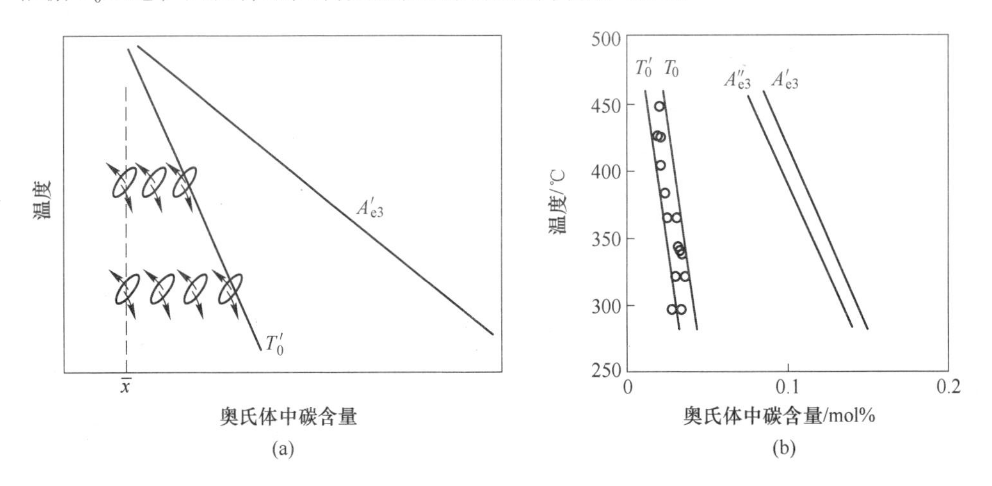

图 2-6　不完全转变现象示意图（a）以及一种 Fe-0.43C-3Mn-2.12Siwt.%钢不完全转变实验数据（b）[24]

2.5　动力学

实验结果显示，钢中马氏体长大速度非常快，马氏体板条仅需几微秒就可以穿过一个奥氏体晶粒的距离[38~40]。Bunshah 和 Mehl[41] 测得马氏体长大速度高达 1km/s，也就是铁中声速的 1/3。与马氏体相变不同，贝氏体相变速率比马氏体相变慢很多，其等温相变动力学呈现典型的“C”型特征。早在 1952 年，Ko 和

Cottrell 就对贝氏体相变动力学进行了探讨[42]，他们发现，与马氏体相变相比，贝氏体长大要慢很多，且贝氏体的形成引发了相变区域形状改变。用现代先进的高温激光共聚焦显微镜可以更加清晰的观察到这一现象，如图 2-7 所示。他们还发现，与珠光体不受奥氏体晶界阻碍不同，贝氏体长大终止于奥氏体孪晶或晶界位置，这一点与马氏体类似。

(a)

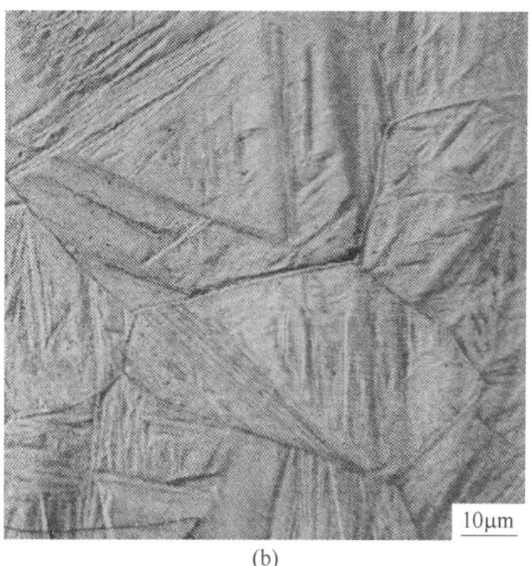

(b)

图 2-7 奥氏体向贝氏体转变过程中出现表面浮凸
（a）原位观察过程中的高温显微图片；（b）相同视野下的光学显微图片

马氏体需要在冷却至 T_0温度以下获得大的过冷度后才开始形成，在 T_0温度时相同成分的铁素体和奥氏体具有相等的自由能。从热力学角度来看，T_0温度以下时无扩散型相变是可行的，所以额外的过冷度主要是由于产生应变能所需要的，也有一部分是由于生成马氏体板条后界面能增加所需要的。与马氏体相比，贝氏体相变发生在相对较高温度，所需相变驱动力较小，所以其相变机制和马氏体是不同的[24]。Ko 和 Cottrell 认为，依据相变驱动力大小，“共格晶核”可以发展成马氏体或贝氏体。在 M_s温度以下时，晶核发展为马氏体，而在形成贝氏体的较高温度区间，仅当相变应变得到有效释放时，“共格长大”才可能发生。这个过程在固溶于贝氏体中的碳含量降低时可以发生，碳含量的降低可通过碳扩散出贝氏体或在贝氏体内析出，或通过两者结合方式来实现，具体方式取决于相变温度。然而，从他们的描述中，仍然无法得知贝氏体长大瞬间有无碳扩散。切变机制认为，贝氏体长大瞬间无碳扩散，随后发生碳扩散为贝氏体继续长大提供驱动力。扩散机制认为，碳扩散和界面迁移同时发生，使得铁素体内的析出（对于下贝氏体）或碳被排斥到奥氏体中（上贝氏体中）发生在移动的界面处。

截至目前，对于贝氏体相变动力学理论模型研究也主要分为两派。根据扩散控制观点，贝氏体铁素体片层长大完全受碳扩散控制，不断累积的片层形成贝氏体组织，目前国际上对片层状相析出动力学理论描述比较著名的主要是 Zener-Hillert[43] 模型和 Trivedi[44] 模型。Quidort[45] 用准平衡条件下的相变驱动力和相界浓度对两种不同成分钢的贝氏体长大速度进行了计算，计算结果比实验值大 3~10 倍。Bhadeshia[46]、Rees[47] 和 Matsuda[48] 建立了基于切变机制的贝氏体相变动力学模型，以切变方式形成的贝氏体铁素体亚单元造成的应变对后继贝氏体铁素体亚单元形核有自催化作用，贝氏体相变动力学主要取决于形核速率。对于贝氏体相变机制的争论迄今尚未停止，不同学派仍在为各自的观点寻求新的证据和解释，描述贝氏体相变动力学的理论模型也出现了很多，而且也能在各自的研究范围起到一定指导作用。

下面是几种主要贝氏体相变动力学模型。

2.5.1　Zener-Hillert 模型

Zener 最先建立了扩散控制长大的理论模型，后来被 Hillert 修正。按照 Zener-Hillert 模型的观点[43]，贝氏体长大的速度是由奥氏体中相界面处的碳元素向奥氏体扩散的速度决定，它能计算不同相变温度贝氏体长大的最大速度，具体表达式如下：

$$v_{\max} = \frac{RTD(x_{\mathrm{eq}}^{\gamma/\alpha} - x^{\mathrm{o}})}{8\sigma V_{\mathrm{m}}\, x^{\mathrm{o}}} \tag{2-7}$$

式中，R 为摩尔气体常数；D 为奥氏体中碳扩散系数；T 为温度；σ 为界面能；V_{m} 为贝氏体铁素体摩尔体积；$x_{\mathrm{eq}}^{\gamma/\alpha}$ 为相界面达到平衡时奥氏体侧的碳浓度；x^{o} 为基体碳浓度。

上述模型是建立在局域平衡条件下的，因此 $x_{\mathrm{eq}}^{\gamma/\alpha}$ 反映的是二维平面内界面平衡浓度，贝氏体长大的动力是由奥氏体内部靠近界面处的碳浓度梯度提供，如图 2-8 所示，fcc 代表面心立方奥氏体，bcc 代表体心立方贝氏体，贝氏体的长大速度取决于 γ/α 界面右侧碳扩散的速度。但对于板条状贝氏体，在长大过程中板条尖端存在 Gibbs-Thompson 毛细效应，会造成界面碳浓度的变化，只有在尖端极小的范围内存在局域平衡。

随后不断有人对该模型进行了优化，取得了一定成果，其中瑞典皇家理工学院 Leach[49] 给出的优化模型预测效果较为理想，具体表达式为：

$$v = \frac{D\Delta G_{\mathrm{m}}}{2\sigma V_{\mathrm{m}}} \cdot \frac{x^{\gamma/\alpha} - x^{\mathrm{o}}}{x^{\mathrm{o}} - x^{\alpha/\gamma}} \cdot \frac{\rho_{\mathrm{cr}}}{\rho} \tag{2-8}$$

式中，ΔG_{m} 为相变驱动力；$x^{\gamma/\alpha}$，$x^{\alpha/\gamma}$ 为相界面处奥氏体侧和贝氏体铁素体侧碳浓度；ρ_{cr} 为临界半径；ρ 为板条尖端曲率半径。

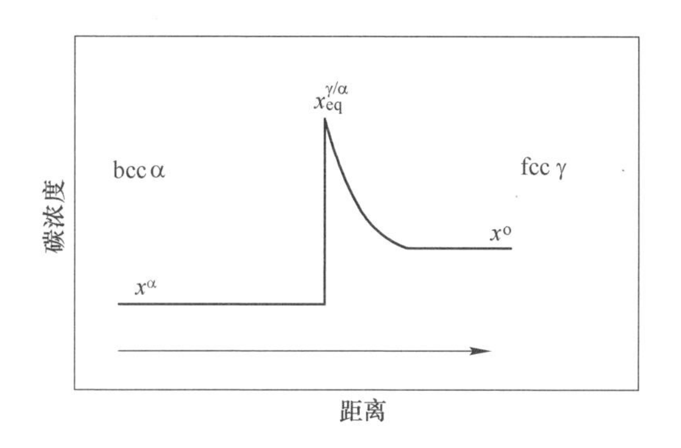

图 2-8 贝氏体长大过程中界面处碳分配示意图

Zener-Hillert 模型认为当 $\rho = 2\rho_{cr}$ 时，长大速度达到最大值。然而，随后有证据表明 ρ/ρ_{cr} 的优化值（对应最大速度取值）并非固定[50]，而是随着相变温度和碳含量变化的。Leach 等人[51]的模型对此进行了优化，他们同时对奥氏体中的碳扩散系数和相变驱动力进行了优化，结果显示上述模型在预测高碳贝氏体钢贝氏体长大速度时比较准确，而在预测低碳贝氏体钢，尤其是当合金元素含量较高时，计算结果与实验值存在一定偏差。分析其原因认为，主要是现有的理论模型和计算机技术还无法准确计算贝氏体长大时，相界面处的碳含量分布情况；随着相变温度的变化，贝氏体铁素体长大机制也在改变，$x^{\gamma/\alpha}$ 和 $x^{\alpha/\gamma}$ 因此也会发生变化，现有的平衡模型还不足以准确定量地描述界面处的碳分布，而这正好是影响长大速度的关键因素。因此，γ/α 相界面碳含量分布对贝氏体长大的影响规律和影响机理显得尤为重要，尽管目前关于这方面的研究已有很多，但想要达到统一，还需要更系统和深入的研究。

2.5.2 Trivedi 模型

Trivedi 认为应用质量平均扩散系数计算出的结果更符合实验值，于是提出下列公式[52]：

$$\Omega_o = \sqrt{\pi Pe}\,e^{Pe}\,\mathrm{erfc}\sqrt{Pe}\left[1 + (v/v_c)\,\Omega_o\,S_1(Pe) + (\rho_c/\rho)\,\Omega_o S_2(Pe)\right] \quad (2\text{-}9)$$

式中，Ω_o 为碳过饱和度；Pe 为贝克莱数，大小为 $\rho v/2D$；ρ_c 为临界半径；S_1，S_2 为关于 Pe 的函数；v_c 为完全由界面动力学控制的平面界面临界移动速度。

Trivedi 模型反映了扩散、界面迁移率和毛细作用对碳过饱和度的影响规律，Simonen 等人通过对比其计算结果与实验结果[53]，发现相变发生时，吉布斯自由能主要消耗在奥氏体中的碳扩散过程，Zener-Hillert 模型实质上也体现了这一点。随后 Bosze 提出了 Trivedi 公式的简化式[54]，后来也应用在一些文献中[55,56]。然而，Hillert 通过计算发现[57]，Trivedi 模型仅在计算高过饱和度的相变动力学时有较好的预测效果，当碳过饱和度较低时，其计算结果与实测值相差较大。

2.5.3　切变相变模型

切变学派认为贝氏体铁素体板条以类马氏体方式形成，贝氏体相变造成的形变是不变平面应变，其表面浮凸符合切变特征，形核过程控制整体动力学，相变造成的应变对后续形核有自催化作用。根据这一观点，Rees 和 Bhadeshia 建立了贝氏体相变动力学模型[47]：

$$t = \frac{\theta[-A\ln(1-\zeta) + (B/\beta\theta)\ln(1+\beta\theta\zeta) + (C/\Gamma_2)(1-e^{-\Gamma_2\zeta})]}{uK_1\exp\left(-\dfrac{K_2}{RT} - \dfrac{K_2\Delta G_m^{\ominus}}{rRT}\right)} \tag{2-10}$$

$$\Gamma_2 = \frac{K_2(\Delta G_m^{\ominus} - G_N)}{rRT} \tag{2-11}$$

式中，t 为相变体积分数达到 ζ 的时间；θ 为新相的最大体积分数；β 为自形核系数；u 为单位贝氏体亚单元的体积；$\Delta G_m^{\ominus}$ 为形核驱动力；G_N 为通用形核函数；R 为气体常数；T 为绝对温度；A，B，C，K_1，K_2，r 为经验常数。

Van Bohemen 等人将贝氏体形核率表示为[58]：

$$\frac{dN}{dt} = \nu(1-f)\,N_i(1+\lambda f)\exp\left(-\frac{Q^*}{RT}\right) \tag{2-12}$$

式中，ν 为形核频率常数；N_i 为奥氏体中潜在形核点密度；f 为贝氏体相变体积分数；λ 为与自催化因子有关的常数；Q^* 为形核激活能。

在此基础上又推导了 f 与时间 t 的关系式：

$$f = \frac{1-\exp[-\kappa(1+\lambda)t]}{\lambda\exp[-\kappa(1+\lambda)t]+1} \tag{2-13}$$

式中，κ 为关于温度的函数，定义为：

$$\kappa = \nu\alpha_b(T_h - T)\exp\left(-\frac{Q^*}{RT}\right) \tag{2-14}$$

式中，α_b 为关于原奥氏体晶粒尺寸的函数，它与式（2-12）中的 N_i 相关；T_h 为切变相变产生的最高温度，即满足 $\Delta G_m = G_N$ 的相变温度。

随后，切变派的学者对激活能、自催化因子等参数进行修正[59]，以使模型预测值更符合实验结果。然而，贝氏体相变动力学至今尚未完整建立，虽然 Bhadeshia 等提出的形核控制定量模型，以及由此建立的包括贝氏体亚单元以过饱和碳形态长大的 Azuma 等模型在一定程度上能够描述钢中贝氏体相变整体动力学，但扩散控制的长大模型也能符合一些实验结果，贝氏体相变机制在本质上仍未得到统一定论。

2.6 本章小结

贝氏体相变机制一直是钢铁材料研究界争论的焦点，早期研究者认为贝氏体长大速度远快于碳原子扩散控制的长大速度，所以其转变机制应该为切变机制。我国学者柯俊院士很早就发现贝氏体形成时出现表面浮凸效应，认为这与马氏体相变一样，属于切变型相变。英国剑桥大学 Bhadeshia 支持贝氏体相变是切变形核、切变长大观点，认为切变相变必须在贝氏体铁素体与同成分奥氏体自由能相等的温度（T_0温度）以下进行；对于相变不完全特性解释为，由于贝氏体铁素体形成时排碳至周围奥氏体，使奥氏体富碳，T_0温度降低，当相变温度在T_0温度以上时切变相变不能发生，以致贝氏体相变停止。以 Aaronson 为代表的扩散学派认为贝氏体相变是扩散形核和台阶机制长大，碳扩散控制的台阶运动决定了贝氏体铁素体片层的延长和增厚速率，他们还认为以表面浮凸效应来表征贝氏体相变属于切变机制是不可取的。我国学者徐祖耀、刘世楷和方鸿生等人支持贝氏体相变是扩散控制，并且在台阶长大机制研究方面做出了较大贡献；他们采用高分辨率 TEM 实验观察到贝氏体的巨型台阶，并发现表面浮凸是帐篷型，并非切变学派所支持的不变平面应变型形变，清华大学杨志刚[60]用原子力显微镜也证明了这一点。Purdy 和 Hillert[61]认为魏氏铁素体、上贝氏体、下贝氏体和板条马氏体是连续相变的产物，所以其相变机制也应该是连续的。随着实验手段和相变理论的发展，两派学者围绕贝氏体相变做了很多理论和实验工作，Quidort[62]发现贝氏体形核率与马氏体不同，随着相变温度的降低而减小；徐祖耀[63]对贝氏体相变热力学的计算也证实贝氏体无法通过切变方式形成，他还提出贝氏体相变至少在贝氏体转变点（B_s）和鼻温之间是扩散型的。康沫狂[64]认为由于位错缺陷对溶质原子的吸引能形成贫溶质区，贝氏体可以在贫溶质区以切变方式形核。Garcia-Mateo 和 Bhadeshia[65]认为，虽然贝氏体形核过程与等温马氏体相变类似，但其形核过程中存在碳的扩散以满足切变相变驱动力的要求。从这些争论可以看出，对贝氏体的认识主要有以下几种：（1）贝氏体是切变相变的产物；（2）贝氏体是扩散控制形核和台阶长大机制的产物；（3）贝氏体是连续相变的产物；（4）贝氏体是受碳扩散控制的切变相变的产物。

综合看来，贝氏体相变同时具有扩散控制（Diffusional）和位移控制（Displacive）特征，其中扩散控制主要与奥氏体/贝氏体（γ/α）界面处碳分配及扩散行为有关，而位移控制主要与 γ/α 界面移动行为有关。切变学派认为贝氏体长大不需要时间，界面移动瞬间完成，位移控制即为切变控制；按照扩散学派观点，贝氏体相变动力学主要是台阶机制和扩散控制片层状贝氏体铁素体长大动力学，因此位移控制即为台阶长大控制。到目前为止，基于扩散-位移控制特征的贝氏体相变动力学理论还未完整建立，贝氏体长大动力学影响因素和机制还未完全明确。

参考文献

[1] Ko T, Cottrell S A. The formation of bainite [J]. Journal of the Iron and Steel Institute, 1952, 172: 307-313.

[2] Hehemann R F. Phase Transformation [C]. ASM. Ohio: Metals Park, 1970: 397.

[3] Bhadeshia H K D H, Edmonds D V. The bainite transformation in a silicon steel [J]. Metallurgical Transactions A, 1979, 10: 895-907.

[4] Cornide J, Miyamoto G, Caballero F G, et al. Garcia-Mateo, Distribution of dislocations in nano structured bainite [J]. Solid State Phenomena, 2011, 172-174: 117-122.

[5] Takahashi M, Bhadeshia H K D H. Model for transition from upper to lower bainite [J]. Materials Science and Technology, 1990, 6: 592-603.

[6] Bhadeshia H K D H. Rationalisation of shear transformations in steels [J]. Acta Metallurgica, 1981, 29: 1117-1130.

[7] Tsuzaki K, Kodai A, Maki T. Formation mechanism of bainitic ferrite in an Fe-2%Si-0. 6%C alloy [J]. Metallurgical and Materials Transactions A, 1994, 25: 2009-2016.

[8] 康沫狂. 贝氏体相变理论研究工作的主要回顾 [J]. 金属热处理学报, 2000, 21 (2): 2-7.

[9] 康沫狂, 贾虎生, 杨延清. 新型系列准贝氏体钢 [J]. 金属热处理, 1995 (12): 3-5.

[10] Aaronson H I. The mechanism of phase transformation in crystalline solids [R]. Institute of Metals, 1969: 270.

[11] Aaronson H I, Reynolds J W T, Shifet G J, et al. Bainite viewed three different ways [J]. Metallurgical and Materials Transactions A, 1990, 21A: 1341-1380.

[12] Aaronson H I, Hall M G. A history of the controversy over the roles of shear and diffusion in plate formation above M_d and a comparison of the atomic mechanisms of these processes [J]. Metallurgical and Materials Transactions A, 1994, 25: 1797-1819.

[13] 徐祖耀, 刘世楷. 贝氏体相变与贝氏体 [M]. 北京: 科学出版社, 1991.

[14] 徐祖耀, 金学军. 简论贝氏体相变的形核与长大——复康沫狂教授等 [J]. 材料热处理学报, 2005, 26 (6): 1-4.

[15] 刘宗昌, 任慧平, 王海燕. 贝氏体相变机制与块状转变 [J]. 热处理技术与装备, 2006, 27 (4): 1-5.

[16] 刘宗昌, 王海燕, 王玉峰, 等. 贝氏体碳化物的形貌及形成机制 [J]. 材料热处理学报, 2008, 29 (1): 32-37.

[17] Greninger A B, Troiano A R. Kinetics of the austenite to martensite transformation in steel [J].

Transactions of the American Society for Metals, 1940, 28: 537.

[18] Smith G V, Mehl R F. Lattice relationships in decomposition of austenite to pearlite bainite and martensite [J]. Transactions of the American institute of Mining and Metallurgical Engineers, 1942, 150: 211-226.

[19] Wcchslcr M S, Lieberman D S, Read T A. On the theory of the formation of martensite [J]. Transactions of the American institute of Mining and Metallurgical Engineers, 1953, 197: 1503-1515.

[20] Bowles J S, Maackenzie J K. The crystallography of martensite transformations Ⅰ [J]. Acta Metallurgica, 1954, 2: 129-137.

[21] Kurdjumov G V, Sachs G. Über den mechanismus der stahlhärtung [J]. Zietschrift für Physik A Hadrons and Nuclei, 1930, 64: 325-343.

[22] Nishitama Z. X-ray investigation of the mechanism of the transformation from face centered cubic lattice to body centered cubic [J]. Science Reports of Tohoku Imperial University, 1934, 23: 634-637.

[23] Wassermann G. Einflu β der α-γ-umwandlung eines irreversiblen nickelstahls auf krislallorientierung und zugfestigkeit [J]. Archives of Eisenhüttenwes, 1933, 6: 347-351.

[24] Bhadeshia H K D H. Bainite in Steels [M]. 3rd edition. London: Institute of Materials, Minerals & Mining, 2015.

[25] Klier E P, Lyman T. The bainite reaction in hypoeutectoid steels [J]. Trans ASM, 1944, 158: 395-422.

[26] Prado J M. Bainitic transformation in steels [J]. Journal of Materials Science Letters, 1986, 5: 1075-1076.

[27] Prado J M, Calalan J J, Marsal M. Dilatometric study of isothermal phase transformation in Fe-C-Mn [J]. Journal of Materials Science, 1990, 25: 1939-1946.

[28] Kang M, Zhu M, Zhang M. Mechanism of bainite nucleation in steel, iron and copper alloys [J]. Journal of Materials Science and Technology, 2005, 21: 437-444.

[29] Aaronson H I, Domian H A, Pound G M. Thermodynamics of the austenite-proeutectoid ferrite transformation Ⅰ, Fe-C alloys [J]. TMS-AIME, 1966, 236: 753-767.

[30] Stone H J, Peet M J, Bhadeshia H K D H, et al. Specht. Synchrotron X-ray studies of austenite and bainitic ferrite [J]. Proceedings of the Royal Society A, 2008, 464: 1009-1027.

[31] Koo M, Xu P, Tomota Y, et al. Bainitic transformation behavior studied by simultaneous neutron diffraction and dilatometric measurement [J]. Scripta Materialia, 2009, 61: 797-800.

[32] Yu D, Chen D, Zheng J, et al. Phase transformation unit of bainitic ferrite and its surface relief in low and medium carbon alloy steels [J]. Acta Metallurgica Sinica, 1989, 2: 161-167.

[33] Russell K C. The roleof quenched-in embryos in solid-state nucleation process [J]. Metallurgical Transactions, 1971, 2: 5-12.

[34] Zhao S X, Wang W, Mao D L. On bainite nucleation at carbon depleted zone around edge dislocation [J]. Key Engineering Materials, 2007, 334-335: 121-124.

[35] Takahashi M, Bhadeshia H K D H. Model for transition from upper to lower bainite [J]. Materials Science and Technology, 1990, 6: 592-603.

[36] Steven W, Haynes A G. The temperature of formation of martensite and bainite in low alloy steels [J]. Journal of the Iron and Steel Institute, 1956, 183: 349-359.

[37] Lee Y K. Empirical formula of isothermal bainite start temperature of steels [J]. Journal of Material Science Letters, 2002, 21: 1253-1255.

[38] Wiester H J. Photograwphs of the martenette crystallization [J]. Zeitschrift für Metallkunde, 1932, 24: 276-277.

[39] Forster F, Scheil E. Akustischeuntersuchung der bildung von martensitnadeln [J]. Zeitschrift für Metallkunde, 1936, 28: 245-247.

[40] Forster F, Scheil E. Messung der bildungszeit der martensitnadeln [J]. Naturwissenschaften, 1937, 25: 439-440.

[41] Bunshah R F, Mehl R F. Rate of propagation of martensite [J]. Trans AIME, 1953, 193: 1251-1258.

[42] Ko T, Cottrell S A. The formation of bainite [J]. Journal of the Iron and Steel Institute, 1952, 172: 307-313.

[43] Hillert M. Diffusion and interface control of reactions in alloys [J]. Metallurgical Transactions A, 1975, 6A: 5-19.

[44] Bosze W P, Trivedi R. On the kinetic expression for the growth of precipitate plates [J]. Metallurgical Transactions, 1974, 5: 511-512.

[45] Quidort D, Brechet Y J M. Isothermal growth kinetics of bainite in 0.5%C steels [J]. Acta Metallurgica, 2001, 49: 4161-4170.

[46] Bhadeshia H K D H. Bainite: Overall transformation kinetics [J]. Le Journal De Physique Colloques, 1982, C4: 443-448.

[47] Rees G I, Bhadeshia H K D H. Bainite transformation kinetics part Ⅰ modified model [J]. Materials Science and Technology, 1992, 8: 985-993.

[48] Matsuda H, Bhadeshia H K D H. Kinetics of the bainite transformation [C]. Proceedings Royal Society, 2004, A460: 1710-1722.

[49] Leach L. Modeling Bainite Formation in Steels [D]. Sweden: KTH University, 2018.

[50] Leach L, Hillert M, Borgenstam A. Modeling C-curves for the growth rate widmanstätten and bainitic ferrite in Fe-C alloys [J]. Metallurgical and Materials Transactions A, 2016, 47: 19-25.

[51] Yin J, Leach L, Hillert M, et al. C-curves for lengthening of widmanstätten and bainitic ferrite [J]. Metallurgical and Materials Transactions A, 2016, 48: 3997-4005.

[52] Trivedi R. Role of interfacial free energy and interface kinetics during the grewth of precipitate plates and needles [J]. Metallurgical Transactions, 1970 (1): 921-927.

[53] Simonen E P, Aaronson H I, Trivedi R. Lengthening kinetics of ferrite and bainite sideplates [J]. Metallurgical Transactions, 1973, 4: 1239-1245.

[54] Bosze W P, Trivedi R. The effects of crystallographic anisotropy on the growth kinetics of widmanstätten precipitates [J]. Acta Metallurgica, 1975, 23: 713-722.

[55] Zhao S X, Wang W, Mao D L. On bainite transformation kinetics and mechanism [J]. Materials Science Forum, 2007, 539-543: 3018-3023.

[56] Luzginova N V, Zhao L, Sietsma J. Bainite formation kinetics in high carbon alloyed steel [J]. Materials Science and Engineering A, 2008, 481-482: 766-769.

[57] Hillert M, Hoglund L, Ågren J. Diffusion-controlled lengthening of widmanstätten plates [J]. Acta Metallurgica, 2003, 51: 2089-2095.

[58] Bohemen S M C, Sietsma J. Modeling of isothermal bainite formation based on the nucleation kinetics [J]. International Journal of Materials Research, 2008, 99: 739-747.

[59] 赵四新. 中低碳钢贝氏体形核长大动力学研究 [D]. 上海: 上海交通大学, 2007.

[60] 杨金波, 杨志刚, 白秉哲, 等. Fe-0.3C-3Mn-2Ni-2Si 中贝氏体表面浮突效应的原子力显微镜研究 [J]. 金属学报, 2004, 40 (6): 574-578.

[61] Purdy G R, Hillert M. On the nature of the bainitic transformation in steels [J]. Acta Metallurgica, 1984, 32: 823-828.

[62] Quidort D, Brechet Y J M. A model of isothermal and non isothermal transformation kinetics of bainite in 0.5%C steels [J]. ISIJ International, 2002, 42: 1010-1017.

[63] Zhang X, Jin X J, Hsu T Y. Nucleation mechanism for bainite [J]. Materials Science and Technology, 2002, 18: 1-3.

[64] Kang M K, Zhu M. Mechanism of bainitic nucleation and ledge growth discussion with professor Hsu T. Y. [J]. Transactions of Materials and Heat Treatment, 2005, 26: 1-5.

[65] Garcia-Mateo C, Bhadeshia H K D H. Nucleation theory for high-carbon bainite [J]. Materials Science and Engineering A, 2004, 378A: 289-292.

3 合金元素对贝氏体相变和组织性能影响

为了使钢材获得预期的性能，而有目的地在冶炼时加入一定量的一种或多种金属或非金属化学元素，这些化学元素统称为合金元素。按其与碳的亲和力的大小，可将合金元素分为非碳化物形成元素和碳化物形成元素两大类，合金元素在钢中主要以固溶体和化合物的形式存在。金属材料中这些合金元素的存在不仅改变了金属材料的力学性能，还对金属的相变过程产生了一系列的影响，虽然各种合金元素对金属材料性能的影响不是简单地叠加，但利用各种合金元素对金属材料的影响，可以大致按照人们所需要的力学性能，以及便于生产的处理工艺等进行新钢种的合金成分设计和试生产实验等。本章内容涉及几种主要的合金元素对贝氏体钢相变和组织性能的影响规律。

3.1 基础概念

3.1.1 合金元素作用

合金元素主要以固溶态、合金化合物态以及夹杂物存在于钢中。由于这些元素的存在，金属发生相变时，一些溶质原子会对晶界形成拖曳作用，从而影响新相的形核和长大。只有当合金元素溶于高温奥氏体中时才能够增加过冷奥氏体的稳定性，从而增加相变的孕育期，孕育期的增长使得整个转变 C 曲线向右移动，最终增加了相变完成所需要的时间。

有研究表明，钢中加入的 Co 和 Al 元素不但不会减缓相变速度，反而对相变还有促进的作用，这两种元素能够明显地缩短相变孕育期从而缩短相变反应时间。在钢铁材料加热奥氏体化进程中，除了 Co 和 Ni 等部分非碳化物形成元素在奥氏体化进程中能够加速 C 的扩散速度，使奥氏体形成速度加快以外，其他元素，例如 Cr、Mo、W、V、Ti、Nb 以及 Zr 等强碳化物形成元素在高温钢水浇铸冷却后，由于这些元素与 C 的亲和力很强，形成了难溶于奥氏体的合金碳化物；钢铁材料由低温加热奥氏体化进程中这些强碳化物元素形成的合金碳化物，显著地阻碍 C 元素的扩散，大大减慢了奥氏体形成的速度。正是由于这些合金的碳化物在加热奥氏体化过程中溶解速度慢，且难溶于奥氏体中，所以这些特殊的碳化物还起到了阻碍奥氏体晶界的移动和奥氏体晶粒长大的作用。为了加速碳化物的溶解和奥氏体成分的均匀化就必须提高加热温度和延长保温时间。

同时有研究表明，Al、Si 和 Mn 等合金元素对奥氏体形成的速度影响不大。而在过冷奥氏体发生相变时，这些合金元素又分为奥氏体形成元素和铁素体形成元素。例如 Ni、Mn、Co 可以扩大奥氏体区域并与奥氏体形成无限固溶体，还有一些元素如 Au、Cu、C、N 等也溶于奥氏体形成固溶体，这些元素也可以在铁素体中溶解，但是它们在奥氏体和铁素体里的溶解度是有限的，且这些合金元素在奥氏体中的溶解度大于它们在铁素体中的溶解度，所以也起到扩大奥氏体区域的作用，因此起到开启和扩大奥氏体区域的合金元素称为奥氏体形成元素。铁素体形成元素的作用恰好是缩小奥氏体形成区域，并提高钢材的临界加热奥氏体化温度。

各合金元素在钢材中的具体作用和作用强度分别见表 3-1 和表 3-2。无论是奥氏体形成元素还是铁素体形成元素，除 Co 和 Al 以外，几乎所有的合金元素都能够增大过冷奥氏体的稳定性，推迟奥氏体向珠光体、贝氏体组织的转变，使得整个转变 C 曲线向右移动，如图 3-1 所示。转变曲线的右移说明钢材的淬透性得到提高。常用的提高钢淬透性的元素有 B、Mn、Mo、Cr、Ni 以及 Si 等，只有当加入的这些元素溶于奥氏体时才能够起到提高钢淬透性的作用。如果这些合金元素的碳化物在加热过程中没有完全溶解，则会在冷却相变过程中成为铁素体、珠光体的形核点，从而促进铁素体和珠光体形成，这反而降低了钢的淬透性。经研究表明，由于合金化效应，两种或多种合金元素的同时加入会比单种合金元素对淬透性的影响更强。

表 3-1 常用合金元素在钢中的作用

合金元素	在钢中的作用
碳（C）	常用钢中主要添加元素，在钢中形成固溶强化和硬化。随着碳含量增加，转变曲线向右移动，增加钢材的淬透性，溶于铁中形成铁素体和奥氏体，与铁元素形成珠光体组元之一的化合物渗碳体
锰（Mn）	常用钢中主要添加元素，扩大 γ 相区，形成无限固溶体，对钢材起到固溶强化和硬化的作用，增加钢的淬透性。为弱碳化物形成元素，容易生成熔点较高的 MnS，从而避免了 FeS 热相的生成；可降低下临界点，增加奥氏体的稳定性，细化相变组织以及改善材料的力学性能，是低合金钢添加的重要元素，可以提高材料的耐磨性
硅（Si）	缩小 γ 相区，抑制碳化物形成，是无碳化物低温贝氏体主要添加元素之一；固溶于奥氏体中提高材料淬透性的作用极强，提高钢的回火稳定性，并有二次硬化作用。在特殊钢中增加电学和磁学性能，增加脱碳敏感性，是常用的脱氧剂
镍（Ni）	扩大 γ 相区，形成无限固溶体，可以增加奥氏体的形成速度；在 α 铁中的最大溶解度约 10%；不形成碳化物，起到固溶强化及提高淬透性的作用。对铁素体晶粒起到细化作用，可以提高钢的塑性和韧性，特别是低温韧性，是主要奥氏体形成元素并改善钢的耐蚀性能

续表 3-1

合金元素	在钢中的作用
铬（Cr）	缩小γ相区，在α铁中可无限固溶，在γ铁中最多溶解12.5%，形成碳化物的能力中等，可以提高材料的淬透性，增加高碳钢的耐磨性。含量超过12%时，使钢有良好的高温抗氧化性和耐氧化性介质腐蚀的性能，并增加钢的热强性，是不锈耐酸钢及耐热钢的主要合金化元素
钼（Mo）	缩小γ相区，在α铁及γ铁中的最大溶解度分别为4%及37.5%，是强碳化物形成元素。阻碍奥氏体到珠光体转变的能力最强，从而提高钢的淬透性，并是贝氏体高强度钢的重要合金化元素之一；在较高回火温度下，形成弥散分布的特殊碳化物，有二次硬化作用，有抑制回火脆性的作用
铌（Nb）	缩小γ相区，在α铁及γ铁中的最大溶解度分别为1.8%及2.0%，是强碳化物及氮化物形成元素。部分元素进入固溶体，固溶强化作用很强。固溶于奥氏体中，显著提高钢的淬透性；但以碳化物及氮化物微细颗粒形态存在时，却可以细化晶粒并降低钢的淬透性。增加钢的回火稳定性，有二次硬化作用。微量铌可以在不影响钢的塑性或韧性的情况下，提高钢的强度。由于细化晶粒的作用，可以提高钢的冲击韧性并降低其脆性转变温度
钒（V）	缩小γ相区，在α铁中无限固溶，在γ铁中的最大溶解度约为1.35%，是强碳化物及氮化物形成元素。以碳氮化合物状态存在的钒，由于这类化合物的细小颗粒形成新相的晶核，因此会降低钢的淬透性。可以增加钢的回火稳定性并具有强烈的二次硬化作用。固溶于铁素体中有极强的固溶强化作用。还在加热过程中起到细化奥氏体晶粒作用，最终使相变后的组织得到细化，对低温冲击韧性有利
钛（Ti）	缩小γ相区，是强碳化物形成元素。与氮的亲和力也极强，固溶状态时固溶强化作用极强，但同时降低固溶体的韧性。固溶于奥氏体中提高钢淬透性的作用极强，但对化合钛，其细微颗粒形成新相的晶核会促进奥氏体分解，降低钢的淬透性。提高钢的回火稳定性，并有二次硬化作用

表 3-2 合金元素对钢材性能的影响

添加目的	合金元素						
	Cr	Ni	Mn	Ti	Nb	Si	Mo
形成铁素体	中	—	—	强	中	中	中
形成奥氏体	—	中	弱	—	—	—	—
形成碳化物	中	—	弱	强	强	—	弱
改善抗氧化性酸	强	—	—	—	—	中	—
改善抗还原性酸	—	强	—	—	—	中	强
防止晶间腐蚀	—	—	—	强	强	中	弱
防止点蚀	—	—	—	—	—	中	强
改善抗应力腐蚀	—	强	—	—	—	—	—
改善抗氧化性	强	中	—	中	强	—	中

续表 3-2

添加目的	合金元素						
	Cr	Ni	Mn	Ti	Nb	Si	Mo
改善高温抗蠕变性	—	中	弱	中	强	—	中
改善时效硬化性	—	—	—	中	强	中	—
细化晶粒	—	—	—	强	中	—	—

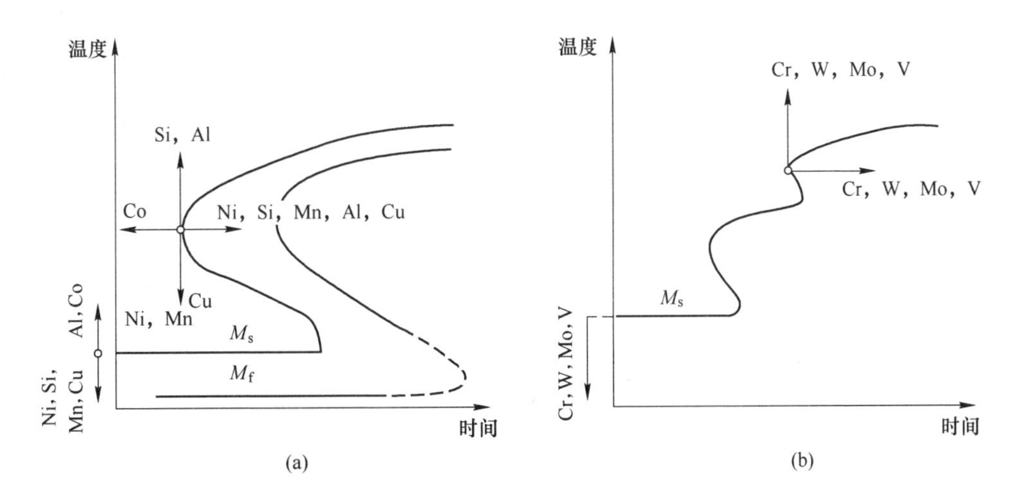

图 3-1 合金元素对过冷奥氏体等温转变曲线的影响

（a）非碳化物形成元素；（b）碳化物形成元素

3.1.2 贝氏体钢合金元素设计原则

本书主要研究对象是基于低温转变下的超级贝氏体，因此贝氏体钢成分设计需要考虑以下因素：（1）推迟钢的高温转变，防止从高温奥氏体区冷却到低温贝氏体相变区间的过程中发生先共析铁素体或珠光体转变，获得尽可能多的贝氏体相变组织，提高钢种的整体力学性能。（2）既可以提高钢的强度又可以增加钢材塑性的强化机制只有细晶强化，晶粒越细小，变形时阻碍滑移发生的晶界就越多，钢的强度也就越高。晶粒尺寸大小与材料的屈服强度之间的关系通常可以用 Hall-Petch 公式表示，贝氏体铁素体的晶粒尺寸与屈服强度的关系也服从这一关系。为了减小相变后低温贝氏体板条的尺寸，希望设计钢种的贝氏体转变温度在 300℃左右，即尽量降低实验钢种的马氏体转变温度，为低温高强度贝氏体的形成提供条件。对于低温下贝氏体的晶粒尺寸实际上是指低温贝氏体铁素体的板条宽度。（3）不论是上贝氏体还是下贝氏体转变，在转变过程中都会形成脆性相——渗碳体。渗碳体对钢的力学性能非常不利，由于钢中存在这种与基体力学性能不统一的第二相，且这些第二相不具有塑性，力学断裂表现为脆性断裂，所以在材料受力发生变形时，裂纹和微孔会优先在这些脆性相聚集点形成，这些脆性相和基体结合点必然存在拐角尖点，基体受力时尖点处会发生应力集中，使裂纹在钢中迅速扩展最终导致材料断裂。所以设计的钢种应该避免这些脆性第二相的生成，应使钢中的碳尽量保持为固溶的形式存在于贝氏体铁素体板条或残余奥氏体中。

总结以上几点成分设计思想，设计低温贝氏体钢中的成分应满足以下要求：

（1）淬透性要好，能够避开过冷奥氏体向先共析铁素体和珠光体转变。

（2）设计的钢种成分必须足够降低马氏体开始转变温度，从而尽量降低贝氏体转变温度，得到超细的贝氏体组织。

（3）设计的钢种成分能够避免或减少低温贝氏体转变过程中渗碳体的析出，从而保证研究钢种具有良好的塑性。

超高强贝氏体钢依据碳含量不同可以分为低碳、中碳和高碳贝氏体钢，但不管哪一种钢，一般都含有较高含量的锰和硅等合金元素。在设计贝氏体钢成分时，首先要弄清楚各种合金元素的作用，存在形式，对奥氏体化温度、贝氏体转变温度、富碳残余奥氏体以及转变速度的影响规律等，从全局设计贝氏体钢的成分和工艺过程。

3.2　碳在超高强贝氏体钢的作用

碳元素作为钢中主要添加元素之一，对提升强度起到重要作用。超高强贝氏体依据碳元素添加量，可以分为低碳（含碳量一般为0.10wt.%~0.25wt.%）、中碳（含碳量一般为0.25wt.%~0.6wt.%）和高碳（含碳量一般为0.6wt.%~2.0wt.%）高强贝氏体钢。由于贝氏体相变受碳扩散影响，因此不同碳含量的贝氏体钢，其相变动力学、组织形貌和性能也会出现差异。

3.2.1　低碳贝氏体钢

低碳高强贝氏体钢由于碳含量较少，容易产生高温相变，因此为了获得低温贝氏体组织，一般需要添加大量合金元素，如Mn、Cr、Ni、Mo等，尽可能降低马氏体转变点，并使钢在一定冷却速度范围内能获得贝氏体组织。

3.2.1.1　组织特征

连续冷却条件下得到的低碳贝氏体钢典型组织如图3-2所示，贝氏体钢成分为Fe-0.22C-1.54Si-2.2Mn（wt.%），主要制备工艺为：开轧温度大于1150℃，精轧出口温度为915℃，快速冷却的冷却速度约为30℃/s，快速冷却结束温度为508℃。上述贝氏体钢除了C、Si、Mn外，不含其他合金元素，因此需要很高的冷却速度来保证相变在贝氏体区进行。从光学组织图3-2（a）可以看出，组织中存在细条状和粒状贝氏体，粒状贝氏体组织的出现说明相变发生在相对较高的温度区间。从图3-2（b）中的TEM精细组织也可以看出，即使组织中出现了板条贝氏体，其尺寸也相对粗大，还是属于微米级别，这也是一般低碳贝氏体的组织特征。因此，对于合金元素相对少的低碳贝氏体钢，贝氏体尺寸一般较为粗大，且连续冷却条件下容易出现粒状贝氏体。

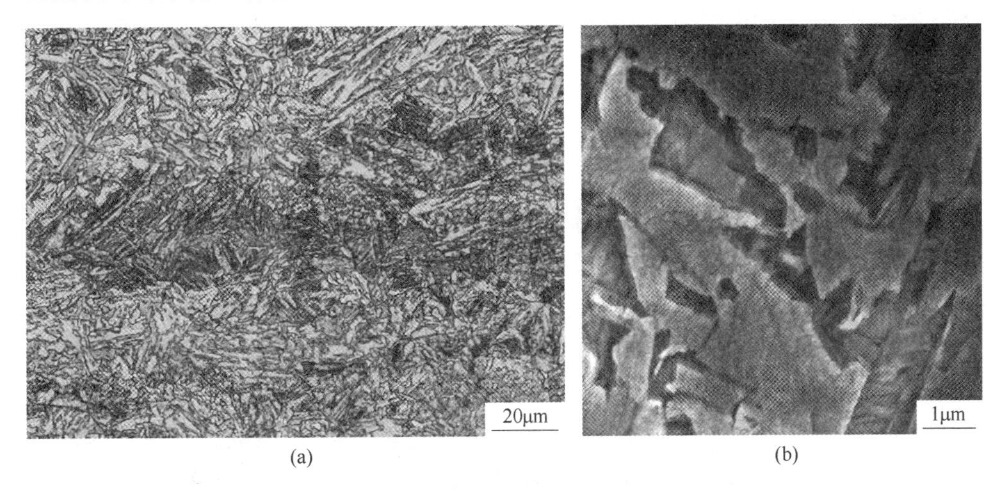

图3-2　Fe-0.22C-1.54Si-2.2Mn（wt.%）低碳贝氏体钢典型光学组织（a）和TEM精细组织（b）

为了尽可能避开高温转变，低碳贝氏体钢也可以采用等温淬火的方法来制备，图3-3为热轧后的Fe-0.22C-1.54Si-2.2Mn（wt.%）钢在1000℃重新奥氏体化后淬火至350℃，保温1h后的SEM组织。可以看出，贝氏体多为板条状，但经过TEM精细组织检验，发现板条尺寸依然属于微米级别。值得注意的是，在很多低碳贝氏体钢中，除了贝氏体以外，马氏体组织也比较多。这是因为低碳钢中碳含量较少，贝氏体转变点和马氏体转变点差别减小的缘故，如图3-4所示，当钢中合金元素只有Si和Mn时，贝氏体与马氏体相变点差别随碳含量减少而降低。为了解决这一问题，往往需要向低碳贝氏体钢中添加大量合金元素，如Cr、Ni、Mo等，图3-5为Fe-0.25C-1.73Si-1.69Mn-1.41Cr-0.57Ni-0.50Mo（wt.%）钢在空冷条件下的显微组织，图3-5（a）中的OM组织显示出低温贝氏体特征，且TEM组织表明贝氏体板条尺寸相较于合金元素少的贝氏体钢更细，如图3-5（b）所示。

需要特别强调的是，图3-5中的贝氏体组织为空冷条件下制备的低碳贝氏体，具体冷速为0.2~0.3℃/s，这与图3-2中的Fe-0.22C-1.54Si-2.2Mn（wt.%）钢冷却条件完全不同，可见合金元素对低碳贝氏体钢的重要性。总之，对于低碳贝氏体钢，如果想要获得低温贝氏体组织，需要超快的冷却速度或者添加大量合金元素，对工艺设备条件要求较高，而且成本也较高。此外，低碳贝氏体组织容易粗化。

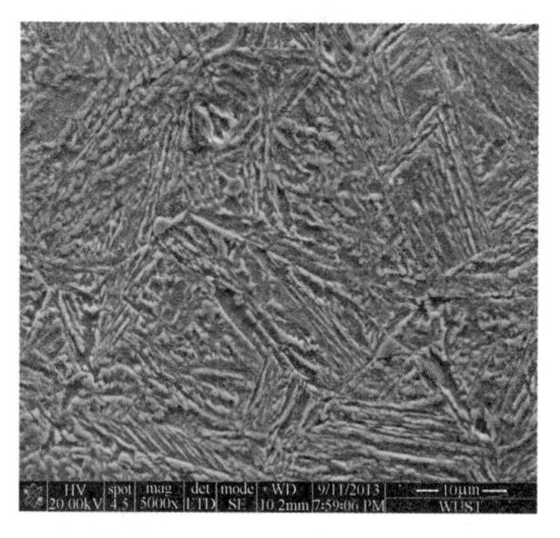

图 3-3　等温淬火工艺制备 Fe-0.22C-1.54Si-2.2Mn（wt.%）低碳贝氏体钢 SEM 组织

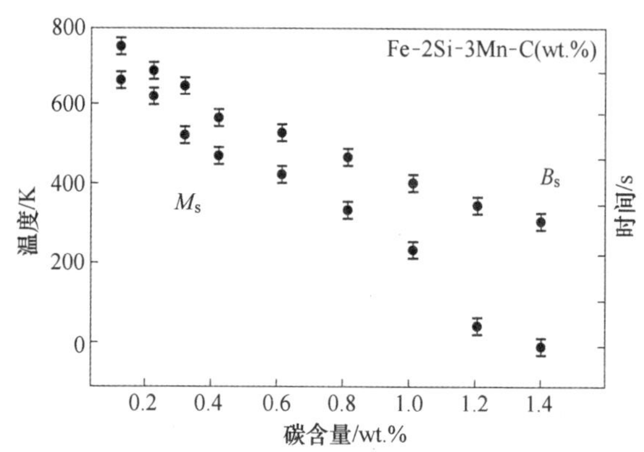

图 3-4　贝氏体和马氏体相变开始点随碳含量变化[1]

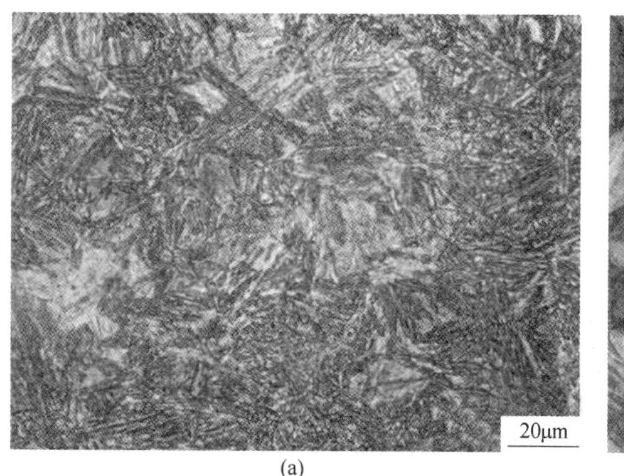

(a)

(b)

图 3-5　空冷条件下 Fe-0.25C-1.73Si-1.69Mn-1.41Cr-0.57Ni-0.50Mo（wt.%）低碳贝氏体钢 OM 组织（a）和 TEM 精细组织（b）

3.2.1.2　相变动力学特征

低碳贝氏体钢由于碳含量较低，因此等温相变速度相对较快，如图 3-6 所示，Fe-0.22C-1.54Si-2.2Mn（wt.%）钢在 1000℃奥氏体后淬火至 350℃，保温 1h 期间的膨胀量随时间变化规律，可以看出当钢冷到目标温度后等温开始初期，贝氏体相变在 5min 左右很快完成，之后膨胀量基本保持水平。相比中、高碳贝氏体钢，低碳贝氏体钢相变动力学很快，这也是目前工业生产的贝氏体钢大多为低碳贝氏体钢的原因。

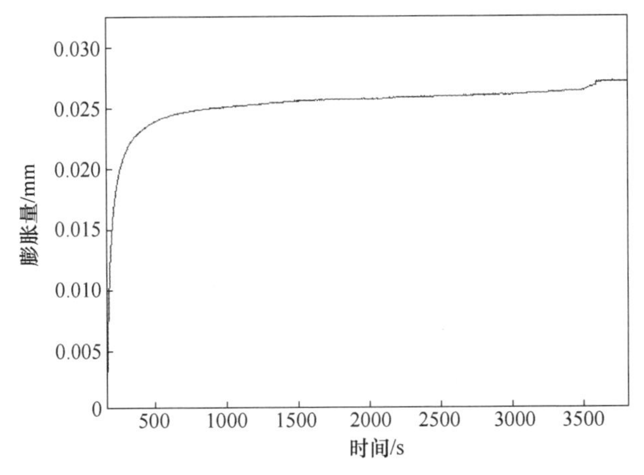

图 3-6 Fe-0.22C-1.54Si-2.2Mn（wt.%）低碳贝氏体钢 350℃等温转变膨胀量变化曲线

3.2.1.3 力学性能

低碳贝氏体钢随着合金元素含量不同，制备工艺不同，力学性能也会随着发生很大改变。目前，低碳贝氏体钢已经在钢轨上使用，我国生产的低碳贝氏体钢轨强度一般不超过 1400MPa，鞍钢生产的贝氏体钢轨强度约为 1200MPa，包钢生产的贝氏体钢轨强度稍高，可达 1350MPa 级别，美国的 Fe-0.26C-1.81Si-2.00Mn-1.93Cr-0.49Mo-0.003B（wt.%）贝氏体钢轨抗拉强度为 1513MPa，伸长率为 12.8%。表 3-3 为 Fe-0.25C-1.73Si-1.69Mn-1.41Cr-0.57Ni-0.50Mo（wt.%）低碳贝氏体钢力学性能检测结果，抗拉强度在 1491～1522MPa，最高伸长率可达 15.5%。

表 3-3 拉伸实验结果

试样编号	强度/MPa		伸长率 A/%
	$R_{p0.2}$	R_m	
1	1339	1491	13.5
2	1418	1522	12.5
3	1239	1485	14.5
4	1065	1482	15.5
5	1344	1509	12.5
6	1110	1499	13.0

3.2.2　中碳贝氏体钢

本书研究的中碳贝氏体钢主要以 Fe-C-Si-Mn 系为主，在不添加或添加少量合金元素的基础上，制备中碳超高强贝氏体钢。

3.2.2.1　组织特征

图 3-7 为 Fe-0.4C-2.0Si-2.8Mn（wt.%）中碳贝氏体钢经过奥氏体化后在300℃保温 1h 的显微组织。图 3-7（a）中的 OM 组织显示贝氏体形貌主要为针状贝氏体，具备低温贝氏体特征；图 3-7（b）中的 TEM 精细组织表明贝氏体尺寸为纳米级别，残余奥氏体分布在贝氏体板条之间。相比低碳贝氏体钢，其避开高温转变所需要的冷却速度大大降低，对于上述中碳钢，冷却速度约为 3℃/s，且得到的贝氏体板条尺寸显著减小，无粗化现象。图 3-8 为 Fe-0.39C-1.87Si-2.86Mn-1.25N（wt.%）中碳贝氏体钢 TEM 组织，平均贝氏体板条尺寸约为200nm，从图中还可以看到一束贝氏体是由很多微小的贝氏体片条组成，这种组织结构决定了贝氏体钢超高的强度，贝氏体片条组织尺寸越细小强度越高。

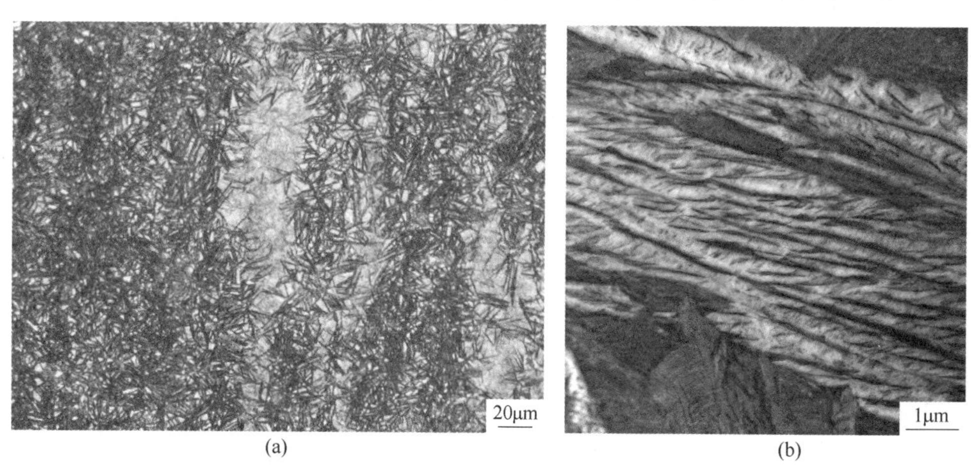

图 3-7　Fe-0.4C-2.0Si-2.8Mn（wt.%）中碳贝氏体钢典型光学组织（a）和 TEM 精细组织（b）

3.2.2.2　相变动力学特征

图 3-9 为 Fe-0.4C-2.0Si-2.8Mn（wt.%）中碳贝氏体钢经过 1000℃奥氏体后快冷至 300℃保温 1h 期间的膨胀量变化曲线。相比低碳贝氏体钢，其等温转变动力学明显减慢，等温结束时膨胀量曲线还处于上升状态，说明贝氏体转变还未完全。根据 T_0 理论，每个相变温度对应不同最大贝氏体转变量，当达到最大量以

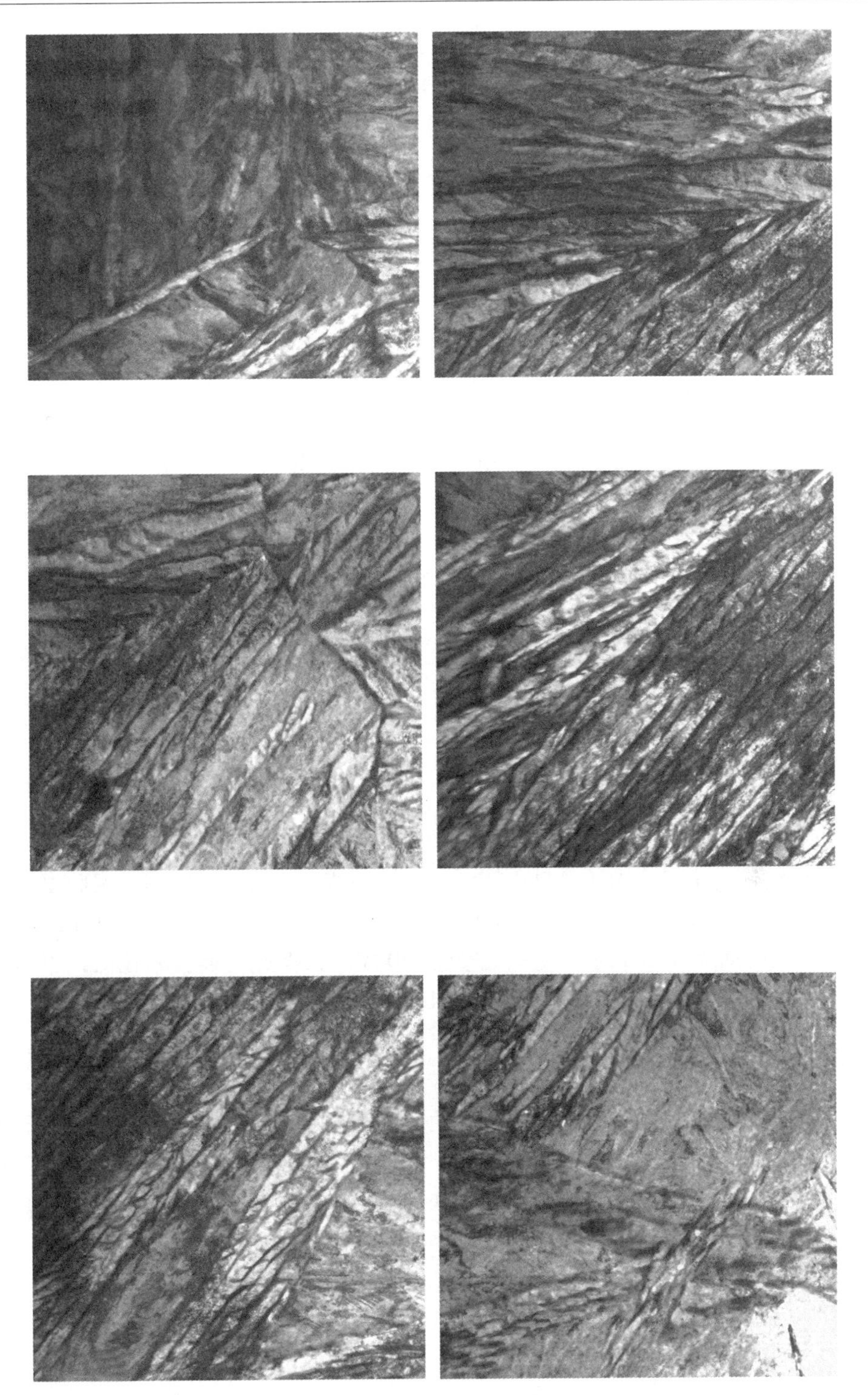

图 3-8 Fe-0.39C-1.87Si-2.86Mn-1.25N（wt.%）中碳贝氏体钢 TEM 组织

后，膨胀量将保持水平。图 3-9 中的膨胀量在等温 3600s 以后仍未达到水平状态，因此随着碳含量增加，贝氏体相变动力学减弱，相变速度减慢。为了实现工业化生产，中碳贝氏体钢的相变速度需要提升，这也是本书着力讨论和解决的主要问题之一，对于高碳贝氏体钢也存在同样的问题，本书后面内容将会详细阐述。

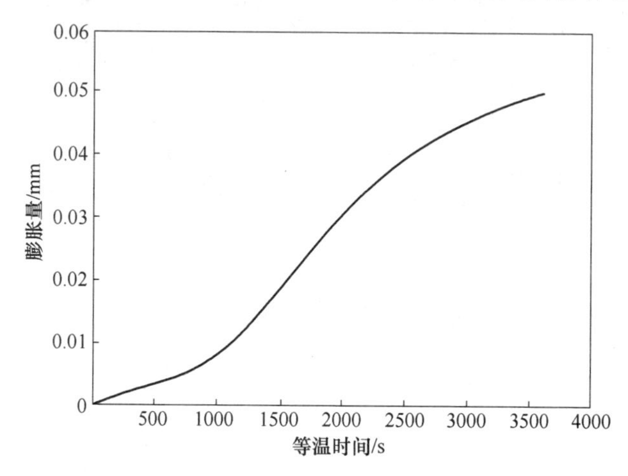

图 3-9　Fe-0. 4C-2. 0Si-2. 8Mn（wt. %）中碳贝氏体钢 300℃等温相变膨胀量随时间变化曲线

3. 2. 2. 3　力学性能

对于等温工艺制备中碳贝氏体钢，相变温度和时间是影响力学性能的重要因素，归根结底，主要原因还是贝氏体板条尺寸和残余奥氏体的影响。实验室采用等温淬火工艺制备的中碳贝氏体钢 Fe-0. 4C-2. 0Si-2. 8Mn（wt. %），当等温温度为 300℃、时间为 30min 时，其强度超过 1800MPa，但此时伸长率较低；当等温时间延长至 90min 时，强度下降至 1650MPa，伸长率为 15%。

3.2.3　高碳贝氏体钢

英国剑桥大学 Bhadeshia 等人开发的高碳高硅贝氏体钢就属于高碳贝氏体钢[2,3]，碳含量一般在 0. 8wt. %以上，甚至超过 1. 0wt. %。高碳贝氏体钢更容易获得纳米级贝氏体，其具有极低的马氏体转变温度，因此可以将贝氏体等温温度设置到很低的水平（150～300℃），从而获得纳米级低温贝氏体。但高碳贝氏体钢的缺点在于低温贝氏体转变时间很长，长达数十小时甚至几天时间。

3. 2. 3. 1　组织特征

作者设计了两种高碳钢的具体化学成分见表 3-4，采用高温奥氏体化+低温等温热处理工艺制备高碳超高强纳米贝氏体钢。图 3-10 给出了 Ni-free 和 Ni-added 钢在不同温度保温 30h 后的 SEM 组织。显微组织中主要含有板条状贝氏体，块状马奥岛（M/A）和薄膜状残余奥氏体（RA）。经过测量统计发现，高碳贝氏体钢中贝氏体板条尺寸达到 100nm 以下，随着碳含量的不断增加，贝氏体等温温度可以设置得越来越低，因此贝氏体板条尺寸不断细化，直到纳米级低温贝氏体。

表 3-4 高碳贝氏体钢化学成分 (wt.%)

钢种	C	Si	Mn	Mo	Ni	Cr	Al	Co
Ni-free	0.803	1.602	1.985	0.303	—	1.021	1.504	0.992
Ni-added	0.799	1.611	2.002	0.301	1.003	1.013	1.502	0.987

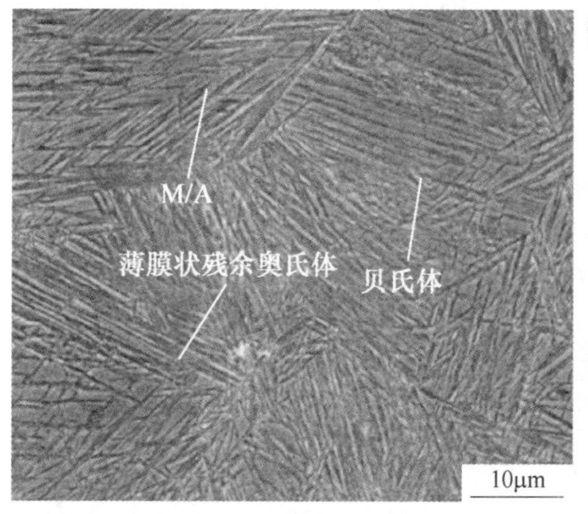

(a)

(b)

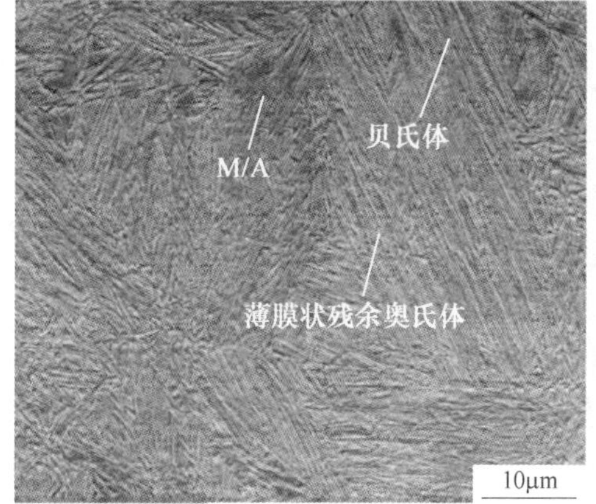

(c)

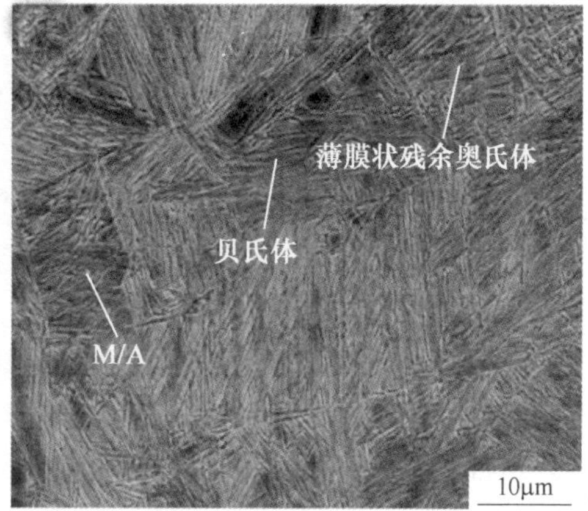

(d)

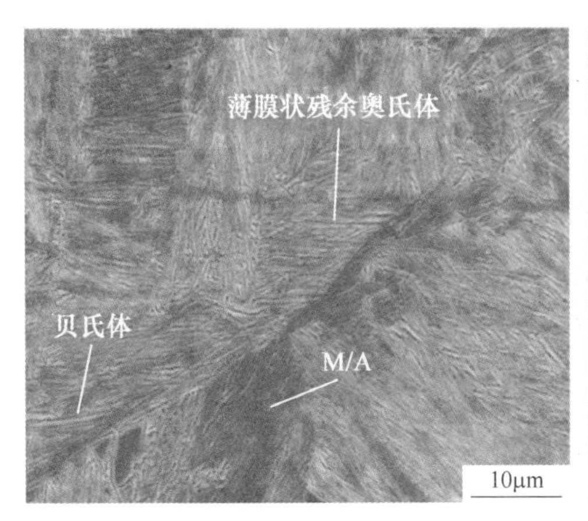

(e)

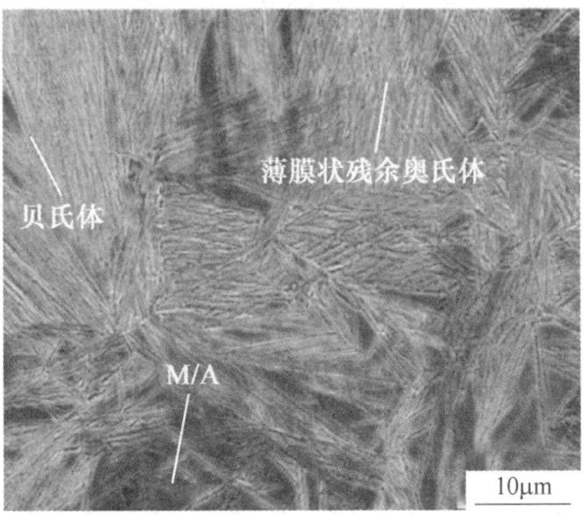

(f)

图 3-10　不同试样不同等温温度保温 30h 后显微组织
(a) Ni-free 钢，200℃；(b) Ni-added 钢，200℃；(c) Ni-free 钢，220℃；
(d) Ni-added 钢，220℃；(e) Ni-free 钢，250℃；(f) Ni-added 钢，250℃

3.2.3.2　相变动力学特征

前已述及，随着碳含量不断增加，贝氏体相变动力学逐渐减弱，因此对于高碳钢，其贝氏体相变完全时间普遍达到数十小时。图 3-11 为表 3-4 中的 Ni-free 钢在不同保温时间下的贝氏体转变量，完成 50%相变需要 25h；尽管成分设计时添加 Co 和 Al 来加速贝氏体转变，完成贝氏体相变所需时间仍然很长，这显然不符合实际工业生产需要，因此目前对高碳贝氏体钢的应用还非常少。

3.2.3.3　力学性能

高碳贝氏体钢的优点在于强度超级高，可用于军工等特殊领域，表 3-5 给出了 Ni-free 钢在 220℃保温不同时间后的拉伸结果。经 30h 等温处理后的试样具有最高的强度和最好的总伸长率，分别为 1971MPa 和 10.4%，因而获得了最高的强塑积（20.51GPa · %）。这意味着当试样等温淬火在 220℃时，在给定的 30h 保温时间范围内，等温时间的延长会改善试样的力学性能。等温贝氏体相变后，未分解的奥氏体在室温下为 M/A 和 RA。通过延长保温时间使贝氏体的含量增加，减少块状 M/A 含量，增加薄膜状 RA 含量。薄膜状 RA 具有较高的稳定性，可以通过 TRIP 效应明显改善钢的力学性能。此外，贝氏体钢中，纳米级贝氏体板条含量越多，高碳贝氏体钢的力学性能越好。因此，当试样在 220℃等温淬火

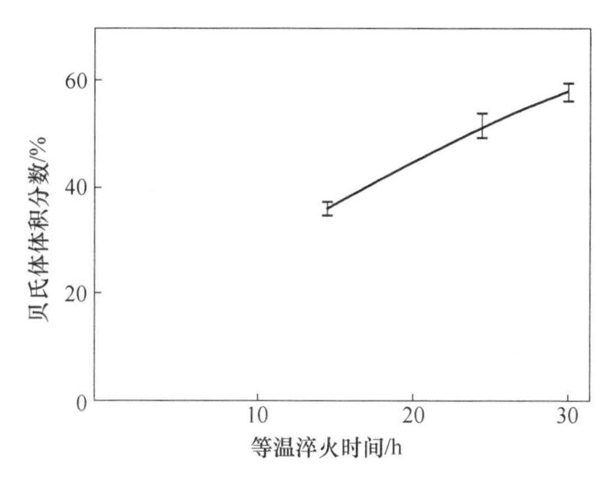

图 3-11 贝氏体体积分数与保温时间的变化曲线

时，且在本节给定的 30h 保温时间范围内，等温时间的延长改善了高碳贝氏体钢的综合性能。

表 3-5 Ni-free 钢 220℃保温不同时间后的拉伸实验结果

工 艺	YS/MPa	TS/MPa	TE/%	PSE/GPa · %
220℃保温 15h	1269±23	1647±36	7.5±0.4	12.35±0.79
220℃保温 25h	1679±11	1932±14	8.7±0.3	16.81±0.55
220℃保温 30h	1767±37	1971±26	10.4±0.6	20.51±0.98

图 3-12 给出了不同拉伸试样的 SEM 断口形貌。不同试样的断裂主要由解理断裂和韧性断裂两部分组成。韧性撕裂形貌是韧性断裂模式的一种特征，代表较高的韧性；相反，解理面代表脆性断裂特征，表现出较差的拉伸韧性。试样在保温较短时间（15h）后，断口处存在大量的解理面，而在保温 30h 后试样的断口形貌中则有较多的韧性撕裂形貌，说明拉伸韧性随保温时间的延长而得到改善。拉伸断口形貌观察结果与表 3-5 中的拉伸结果一致。

3.2.4 小结

本小节主要介绍了低、中和高碳超高强贝氏体钢的组织特征和相变动力学差异，随着碳含量增加，钢的马氏体转变温度不断降低，因此可以设置更低的贝氏体转变温度，以此来获得更细的贝氏体板条。对于低碳钢可以通过添加大量合金元素来降低马氏体转变温度，但贝氏体板条容易粗化，降低强度。中、高碳贝氏体钢低温转变可以获得纳米级贝氏体，但高碳钢相变时间长达数十小时，不利于大规模工业生产。

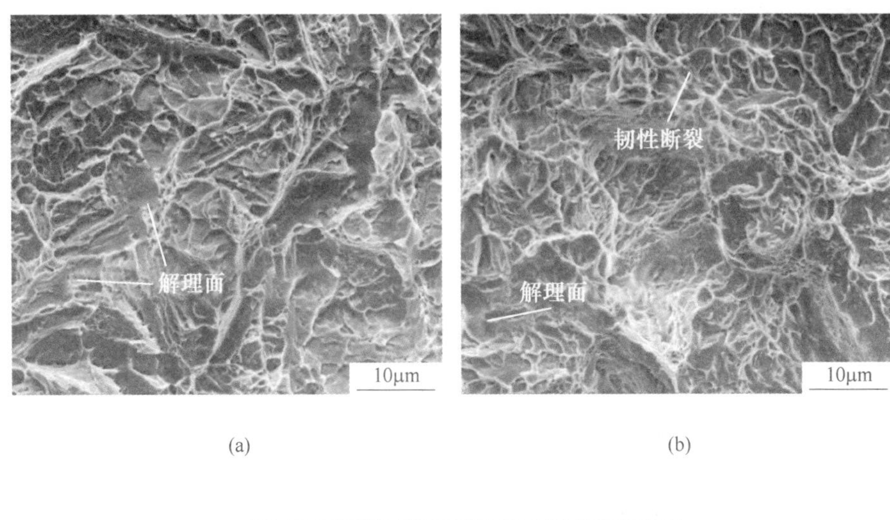

(a)　　(b)

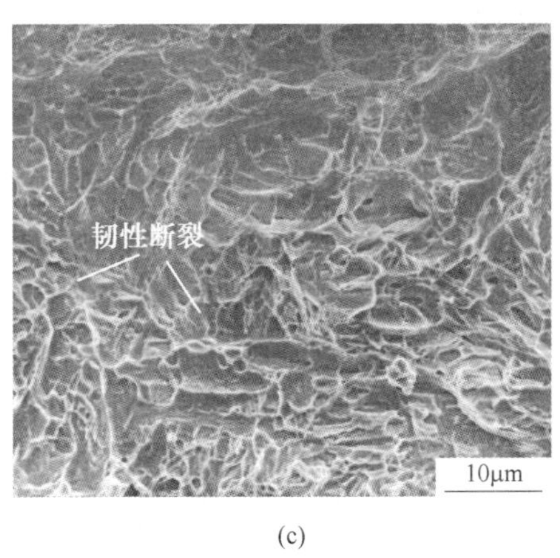

(c)

图 3-12　Ni-free 钢 220℃保温不同时间后的 SEM 断裂形貌
（a）15h；（b）25h；（c）30h

3.3　Nb 和 Mo 对等温贝氏体相变和组织性能影响

如前所述，目前工业生产大多为低碳贝氏体钢，因此需要考虑各种合金元素对贝氏体相变和组织性能的影响规律，以此获得高强度和优良韧塑性，本节及本章后续内容主要揭示和讨论不同合金元素在贝氏体钢中的作用。对于低碳贝氏体钢，微合金元素 Nb 主要起到析出强化和细晶强化效果；Mo 元素主要用来优化贝氏体相变，它可以提高钢的淬透性，并扩大贝氏体区，使钢在较慢冷速范围也能获得贝氏体组织。本小节主要目的是阐明 Nb 和 Mo 对超高强贝氏体钢等温贝氏体相变动力学的影响，尤其是 Nb-Mo 复合添加效应。

3.3.1 组织变化

设计了四种低碳贝氏体钢，具体化学成分见表3-6。其中，C、Si、Mn的含量基本相同，2号和3号钢分别单独添加Mo和Nb，4号钢复合添加Mo和Nb，目的是明确单独添加Mo和Nb以及复合添加Nb-Mo对低碳贝氏体钢相变、组织和性能的影响，分析Mo和Nb复合添加相对于单独添加对钢材产品最终综合性能的优缺点，为低碳贝氏体钢的成分设计提供依据。具体热处理工艺为，将1号~4号钢以10℃/s加热到1000℃保温15min进行奥氏体均匀化处理，然后以10℃/s快速冷却至350℃，随后在350℃保温60min进行贝氏体相变，之后空冷到室温。

表3-6 低碳贝氏体钢化学成分 (wt.%)

编号	C	Si	Mn	Nb	Mo	Al
1号	0.215	1.535	2.013	—	—	—
2号	0.221	1.504	1.976	—	0.138	—
3号	0.218	1.497	2.034	0.025	—	—
4号	0.214	1.499	2.023	0.025	0.142	—

图3-13为四种贝氏体钢保温处理60min以后的室温SEM组织。已有研究表明，低碳贝氏体钢组织分类一般包括多边形铁素体（PF）、粒状贝氏体（GB）、贝氏体铁素体（BF）和马氏体（M），部分还含有少量残余奥氏体（RA）。从图3-13可以看出，四种钢显微组织主要为板条BF，晶界清晰可见，未添加Mo的1号和3号钢中还出现了少量PF，如图3-13（c）中指示线所示。根据SEM组织图，采用软件计算贝氏体组织比例，1号~4号钢中贝氏体体积分数依次为55.8%、68.4%、34.3%、47.8%。可以看出，单独添加Mo的2号钢中贝氏体比例最高，单独添加Nb的3号钢中贝氏体比例最小，比较四个钢种贝氏体体积分数可知，添加Mo可以促进贝氏体最终转变量；然而，复合添加Nb和Mo以后，Mo的促进效果会减弱。

奥氏体晶粒尺寸影响贝氏体相变，为了分析Nb和Mo添加对原奥氏体晶粒尺寸影响，采用分辨率更小的SEM组织图，如图3-14所示，保留了更完整的原奥氏体晶粒形貌。统计1号~4号钢原奥氏体晶粒尺寸，结果见表3-7。添加Nb的3号和4号钢原奥氏体晶粒明显比未添加Nb的1号和2号钢的要细小。与未添加Nb和Mo的1号钢相比，单独添加Nb以后，3号钢原奥氏体晶粒尺寸减小了33.2%，而4号钢则减小了62.2%，这说明复合添加Nb和Mo以后，对奥氏体晶粒细化效果更明显，Mo元素的加入增强了Nb的细晶强化作用。

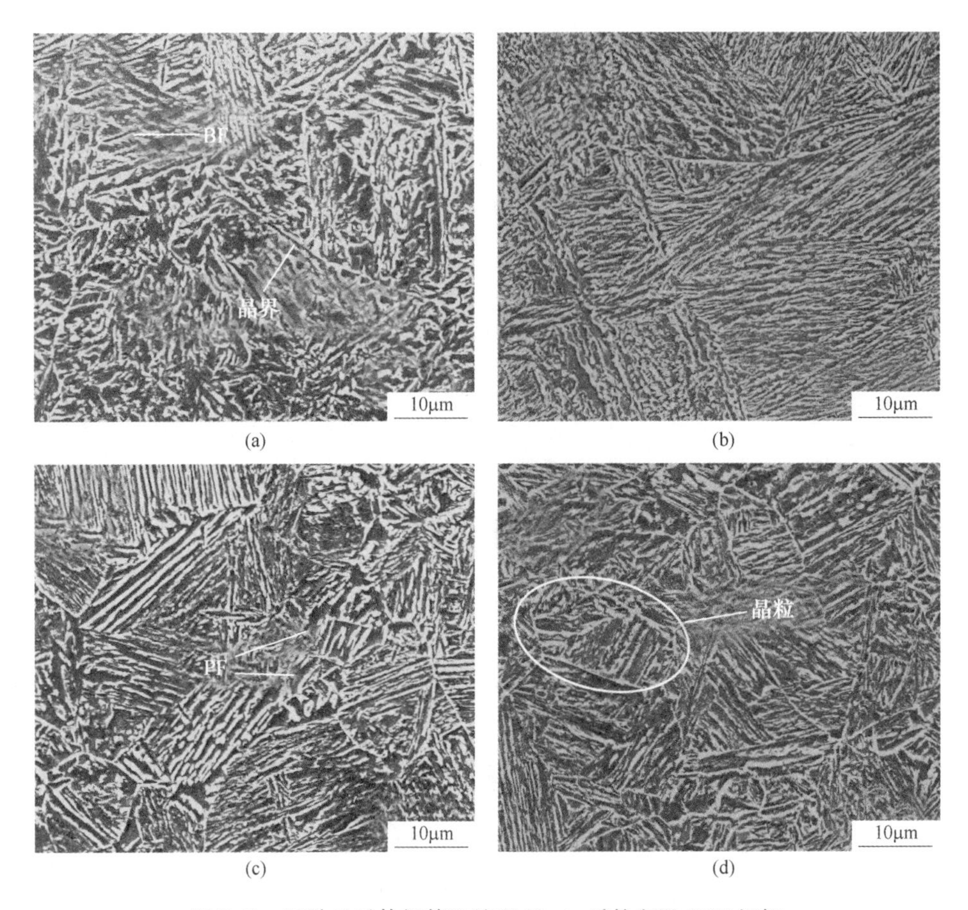

(a)　(b)

(c)　(d)

图 3-13　四种贝氏体钢等温处理 60min 后的室温 SEM 组织

（a）不含 Nb 和 Mo；（b）单独添加 Mo；（c）单独添加 Nb；（d）复合添加 Nb-Mo

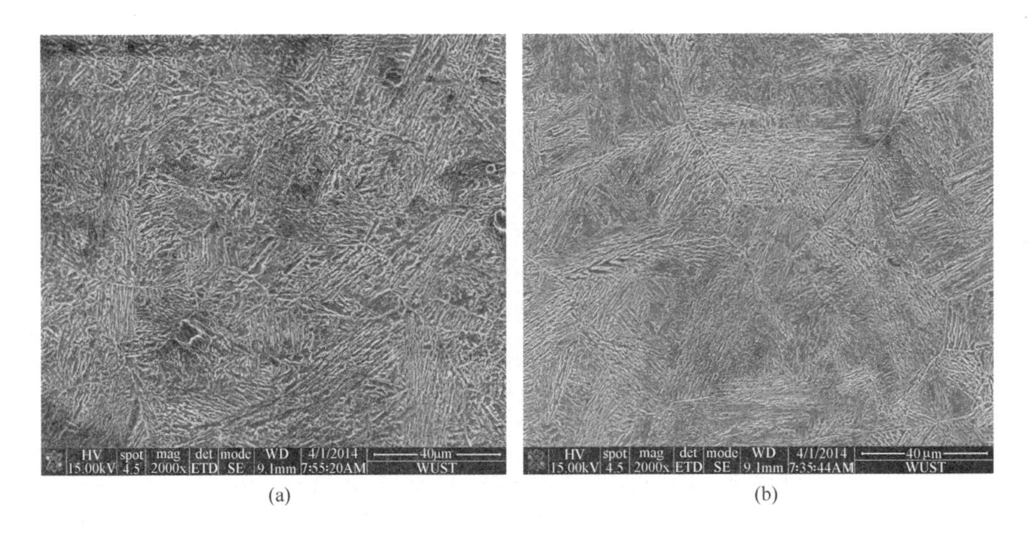

(a)　(b)

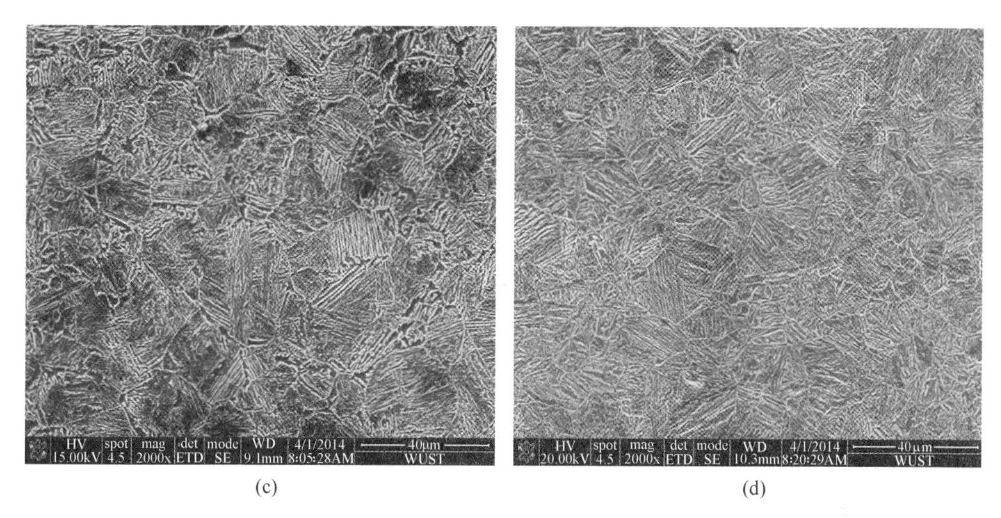

(c) (d)

图 3-14 四种贝氏体钢等温处理 60min 后的室温 SEM 组织
(a) 不含 Nb 和 Mo；(b) 单独添加 Mo；(c) 单独添加 Nb；(d) 复合添加 Nb-Mo

表 3-7 四个钢种原奥氏体晶粒尺寸

编　号	1 号	2 号	3 号	4 号
原奥氏体晶粒尺寸/μm	39. 4±9. 1	40. 8±9. 4	26. 3±7. 3	14. 9±4. 3

3.3.2 相变动力学分析

金相组织只能用于定性分析贝氏体相变和组织形貌变化，一般可以采用热模拟实验定量分析 Nb 和 Mo 对贝氏体相变的影响规律。图 3-15 为四个钢种在 350℃保温 60min 期间，膨胀量随时间变化曲线。等温期间温度波动范围很小，且无外加应力影响，膨胀量可以反映真实的贝氏体转变量。添加 Mo 以后，贝氏体转变量增加，但在 1 号钢的基础上添加 Nb 以后，贝氏体最终转变量明显减小，说明 Nb 阻碍了等温贝氏体相变。复合添加 Nb 和 Mo 的 4 号钢膨胀量小于单独添加 Mo 的 2 号钢膨胀量，说明在添加 Mo 的钢中继续添加 Nb 元素，会对贝氏体相变起到抑制作用。因此，单独添加 Mo 对贝氏体相变的促进作用要优于复合添加 Nb 和 Mo。

图 3-16 给出了 Nb 和 Mo 添加对贝氏体等温相变动力学的影响结果。添加 Mo 钢中贝氏体转变完成时间提前，添加 Mo 可以加速贝氏体等温相变，缩短贝氏体低温转变完成时间。同时，对比复合添加 Nb 和 Mo 的 4 号钢和 1 号钢可以看出，向添加 Mo 的钢中添加 Nb 以后，贝氏体相变速度减慢，Nb 的添加弱化了 Mo 对贝氏体相变的促进作用。

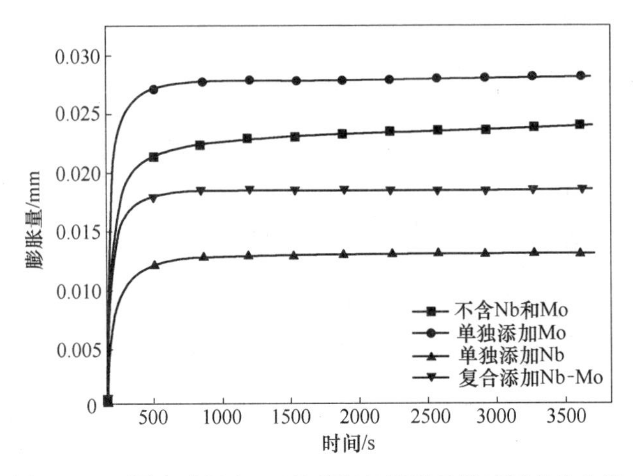

图 3-15　不同实验钢在 350℃ 等温的膨胀量随时间变化曲线

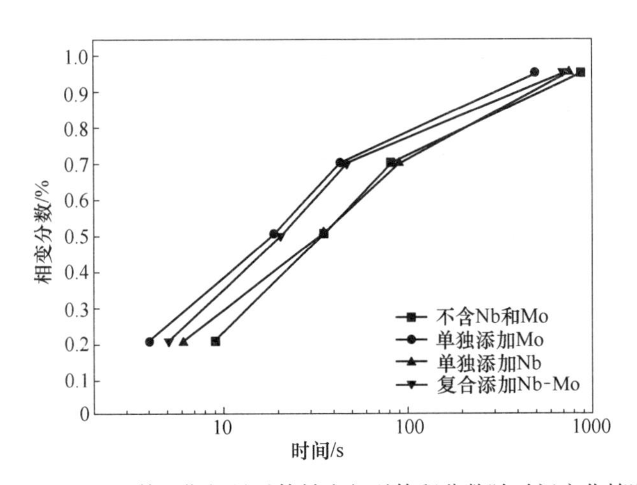

图 3-16　350℃ 等温期间贝氏体转变相对体积分数随时间变化情况

3.3.3　力学性能

图 3-17 和表 3-8 为四个钢种拉伸应力-应变曲线及对应的力学性能结果。不管是单独添加 Nb 或 Mo，还是复合添加 Nb 和 Mo，都能提升钢的屈服强度和抗拉强度，且四个钢种伸长率相差不大。与 1 号钢（不含 Nb 和 Mo）相比，单独添加 Mo 的 2 号钢屈服强度和抗拉强度分别增加 439MPa 和 345MPa，单独添加 Nb 的 3 号钢屈服强度和抗拉强度仅分别增加 152MPa 和 102MPa。3 号钢强度提升主要是因为添加 Nb 可以细化组织，细晶强化起到主要作用；而 2 号钢强度提升主要是因为添加 Mo 获得了更多贝氏体组织，相变强化起到主要作用，两者强度的提升原理有所差别，强化效果也有一定差别。尽管单独添加 Nb 可以提升低碳贝氏体钢的

强度，但单独添加 Mo 对于钢强度的提升效果更明显。此外，对比复合添加 Nb 和 Mo 的 4 号钢和单独添加 Mo 的 2 号钢，可以看出，两者强度和伸长率没有明显差异，这说明在添加 Mo 的钢中继续添加 Nb 元素，对钢的综合性能几乎没有改善。

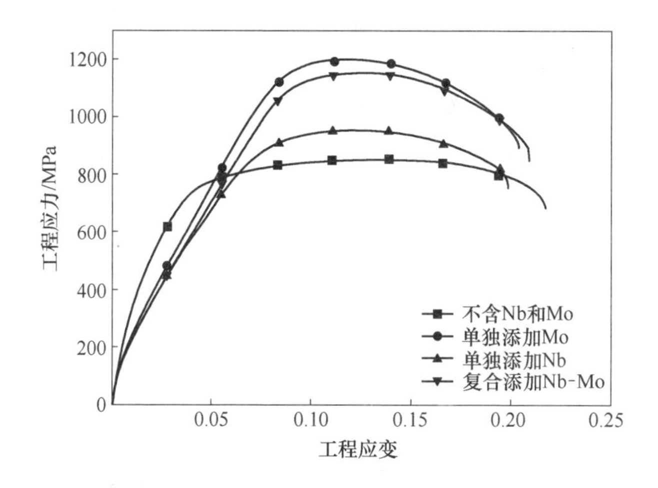

图 3-17 四个钢种拉伸应力-应变曲线

表 3-8 不同成分钢种的力学性能检测结果

钢　种	屈服强度 /MPa	抗拉强度 /MPa	伸长率 /%	强塑积 /GPa · %
1 号（不含 Nb 和 Mo）	617	853	21.8	18.6
2 号（单独添加 Mo）	1056	1198	20.3	24.3
3 号（单独添加 Nb）	769	955	19.9	19.0
4 号（复合添加 Nb-Mo）	1009	1151	20.9	24.1

3.3.4 分析和讨论

3.3.4.1 Mo 对贝氏体相变影响

由金相组织（图 3-13 和图 3-14）可以看出，1 号钢金相组织主要为贝氏体，但含有少量的铁素体和马氏体，相比 1 号钢，添加 Mo 的 2 号钢金相组织中含有更多的贝氏体且组织中不含铁素体。大量研究表明，贝氏体相变具有不完全性[4~6]，贝氏体等温完成以后，仍有少部分残余奥氏体存在，在随后冷却过程中继续发生马氏体相变，因此组织中含有少量马氏体。1 号钢组织中出现的少量铁素体，说明试样从奥氏体化温度冷却到等温相变温度期间，发生了少量铁素体高温转变。2 号试样添加了 0.138wt.%Mo 元素，组织中含有更多的贝氏体，且没有铁素体相，这是由于添加少量 Mo 能使 CCT 曲线右移[7,8]，有效延迟贝氏体钢中高温铁素体珠光体相变，同时 Mo 的添加降低 M_s 点，扩大贝氏体相变区，促进贝氏体相变。

根据图 3-15 膨胀量曲线可以定量分析 Mo 对贝氏体相变的影响，1 号钢 350℃等温相变 60min 后，相变膨胀量为 0.0236mm，添加 0.138wt.%Mo 的 2 号钢相变膨胀量为 0.0279mm，增加了 18.2%，膨胀量结果与图 3-13 中的金相组织是一致的。表 3-8 中，1 号钢抗拉强度为 853MPa，添加 Mo 的 2 号钢抗拉强度增加到 1198MPa，提高了 40.4%。对于贝氏体钢，增加贝氏体组织比例可以优化钢的力学性能，相对于未添加任何合金元素的 1 号钢，单独添加 Mo 的 2 号钢贝氏体体积分数增加了 12.6%，使钢的抗拉强度增加了 345MPa，表明少量添加 Mo 就可以有效提升钢的强度，且伸长率没有降低。因此，低碳贝氏体钢成分设计可以考虑添加 Mo，促进贝氏体组织的获得，有效发挥贝氏体相变强化作用，大大提升钢的综合性能。

3.3.4.2　Nb 对贝氏体相变影响

1 号和 3 号钢 SEM 组织中都含有少量铁素体，说明 Nb 对低碳贝氏体钢中避开高温转变没有明显促进作用。同时对比两个钢种的原奥氏体晶粒尺寸，可以看到，3 号钢在添加了 0.025wt.%的 Nb 以后，原奥氏体晶粒明显细化，晶界增多。固溶 Nb 对晶界的拖曳作用以及 Nb 析出物的钉扎作用可以抑制奥氏体晶粒长大[9]，因而在相同冷速条件下，添加 Nb 的 3 号钢能得到尺寸更小的过冷奥氏体晶粒。相比 1 号钢，Nb 钢贝氏体体积分数减小了 21.5%，不利于提升强度，但性能检测结果显示，添加 Nb 的 3 号钢抗拉强度仍然比 1 号钢抗拉强度高 102MPa，这是因为添加 Nb 细化了组织，Nb 的固溶强化作用以及析出强化作用对强度的提升都是有利的。因此单独添加 Nb 能提升低碳贝氏体钢强度，但作用不是很明显。

关于 Nb 对贝氏体相变的影响已有一些研究，Meyer 等人[10]和 Hoogendoorn 等人[11]认为 Nb 可以促进低温相变产物的形成，比如粒状贝氏体；但另一方面也有不同的观点[12]，向 0.14C-1.6Mn-0.4Si（wt.%）贝氏体钢中加入 Nb 以后，对冷却过程中的贝氏体相变有阻碍作用，尽管这种阻碍作用十分小。另外，Däcker[13]等人研究了 0.04wt.% Nb 对 0.05C-1.5Mn-0.3Si（wt.%）钢的相变影响，认为 Nb 对贝氏体相变几乎没有影响。本节研究得到了不同的结果，根据膨胀量曲线结果，添加 Nb 的 3 号钢仅为 0.0128mm，相比 1 号基准钢 0.0236mm，减少了 45.8%，0.025% Nb 的加入显然阻碍了贝氏体相变。Nb 对低碳贝氏体钢等温贝氏体相变的影响，主要依靠改变母相奥氏体转态来影响贝氏体形核及长大，小尺寸奥氏体晶粒会限制贝氏体相变；相反，奥氏体晶粒尺寸大，贝氏体长大空间更大，贝氏体束之间的阻碍较小，且其延伸距离较长，因此大尺寸奥氏体晶粒中的贝氏体相变量会更多。此外，Chen 等人[14]研究 Nb 对低碳高强低合金钢（HSLA）相变的影响，认为 Nb(C，N）析出物也会阻碍连续冷却过程中贝氏体铁素体的形成。不管是晶界还是 Nb 析出物的阻碍作用，都会减少贝氏体转变。因此，在低碳贝氏体钢中添加 Nb，虽然可以通过细晶强化提升强度，但阻碍贝氏体相变，也削弱相变强化效果。

3.3.4.3 Nb-Mo 复合添加对贝氏体相变影响

图 3-13 中 SEM 组织显示，与单独添加 Mo 的 2 号钢相比，复合添加 Nb 和 Mo 以后贝氏体组织更少，说明 Nb 的添加虽然细化了组织，但减弱了 Mo 对贝氏体相变的促进作用。相比未添加合金元素的 1 号钢，复合添加 Nb-Mo 的 4 号钢晶粒尺寸更小，这是因为 Nb 的细化作用，同时也导致了最终贝氏体体积分数减小 8.0%，Nb 的细晶强化作用可以提升强度，但贝氏体组织减少会降低强度，两者综合作用，最终使 4 号钢的抗拉强度仍然比 1 号钢高 298MPa。对比 2 号（单独添加 Mo）和 4 号（复合添加 Nb-Mo）膨胀量曲线，2 号钢在 350℃ 等温期间膨胀量为 0.0279mm，而 4 号钢仅为 0.0183mm，减少了 34.4%。

性能检测结果显示，4 号钢与 2 号钢强塑积分别为 24.1GPa · %和 24.3GPa · %，基本相同，说明复合添加 Nb-Mo 相对于单独添加 Mo，对低碳贝氏体钢综合性能没有明显积极效应。在添加 Mo 的钢中继续添加 Nb，虽然可以细化组织，有利于细晶强化，但同时晶粒尺寸减小会阻碍贝氏体相变，减弱 Mo 对贝氏体相变的促进作用，导致最终贝氏体转变量减少，使综合强化效果相对于单独添加 Mo 的贝氏体钢没有明显改善。因此对于低碳贝氏体钢，添加了一定量的 Mo 以后，不需要再添加 Nb，这一结果可以为工业生产低碳贝氏体钢成分设计提供指导。

3.3.5 小结

低碳贝氏体钢中 Nb 和 Mo 复合添加时，Nb 具有细晶强化的作用，Mo 可以促进贝氏体转变，具有相变强化的作用，但 Nb 细化原奥氏体晶粒的作用阻碍了贝氏体相变，减弱了 Mo 对贝氏体相变的促进作用，使复合添加 Nb 和 Mo 的强化效果与单独添加 Mo 的效果类似。单独添加 Nb 抑制贝氏体相变，但细化了贝氏体组织，可以改善钢的强度；对于低碳贝氏体钢，Mo 添加明显促进了贝氏体转变，改善了钢的强度，强化效果要优于 Nb。因此，低碳贝氏体钢成分设计时，如果采用等温热处理工艺，添加一定量的 Mo 以后，不需要再添加 Nb。

3.4 Mo 对连续冷却贝氏体相变和组织性能影响

上一小节表明，钢中添加 Mo 能促进等温贝氏体相变量，但 Mo 的添加量对连续冷却贝氏体相变、组织和性能（尤其是强塑积）的影响还有待明确。因此本小节设计并冶炼了三种不同 Mo 添加量的低碳贝氏体钢，目的是进一步研究 Mo 添加量对低碳贝氏体钢组织和性能的影响，优化含 Mo 贝氏体钢成分设计。实验钢采用三种不同 Mo 含量的低碳贝氏体钢，分别为 0、0. 13%和 0. 27%（wt. %），具体轧制和冷却工艺为：钢锭加热温度为 1250℃，热轧板厚度为 12mm，粗轧温度为 1070℃，精轧出口温度为 880℃，精轧完成后以 30℃/s 快速冷却至 500℃，之后空冷到室温。

3.4.1　显微组织

图 3-18 为不同 Mo 含量实验钢的室温金相组织。四个钢种均得到了贝氏体组织，其中不含 Mo 钢主要为贝氏体，还含有少量马氏体/奥氏体（M/A）组织，

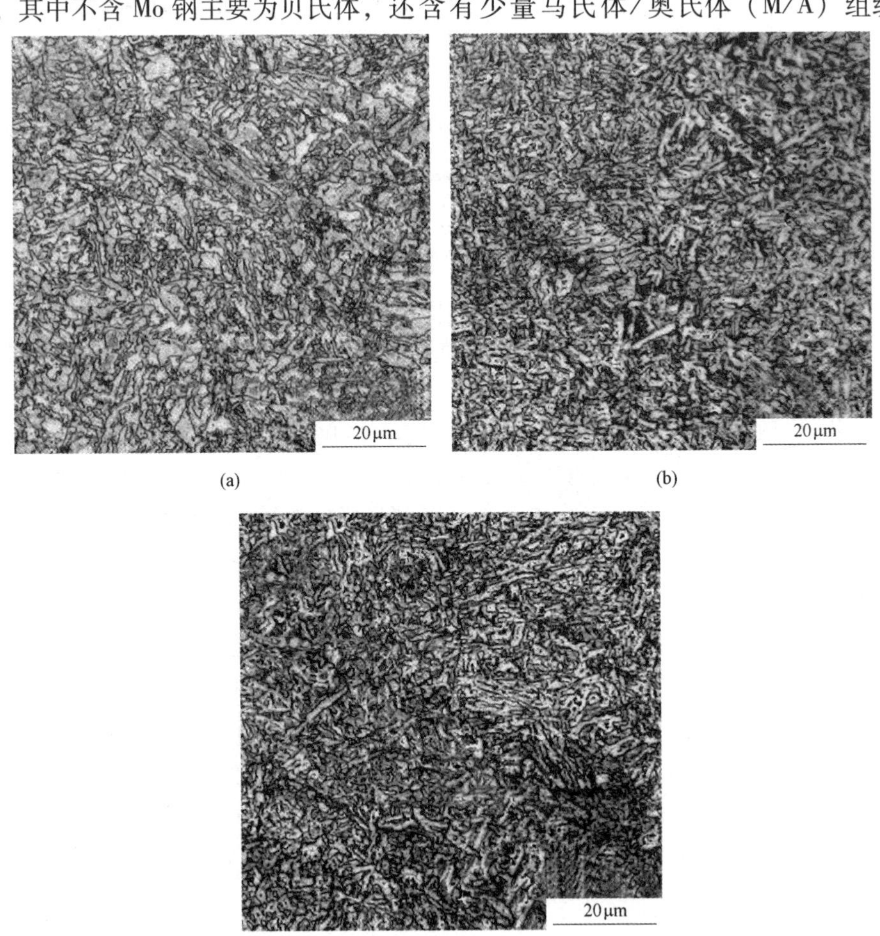

(a)　(b)　(c)

图 3-18　不同 Mo 含量钢的室温金相组织

（a）不含 Mo 钢；（b）0. 134 wt. % Mo；（c）0. 273 wt. % Mo

且组织比较细小，这是因为 30℃/s 冷却速度较快，降低了相变温度。不含 Mo 钢和两种含 Mo 钢显微组织中均出现了带状马氏体组织（图 3-18（b）（c）），带状组织的出现是因为 Mn 元素的偏析所致。此外，从图 3-18 的组织图还可以看出，添加 Mo 以后，钢的组织变得更细小。

为了清楚地呈现 Mo 对组织的影响，图 3-19 给出了三个钢种的 SEM 组织照片。可以看出，不含 Mo 的钢贝氏体主要以粒状贝氏体（GB）为主，如图 3-19（a）指示线所示；添加 0.134 wt.% Mo 的钢包含了两种形貌的贝氏体组织，即粒状和板条状贝氏体（LB），且粒状贝氏体和 M/A 岛尺寸更加细小；随着 Mo 添加量增加到 0.273 wt.%（图 3-19（c）），LB 数量增加，GB 数量减少，表明 Mo 可以减少过冷奥氏体向 GB 转变，增加 LB 转变，且获得更多 M/A 组织，此外 Mo 还起到细化组织的作用。

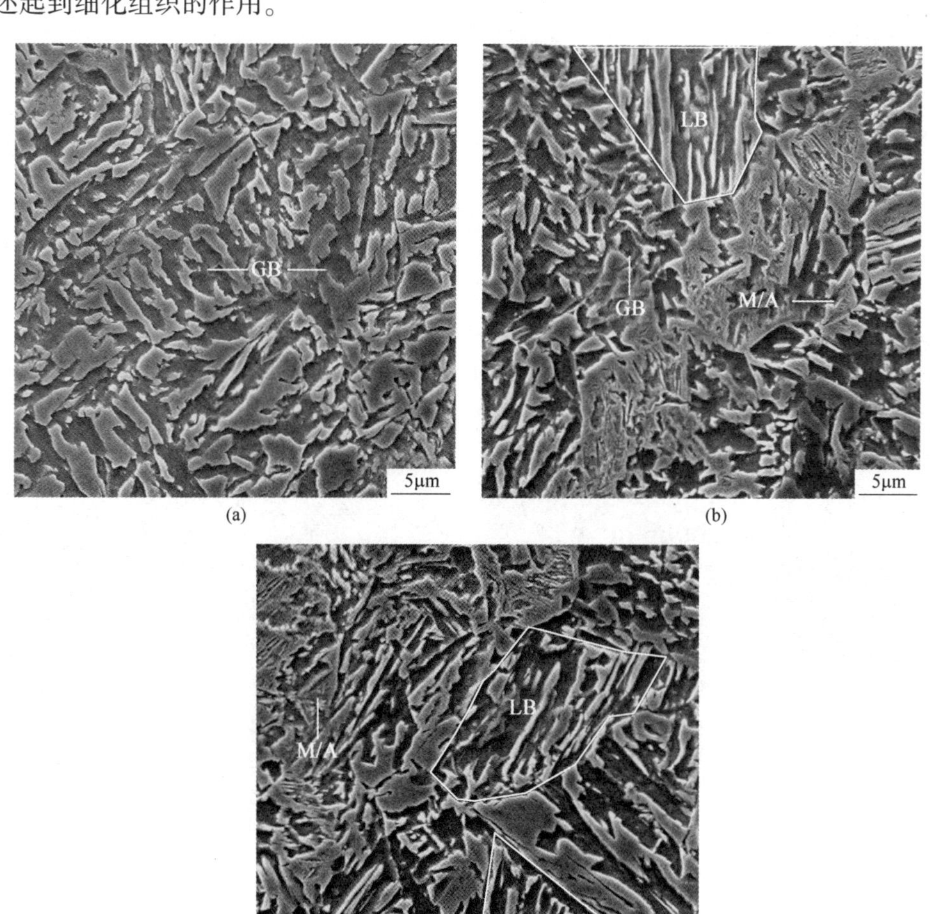

图 3-19 不同 Mo 含量钢的 SEM 组织

（a）不含 Mo 钢；（b）0.134 wt.% Mo；（c）0.273 wt.% Mo

图3-20为三个钢种的TEM组织，可以很清楚地区分GB和LB，不含Mo钢组织主要为GB，几乎不含LB；添加少量Mo后，钢中开始出现LB，且随着Mo含量增加，钢中LB数量增加，且贝氏体板条尺寸更小。此外，通过观察图3-20（b）中板条贝氏体方形区域放大后的组织（图3-20（d））发现，板条贝氏体表面出现网状位错线，这可能是由于相变机制改变所致，相变温度降低后，相变类型由扩散控制型为主转变为切变控制型相变。

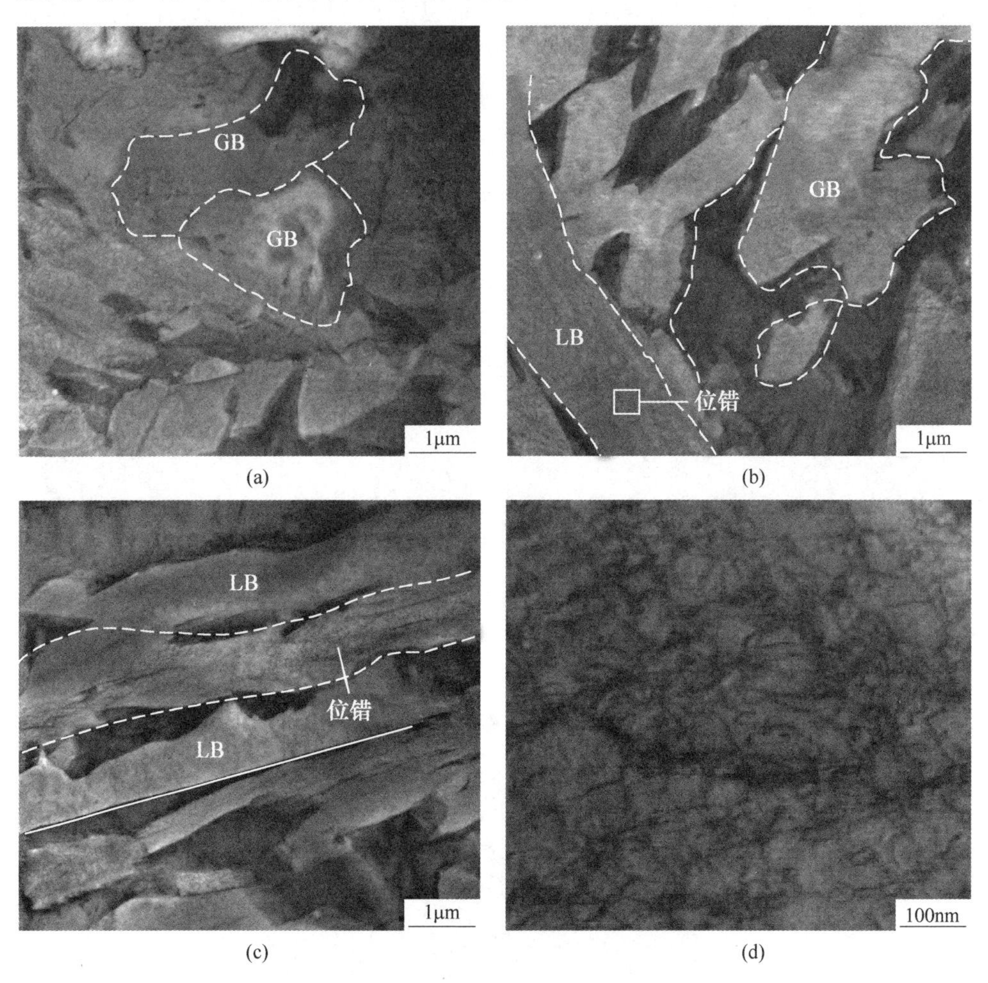

图3-20　不同Mo含量钢的TEM组织

（a）不含Mo钢；（b）0.134 wt.% Mo；（c）0.273 wt.% Mo；（d）图（b）中方形区域放大图

3.4.2　相组成分析

为了分析组织中相组成及其所占比例，一般需要对钢进行XRD分析。根据

(200)α、(211)α、(200)γ、(220)γ 和 (311)γ 衍射峰的强度计算残余奥氏体含量，结果见表 3-9，为了减小实验误差，计算了多次实验的结果。此外，根据多张 SEM 和 TEM 组织计算贝氏体含量，见表 3-9。从表 3-9 中数据可以看出，随着 Mo 含量的增加，GB 的含量降低，LB 和马氏体（M）含量增加。含 Mo 的钢残余奥氏体含量均比不含 Mo 的钢多，说明添加 Mo 有助于增加奥氏体稳定性，使室温组织中含有更多残余奥氏体，这与添加 Mo 元素可以避开铁素体和珠光体等较高温度下的转变是一致的。

表 3-9 不同钢种组织定量数据比较

试 样	V_{GB}	V_{LB}	V_M	V_γ
1 号（不含 Mo）	0.69±0.04	0.05±0.01	0.19±0.02	0.07±0.01
2 号（0.134wt.%Mo）	0.39±0.03	0.25±0.02	0.25±0.03	0.11±0.01
3 号（0.273wt.%Mo）	0.06±0.01	0.47±0.03	0.37±0.03	0.10±0.01

注：V_{GB}为粒状贝氏体数量；V_{LB}为板条状贝氏体数量；V_M为马氏体数量；V_γ为残余奥氏体数量（XRD 实验测定）。

3.4.3 性能分析

不同实验钢的力学性能检测结果见表 3-10。添加 Mo 以后，屈服强度（YS）和抗拉强度（UTS）均增加，总伸长率（TE）随 Mo 含量增加先升高后降低，但变化范围很小，断面收缩率（Z）随 Mo 含量增加变化很小。强塑积（PSE）为抗拉强度与伸长率乘积（UTS × TE，GPa · %），代表钢材综合性能，可以看出随 Mo 增加，PSE 先增加，然后基本保持不变。

表 3-10 不同实验钢的力学性能检测实验结果

试样	YS/MPa	UTS/MPa	TE/%	Z/%	PSE/GPa · %
1 号	561	1015	15.6	41	15.8
2 号	583	1127	18.3	37	20.6
3 号	610	1173	16.8	38	19.7

图 3-21 为三种实验钢维氏硬度检测结果。不含 Mo 钢平均硬度为 4.83GPa，是三种钢中最低的，含 Mo 钢最大硬度值达到 5.5GPa，这与组织中出现 M/A 岛是对应的。此外，随着 Mo 添加量增大，最高硬度值增加，这是因为 3 号钢中含有更多的马氏体组织。相比不含 Mo 的钢，其他两种钢贝氏体基体硬度似乎更高，这是由于板条贝氏体的碳含量要高于粒状贝氏体，碳含量增加有助于提高硬度。

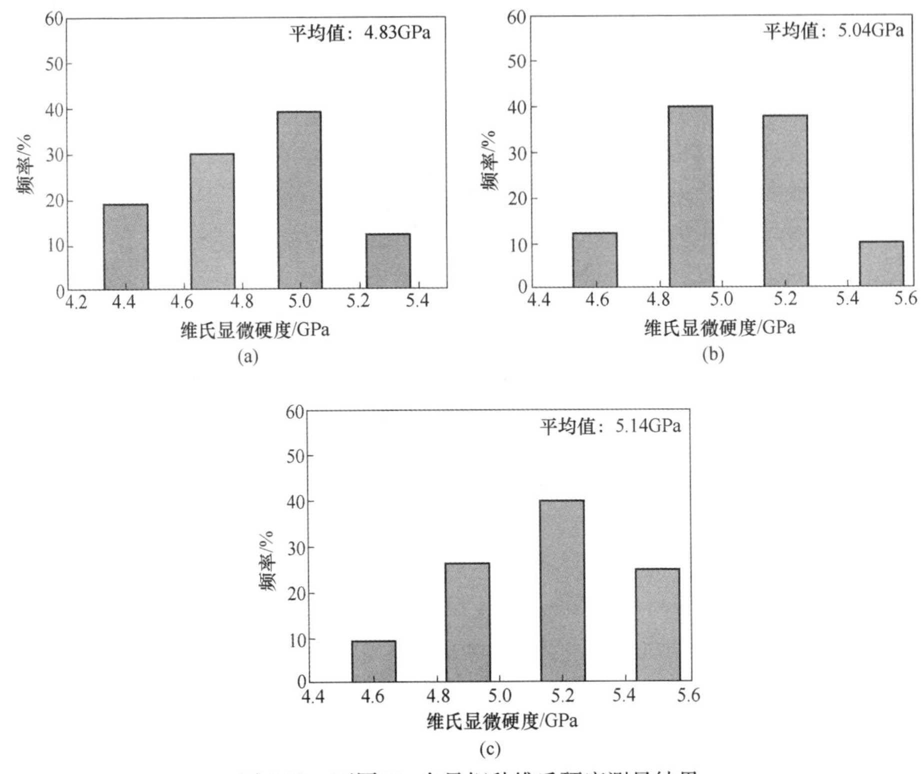

图 3-21　不同 Mo 含量钢种维氏硬度测量结果

（a）不添加 Mo；（b）0.134 wt.% Mo；（c）0.273 wt.% Mo

3.4.4　分析和讨论

3.4.4.1　Mo 影响连续冷却相变和组织

低碳贝氏体钢中添加 Mo 以后，钢中开始出现 LB，说明贝氏体相变趋向于更低温度进行。Mo 是强碳化物形成元素，显著提高钢中碳元素的扩散激活能，降低扩散系数[15]，而贝氏体相变需要碳扩散，因此当钢中添加 Mo 元素以后，奥氏体由于碳扩散困难，难以分解，需要更大的过冷度才能发生相变，使得贝氏体相变趋向于更低的温度范围进行；当相变温度降低时，粒状贝氏体尺寸减小，且开始出现 LB。此外，贝氏体转变具有不完全转变现象，即当母相奥氏体中的碳含量达 T_0'曲线时，贝氏体相变被抑制，所以贝氏体相变完成以后仍有一部分残余奥氏体存在，一旦温度降低到 M_s 点以下，就会发生马氏体相变，所以组织观察结果显示有 M/A 存在。图 3-20（d）显示板条贝氏体表面出现网状位错线，这是因为相变温度降低，使相变机制发生变化，相变由扩散型相变转变成切变型相变，板条贝氏体以切变方式长大，位错滑移在其表面堆积成网状位错线。

Caballero等人[16,17]研究了相变温度对板条贝氏体位错密度和宽度的影响，发现位错密度随相变温度的降低而增加，且板条尺寸减小。

关于Mo添加对低碳贝氏体钢力学性能的影响，一方面添加Mo可以降低相变温度，获得更小尺寸的粒状贝氏体和M/A岛，提升细晶强化作用；另一方面，增加Mo使相变逐渐由GB向LB转变，且马氏体组织增加，增加了组织强化作用。因此，这两个因素综合作用使含Mo钢强度明显提升，需要注意的是，Mo对强度的提升作用随着Mo从0.134 wt.%增加到0.273 wt.%而减弱。对于低碳贝氏体钢工业生产，强塑积是衡量综合性能的重要指标，图3-22给出了PSE随Mo含量变化趋势。可以看出，当Mo添加量大于0.134 wt.%时，PSE变化很小，这可能是因为强度虽然增加，但伸长率有所降低。目前很多研究中，成分设计时Mo的添加量都大于0.25 wt.%[18~21]，考虑到产品综合性能和生产成本，Mo元素的添加可以适当降低。

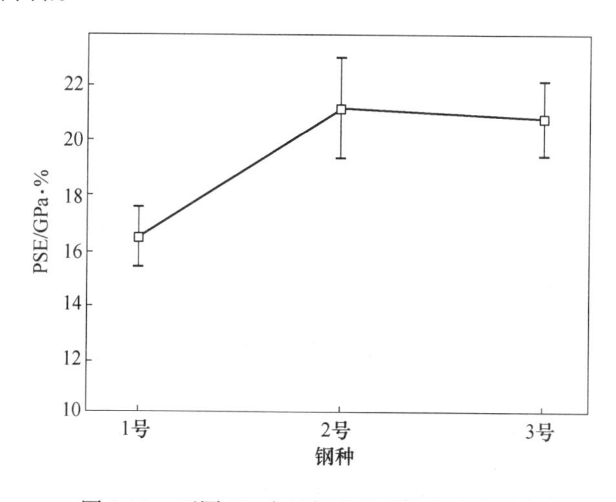

图3-22 不同Mo含量钢种的强塑积变化趋势

3.4.4.2 冷却工艺设计

Mo对连续冷却的低碳贝氏体钢组织和性能有明显影响，可以推测其对贝氏体相变动力学也会产生影响。TTT曲线经常用作成分和处理工艺设计参考，采用MUCG83程序计算并绘制了三个钢种的TTT曲线，结果如图3-23所示。与未添加Mo的钢相比，含Mo钢明显出现了海湾区，且高温转变区与低温转变区明显分开，这是因为Mo能显著提升钢的淬透性，分离钢的贝氏体相变区。此外，当Mo添加量从0.134 wt.%增加到0.273 wt.%，TTT曲线没有发生明显改变。有研究报道，当冷却速度较小时，添加0.40wt.% Mo可以继续降低B_s，但是当冷速超过30℃/s，几乎没有任何变化，这与本小节的结果是统一的。除了化学成分的影响之外，低碳贝氏体钢冷却工艺设定也很重要，根据 TTT 曲线计算结果，可以采用两段式冷却方式生产低碳贝氏体钢，如图 3-23 所示，前段快冷加上后段慢冷，这样可以保证获得更多贝氏体组织。

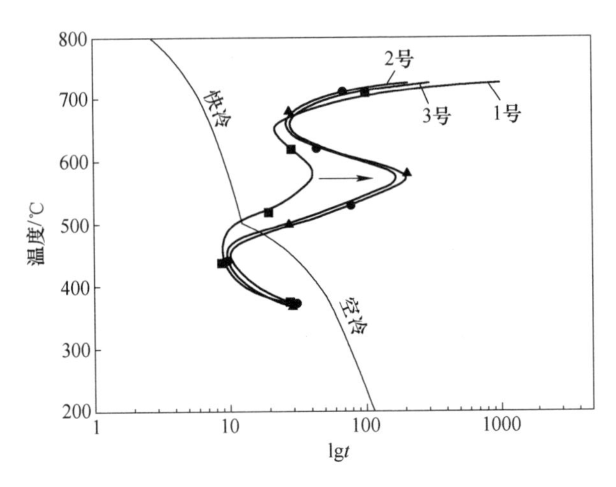

图 3-23　不同实验钢种的理论 TTT 曲线计算结果

3.4.5　小结

对于连续冷却的低碳贝氏体钢，随着 Mo 含量的增加，贝氏体组织形貌逐渐发生改变，由粒状转变为板条状。钢的强塑积随 Mo 含量增加先增加后基本保持不变，板条贝氏体和马氏体组织增加是含 Mo 钢强度增加的主要原因。然而伸长率提升受到限制，对于低碳贝氏体钢成分设计，在综合性能满足要求的前提下，可以考虑适当降低 Mo 添加量。

3.5　Si 对高强贝氏体钢相变和组织性能影响

3.5.1　实验工艺

三种不同 Si 含量的低碳贝氏体钢的化学成分和对应相变温度见表 3-11，在 Gleeble-3500 热模拟试验机上进行等温冷却（ITP）和连续冷却（CCP）贝氏体相变实验，具体热处理工艺如图 3-24 所示。

表 3-11　三种实验钢的化学成分和对应相变温度

钢种	化学成分/wt. %				相变温度/℃	
	C	Si	Mn	Mo	B_s	M_s
Si-1 钢	0. 221	1. 002	2. 189	0. 219	541. 8	333. 6
Si-2 钢	0. 219	1. 503	2. 201	0. 221	530. 3	328. 0
Si-3 钢	0. 220	2. 012	2. 197	0. 218	518. 8	322. 5

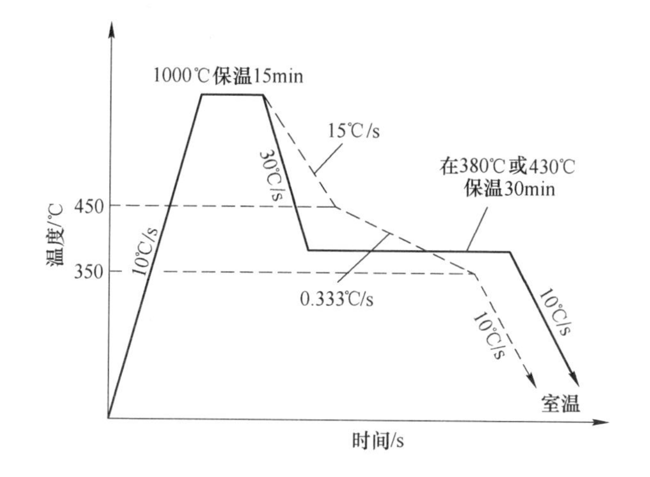

图 3-24 热处理工艺图

3.5.2 Si 对等温贝氏体相变和组织性能影响

3.5.2.1 相变动力学

图 3-25 显示了三种不同 Si 含量贝氏体钢在 380℃等温处理过程中的膨胀量与温度的关系曲线。可以看出，Si-1 钢在奥氏体化后的冷却过程中，从 1000℃到 *A* 点（图 3-25（a）中为 430℃）的膨胀曲线是一条明显的直线，而在 430℃到等温温度 380℃这段冷却过程中，曲线明显发生了偏移；相反，Si-2 钢和 Si-3 钢从 1000℃到 380℃的等温温度过程中，温度-膨胀量曲线一直是明显的直线，这说明 30℃/s 的冷却速率抑制了高温产物的形成，而在从 430℃到 380℃的冷却过程中，仅 Si-1 钢发生了少量贝氏体转变。此外，由于保温温度设定在 B_s 和 M_s 之间，因此保温过程中膨胀量的明显增加是由贝氏体相变导致的。

图 3-26 为三种钢在 380℃和 430℃保温期间膨胀量与保温时间的关系曲线。可以看出，当试样在 380℃和 430℃保温时，贝氏体的转变速率和最终贝氏体转变量均随 Si 含量的增加而降低。图 3-27 给出了三种钢理论 TTT 测试曲线。可以看出，Si 含量的增加使贝氏体开始转变的“C”曲线向右移动，表明 Si 含量的增加延长了贝氏体相变的孕育期。因此，Si 含量的增加阻碍了贝氏体的相变动力学。该结果可以归结于以下原因：首先，Si 的添加强烈地抑制了碳化物的析出，导致过冷奥氏体中碳含量明显增加，从而增强了过冷奥氏体的化学稳定性，阻碍了贝氏体形核和生长所需贫碳区的形成[22]，从而延长了贝氏体的相变孕育期；其次，C 和 Si 原子在位错处的聚集，产生了 Cottrell 气团，限制了位错的移动，从而提高了过冷奥氏体的剪切强度和稳定性[23,24]。因此，Si 含量的增加减慢了贝氏体的相变动力学并降低最终贝氏体转变量。

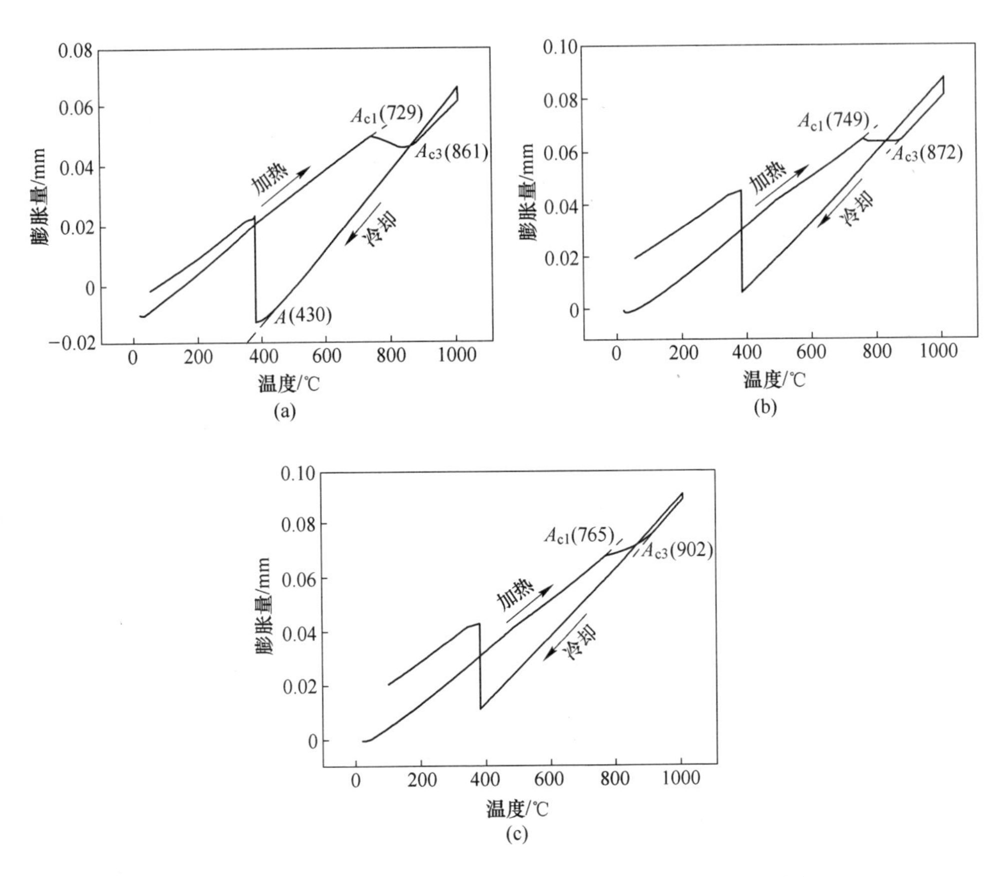

图 3-25　不同试样 380℃等温处理时的膨胀量与温度变化曲线

（a）Si-1 钢；（b）Si-2 钢；（c）Si-3 钢

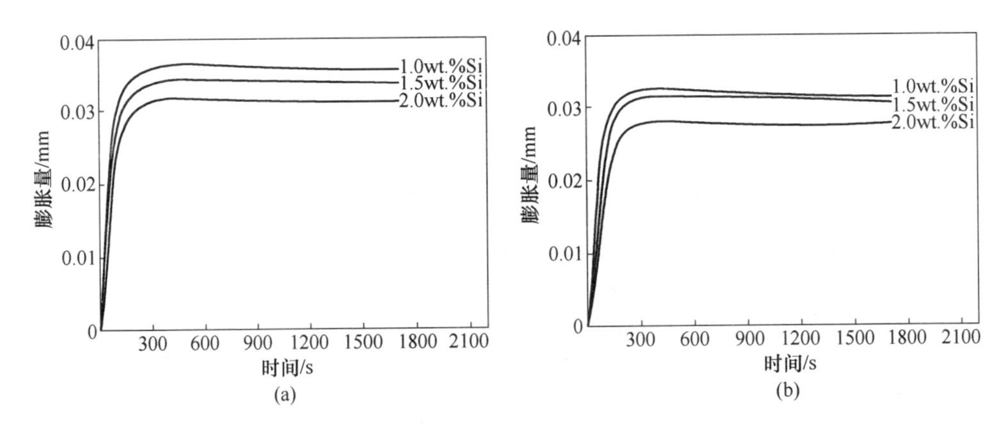

图 3-26　三种钢不同温度等温处理时膨胀量与保温时间的变化曲线

（a）380℃；（b）430℃

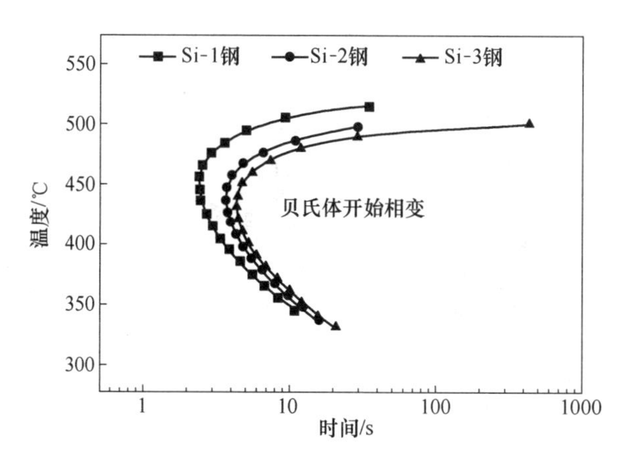

图 3-27 三种钢计算的 TTT 曲线

3.5.2.2 显微组织

图 3-28 显示了三种钢在不同温度等温处理后的 SEM 显微组织图。图 3-28(a)~(c) 展示了 380℃ 处理时 Si-1 钢、Si-2 钢和 Si-3 钢的显微组织，图 3-28(d)~(f) 表示在 430℃ 等温处理后的 SEM 显微组织。所有试样的显微组织主要由块状 M/A、贝氏体和薄膜状 RA 组成。薄膜状 RA 的厚度大小在几十纳米到几百纳米之间，这主要取决于钢种的化学成分和试样的热处理条件。几十纳米厚的薄膜状 RA 常用 TEM 观察，图 3-28 中的白色偏亮区域展示的是几百纳米厚的薄膜状 RA，可以通过 SEM 清楚地观察和确认这些 RA。图 3-29 显示了更大倍数的 SEM 显微组织，也证实了薄膜状 RA 的存在。此外，从显微组织图 3-29 中还可以看出，Si-1 钢中析出了少量碳化物，但在 Si-2 钢和 Si-3 钢中几乎没有观察到碳化物沉淀，这主要是因为 Si-2 钢和 Si-3 钢中高含量的 Si 元素阻碍了碳化物的析出。这种没有碳化物的板条状贝氏体（LB），又称为无碳化物贝氏体。此外，在 380℃ 等温处理的三个钢种，只有 Si-1 钢有小部分的颗粒状贝氏体（GB），这些颗粒状贝氏体组织形貌与该钢种经 430℃ 等温处理后试样的显微组织非常相似，这表明 Si-1 钢中的部分过冷奥氏体在达到 380℃ 等温温度之前就已发生相变。

此外，贝氏体体积分数统计结果见表 3-12，当三种钢在相同温度（380℃ 或 430℃）等温处理时，随着 Si 含量的增加，贝氏体相变量逐渐减少，该统计结果与膨胀量分析结果一致。图 3-29 给出了 Si-1 钢和 Si-3 钢经过 380℃ 等温处理后放大的 SEM 显微组织。当试样进行相同保温温度等温处理时，贝氏体和 M/A 岛的尺寸随 Si 含量的增加而减小，这主要是因为过冷奥氏体中较高的碳含量和 Cottrell 气团的形成提高了过冷奥氏体的剪切强度和稳定性。Caballero 等人[3]报

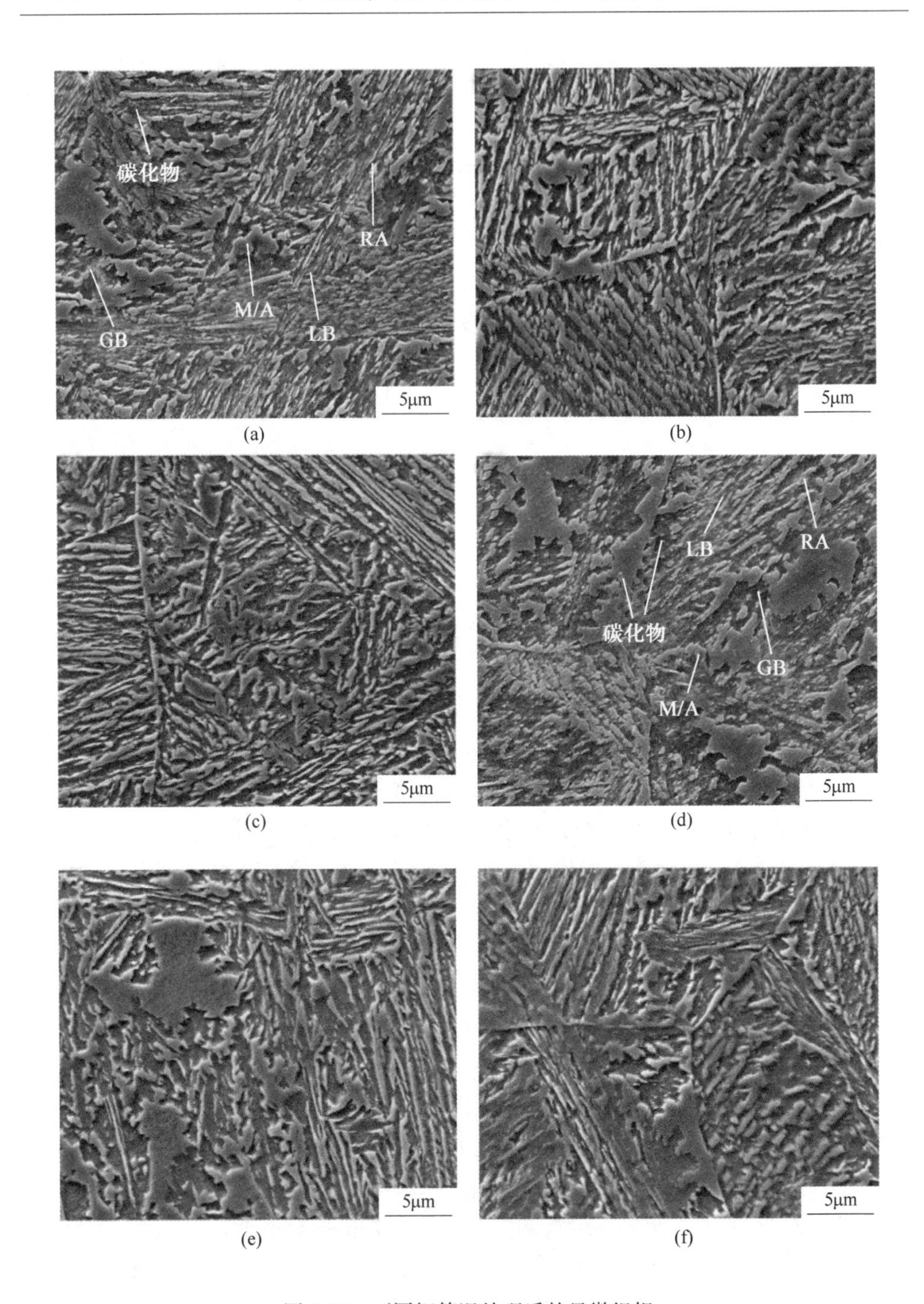

图 3-28　不同钢等温处理后的显微组织

(a) 380℃，Si-1 钢；(b) 380℃，Si-2 钢；(c) 380℃，Si-3 钢；
(d) 430℃，Si-1 钢；(e) 430℃，Si-2 钢；(f) 430℃，Si-3 钢

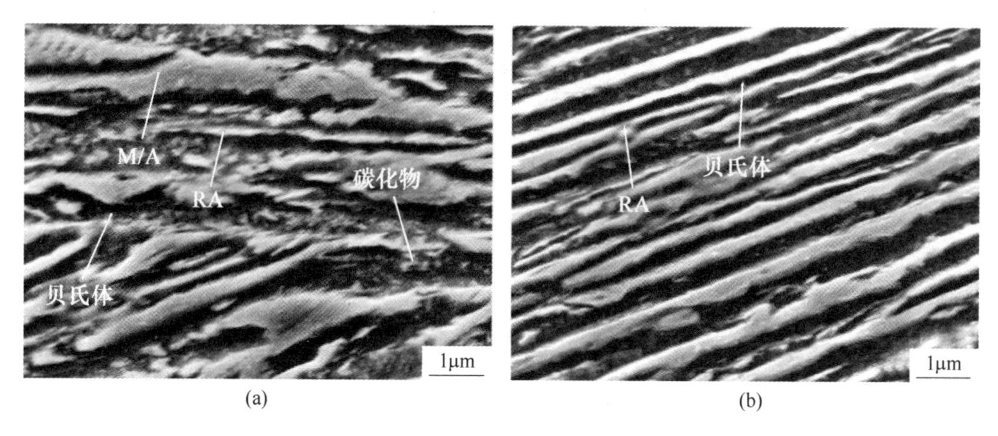

图 3-29 不同钢种 380℃等温处理放大的显微组织

（a）Si-1 钢；（b）Si-3 钢

表 3-12 不同钢种贝氏体和残余奥氏体的体积分数

工　艺	钢种	V_B/%	V_{RA}/%	C_{RA}/wt. %
380℃保温 30min	Si-1 钢	57. 31±2. 54	3. 38±0. 76	0. 59±0. 11
	Si-2 钢	52. 68±2. 23	6. 59±1. 46	0. 67±0. 18
	Si-3 钢	49. 22±1. 95	7. 42±1. 24	0. 95±0. 04
430℃保温 30min	Si-1 钢	50. 16±3. 52	8. 12±2. 16	0. 55±0. 13
	Si-2 钢	46. 31±2. 23	11. 45±0. 83	0. 59±0. 09
	Si-3 钢	43. 84±2. 56	12. 16±1. 41	0. 77±0. 05

注：V_B，V_{RA} 分别表示贝氏体和 RA 的体积分数；C_{RA} 表示 RA 中的碳含量。

道，通过提高奥氏体强度，贝氏体钢的组织可以明显地细化。因此，随着 Si 含量的增加，板条贝氏体和块状 M/A 的尺寸逐渐减小。

此外，由显微组织结果可以看出，对于相同的钢，较低的等温相变温度可获得更多的贝氏体。这可以用 T_0' 理论来解释，当等温温度降低时，过冷奥氏体中的碳储存能力增加，因此可以获得更多的贝氏体相变。另外，等温温度的降低导致贝氏体转变的过冷度增加，也有利于贝氏体的形核和生长。因此，较低的等温温度可以获得更多的贝氏体转变量。

图 3-30 显示了 Si-2 钢经过 430℃保温 30min 后的 XRD 衍射图，结合不同试样衍射峰的强度计算出试样中的 RA 体积分数和碳含量，计算结果见表 3-12。对于相同的等温热处理工艺，RA 中的碳含量随 Si 含量的增加而增加。当试样等温在 380℃时，Si 含量从 1. 0wt. %增至 2. 0wt. %时，RA 的体积分数从 3. 38vol. %逐渐增加到 7. 42vol. %；430℃等温处理时，RA 的体积分数从 8. 12vol. %增加到 12. 16vol. %。RA 的含量在很大程度上取决于贝氏体的相变量。众所周知，贝氏体相变伴随着碳原子从贝氏体向残余奥氏体的排放，Si 含量的增加显著阻碍了碳

化物的形成，导致过冷奥氏体中的碳含量更高，化学稳定性更高。在等温转变和随后的冷却过程中，没有碳化物析出，过冷奥氏体的相变较少。因此，等温热处理后在高的含 Si 钢中保留了更多的具有较高稳定性的 RA。

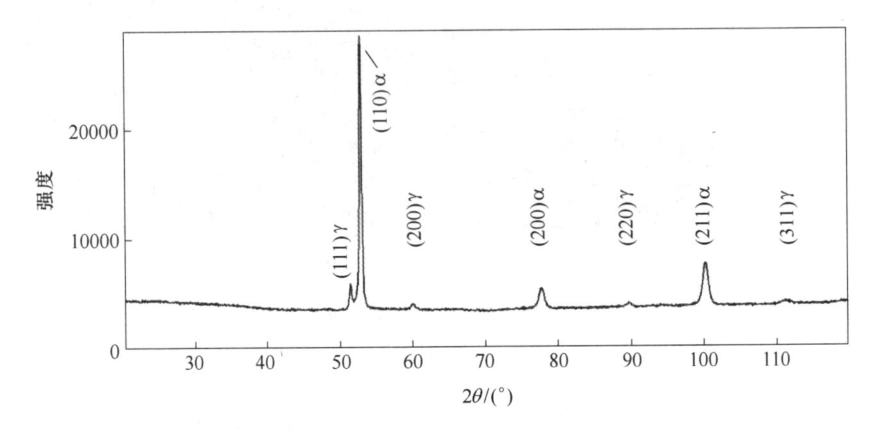

图 3-30 Si-2 钢经过 430℃保温 30min 热处理后的 XRD 衍射图

3.5.2.3 拉伸性能

表 3-13 给出了不同钢种试样的拉伸结果。随着 Si 含量的增加，总伸长率（TE）和拉伸强度（TS）均略有增加，试样强塑积（PSE）也明显增加。结果表明，试样经等温热处理时，增加 Si 含量可以改善钢的拉伸性能。在高硅钢中，碳化物的析出被强烈抑制，从而导致更多且具有更高稳定性的 RA。薄膜状 RA 可以通过 TRIP 效应显著改善试样的力学性能，除了 TRIP 效应外，高 Si 含量试样中更细的显微组织也改善了钢的力学性能。此外，Bhadeshia 和 Edmonds[25] 曾报道，马氏体和贝氏体中的碳化物不利于试样的强度和韧性。碳化物的存在会在拉伸过程中促进裂纹的繁衍和扩展以及孔洞的形成，从而显著降低钢的力学性能。在高硅钢中，RA 中的碳原子富集，贝氏体板条之间的渗碳体被薄膜状 RA 代替，具有高稳定性的薄膜状 RA 对裂纹的扩展具有钝化作用，可以增加裂纹扩展的阻力并增强钢的韧性和强度。

表 3-13 不同钢种试样经过不同热处理后的拉伸性能实验结果

工 艺	钢种	TS/MPa	YS/MPa	TE/%	PSE/GPa · %
380℃保温 30min	Si-1 钢	1011±12	719±22	11. 74±0. 21	11. 869±0. 397
	Si-2 钢	1027±19	738±16	13. 45±0. 32	13. 813±0. 258
	Si-3 钢	1059±23	791±21	14. 78±0. 44	15. 652±0. 623

续表 3-13

工 艺	钢种	TS/MPa	YS/MPa	TE/%	PSE/GPa · %
430℃保温 30min	Si-1 钢	892±16	619±26	10.45±0.18	9.325±1.087
	Si-2 钢	941±18	685±17	13.83±0.21	13.014±0.365
	Si-3 钢	1026±26	712±29	13.89±0.42	14.251±0.472

此外，Si 的固溶强化也有助于提高钢的强度。Si 含量和屈服强度之间的关系可以由式（3-1）表示：

$$\Delta\sigma_s(\text{MPa}) = 4750x_C + 3750x_N + 37x_{Mn} + 84x_{Si} \tag{3-1}$$

式中，$\Delta\sigma_s$为固溶强化对试样拉伸强度的贡献值；x_i为元素“i”的质量百分比。

由式（3-1）可以看出，固溶强化的效果随着 Si 含量的增加而增加。从拉伸结果可知，对于相同的钢，当在 380℃的较低温度下进行等温处理时，可以获得较高的强塑积。根据 SEM 显微组织（图 3-28），随着等温温度的降低，板条状贝氏体和薄膜状 RA 的含量增加，从而改善了测试钢种的力学性能。应该指出的是，与在较低等温温度下进行处理的试样相比，在较高的等温温度下进行相变的试样所含的 RA 量更多。但是等温温度高试样中的 RA 大多数呈块状形态。块状 RA 极不稳定，在拉伸实验开始时容易相变为脆性马氏体，对强塑积有不利影响。

3.5.3 Si 对连续冷却贝氏体相变和组织性能影响

3.5.3.1 膨胀量结果

图 3-31（a）给出了 Si-1 钢在整个连续冷却过程中膨胀量随温度的变化曲线。从 1000℃的奥氏体温度到 n 点（507℃，低于 B_s 温度）一直是一条直线，表明 15℃/s 的冷却速度足以避免高温产物的形成。另外，由于 n 点温度低于 B_s 温度，因此可以推断，膨胀曲线在 n 点的偏移是由贝氏体相变造成的。此外，膨胀曲线中最后冷却阶段的转折点（点 m）代表马氏体相变的起点。图 3-31（b）表示了 450~350℃期间的连续冷却过程中膨胀量随时间的变化曲线。可以观察到，Si 含量的增加，导致了更慢的贝氏体相变动力学，此结果与等温热处理得到的结果一致。此外，Si-1 钢的膨胀曲线在 175~300s 阶段有明显的下降，而在 Si-2 钢和 Si-3 钢中似乎一直是一条水平线。这表明 Si-1 钢中的贝氏体相变在 175s 时基本完成，但是 Si-2 钢和 Si-3 钢中的贝氏体相变在 175s 后仍然在继续，并且由于贝氏体相变引起的膨胀量增加基本上等于由于温度下降而导致的膨胀量减少。这一结果也表明，Si 含量的增加抑制了贝氏体钢的相变动力学。

3.5.3.2 显微组织

图 3-32 给出了经过 CCP 处理后不同钢的显微组织。可以观察到，随着 Si 含

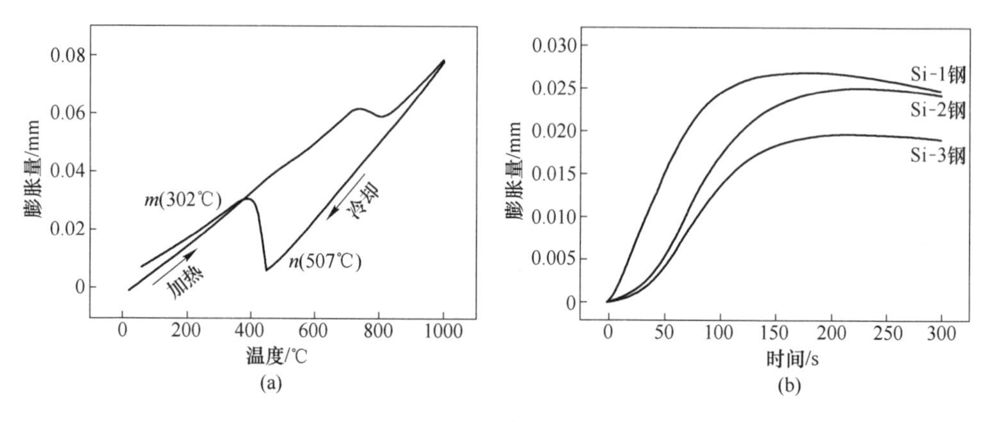

图 3-31　连续冷却过程

（a）Si-1 钢整个热处理过程中的膨胀量与温度变化曲线；

（b）三种钢从 450℃到 350℃之间膨胀量与时间变化曲线

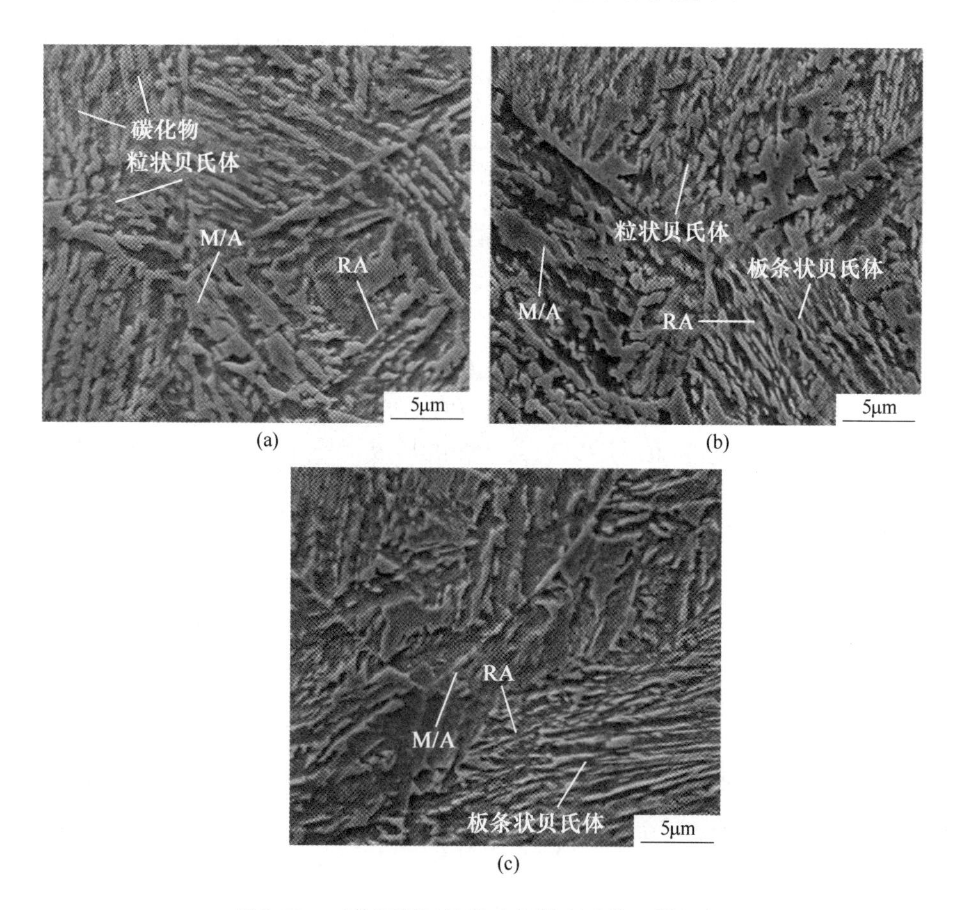

图 3-32　三种钢经过连续冷却处理后的显微组织

（a）Si-1 钢；（b）Si-2 钢；（c）Si-3 钢

量的增加，粒状贝氏体的数量逐渐减少，板条状贝氏体的数量逐渐增加。与低硅钢相比，高硅钢中较高的硅含量导致了较少的碳化物，使过冷奥氏体的化学稳定性增高，从而延长了相变孕育期并导致了低温贝氏体的形成。因此，随着Si含量的增加，更多的过冷奥氏体转变为板条状贝氏体，而不是粒状贝氏体。此外，由于较高的剪切强度和奥氏体的稳定性，板条贝氏体的板条厚度随着Si含量的增加而减小。同时，通过XRD实验确定了不同样品中的RA体积分数，Si-1钢，Si-2钢和Si-3钢的RA含量分别为5.37%，7.03%和9.27%，表明RA的体积分数随Si含量的增加而逐渐增加。

3.5.3.3 拉伸性能

图3-33给出了典型的工程应力-应变曲线，表3-14列出了连续冷却处理后不同试样的拉伸结果。Si-3钢的抗拉强度最高，约为991MPa，总伸长率最好，约为14.25%，获得了最高的强塑积，约为14.12GPa·%。这意味着连续冷却工艺处理试样时，当Si含量处于1.0wt.%~2.0wt.%范围时，Si含量的增加带来了较好的力学性能。如图3-32所示，增加Si含量导致了板条状贝氏体和薄膜状RA含量的增加。薄膜状RA通过TRIP效应，可以改善贝氏体钢的综合性能。低硅钢中碳化物的出现也降低了贝氏体钢的力学性能，因此增加Si含量改善了低碳贝氏体钢的力学性能。此外，从拉伸结果表3-13和表3-14可以看出，对于相同的钢种，经等温处理后的力学性能略好于经连续冷却处理后的性能。这主要是由于连续冷却工艺处理后，试样中存在更多的粒状贝氏体和更粗的贝氏体板条。

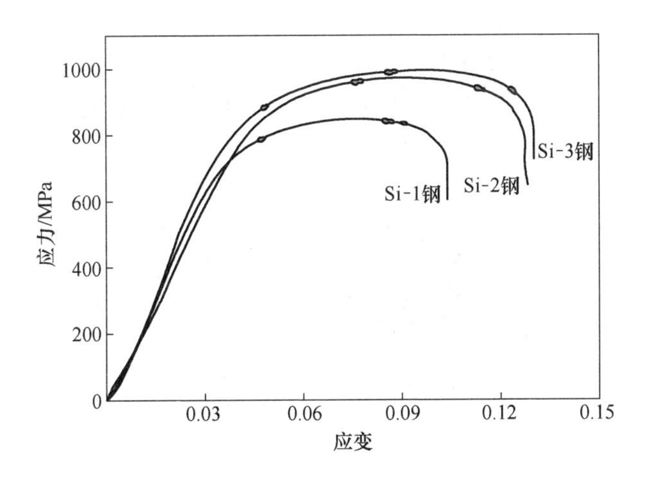

图3-33 三种钢典型的工程应力-应变曲线

表 3-14　不同钢种试样经过 CCP 热处理后的拉伸实验结果

工艺	钢种	TS/MPa	YS/MPa	TE/%	PSE/GPa · %
CCP	Si-1 钢	859±25	607±13	10. 53±0. 42	9. 045±0. 486
	Si-2 钢	969±13	693±14	13. 68±0. 57	13. 256±0. 737
	Si-3 钢	991±27	651±21	14. 25±0. 83	14. 121±1. 230

图 3-34 展示了不同钢种拉伸试样断裂表面的显微组织形貌，在所有试样显微组织中均观察到了准解理断裂面和韧性撕裂面。已知脆性断裂模式会导致解理断裂面，这意味着较低的拉伸韧性；相反，韧性断裂导致韧性撕裂面，这意味着较高的拉伸韧性。Si-1 钢的断裂表面由更多的准解理断裂面组成，而在 Si-2 钢和

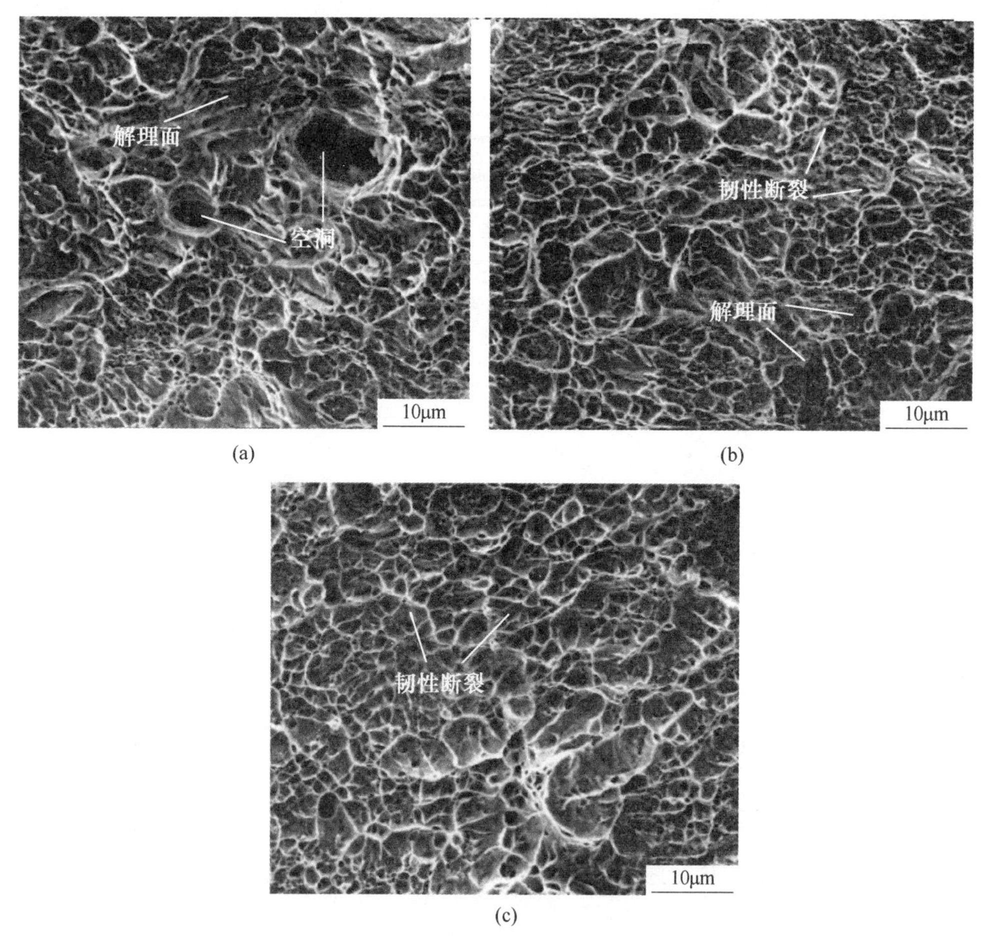

图 3-34　不同试样的拉伸断裂显微组织形貌
（a）Si-1 钢；（b）Si-2 钢；（c）Si-3 钢

Si-3钢有更多的韧性撕裂面。此外，在Si-1钢的断裂组织中清楚地观察到了空洞，但在Si-2钢和Si-3钢中几乎没有观察到空洞。空洞的形成可能归因于较多的脆性碳化物，显著降低了钢的韧性。因此，拉伸韧性随着Si含量的增加而增加，这与表3-14中的结果一致。

3.5.4 小结

本节通过等温热处理工艺和连续冷却热处理工艺研究了Si含量对含碳0.22wt.%低碳贝氏体钢相变动力学、组织和性能的影响，可以得出以下结论：

（1）无论等温还是连续冷却工艺，随着Si含量的增加，贝氏体相变动力学逐渐减慢，贝氏体相变量也逐渐降低。这是因为较高的Si含量会抑制碳化物的形成，导致过冷奥氏体的剪切强度和稳定性增加，以及Cottrell气团的形成。

（2）当Si含量处于1.0wt.%~2.0wt.%范围时，无论等温还是连续冷却工艺，Si含量的增加均可以改善贝氏体钢的综合性能。因为Si含量的增加导致更多的薄膜状RA和更少的碳化物；Si的固溶强化作用也导致了强度的增加。

3.6 Cr和Al对高强贝氏体钢相变和组织性能影响

3.6.1 实验工艺

表3-15列出了三种低碳贝氏体钢的化学成分，主要有合金元素Cr和Al的区别。根据图3-35所示的实验工艺，热处理工艺包括ITP和CCP两种。（1）在ITP处理过程中，先将试样以10℃/s速率加热到1000℃后保温900s，以获得均匀化的奥氏体显微组织，然后以10℃/s速率冷却到350℃保温60min。1000℃的奥氏体化温度大于A_{c3}温度，900s的保温时间使其组织充分均匀化。在350℃下保温60min进行贝氏体相变，随后将样品空冷至室温。（2）在CCP过程中，试样采用同样的奥氏体化工艺，得到均匀的奥氏体化组织后，随后以0.5℃/s速率冷却至室温（图3-35中虚线部分）。此外，为了研究不同试样热处理后的拉伸性能，从热轧薄板上切下140mm×20mm×10mm的块状试样，并根据图3-35所示的相同工艺在热模拟试验机进行热处理实验。

表3-15 三种实验钢的化学成分 (wt.%)

钢种	C	Si	Mn	Cr	Mo	Al	N	P	S
A(Base钢)	0.218	1.831	2.021	—	0.227	—	<0.003	<0.006	<0.003
B(添加Cr钢)	0.221	1.792	1.983	1.002	0.229	—	<0.003	<0.006	<0.003
C(添加(Cr+Al)钢)	0.219	1.824	2.041	1.021	0.230	0.502	<0.003	<0.006	<0.003

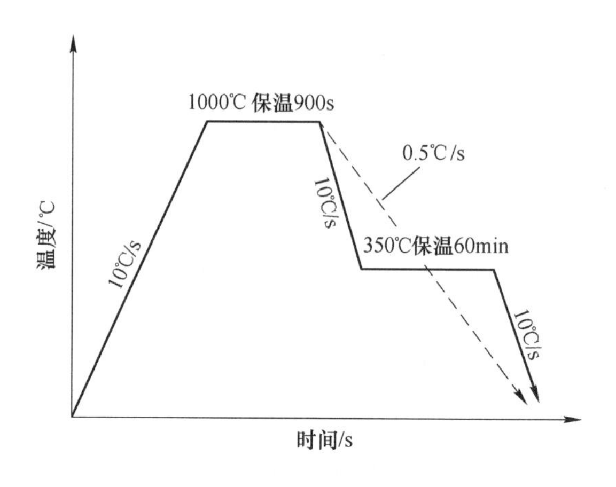

图 3-35　实验工艺图

图 3-36 为利用 MUCG83 软件绘制的三种实验钢的 TTT 曲线。Cr 元素的添加增强了奥氏体的稳定性和淬透性，导致 TTT 曲线向右下方移动。表明在相同的冷却速率下，含 Cr 钢更易获得贝氏体组织；相反，添加 Al 元素后贝氏体相变曲线向左上方移动，表明 Al 元素的添加促进了奥氏体的分解。

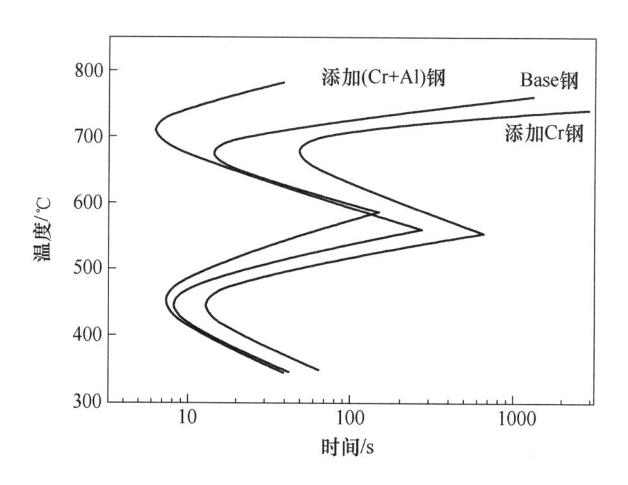

图 3-36　由 MUCG83 软件计算的三个钢种的 TTT 曲线

3.6.2　Cr 和 Al 对等温贝氏体相变和组织性能影响

3.6.2.1　显微组织

图 3-37 给出了三种钢奥氏体化后试样在 350℃ 等温处理后的 SEM 显微组织，

三种钢的显微组织主要由板条状贝氏体（BF）和马氏体/奥氏体（M/A）岛组成。原始奥氏体晶界（AGB）由指示线指出，如图 3-37（b）所示。对原奥氏体晶粒尺寸（PAGS）统计结果见表 3-16，三种钢的原始奥氏体晶粒尺寸没有显著差异。另外，如图 3-37（c）中的指示线所示，在 Base 钢和（Cr+Al）钢中均观察到了一些铁素体，然而在添加 Cr 钢中则没有观察到。此外，采用 SEM 金相组织图统计不同试样等温热处理后的贝氏体体积分数，并基于 X 射线衍射结果计算 RA 的体积分数，结果均列于表 3-17 中。添加 Cr 钢中贝氏体相变量最大，而不添加 Cr 和 Al 的 Base 钢中贝氏体体积分数最小，表明 Cr 的添加明显增加了贝氏体的相变量。此外，Cr 和 Al 的复合添加使贝氏体相变量降低到 Base 钢的水平，表明在含 Cr 的低碳贝氏体钢中添加 Al 元素明显阻碍了贝氏体相变。

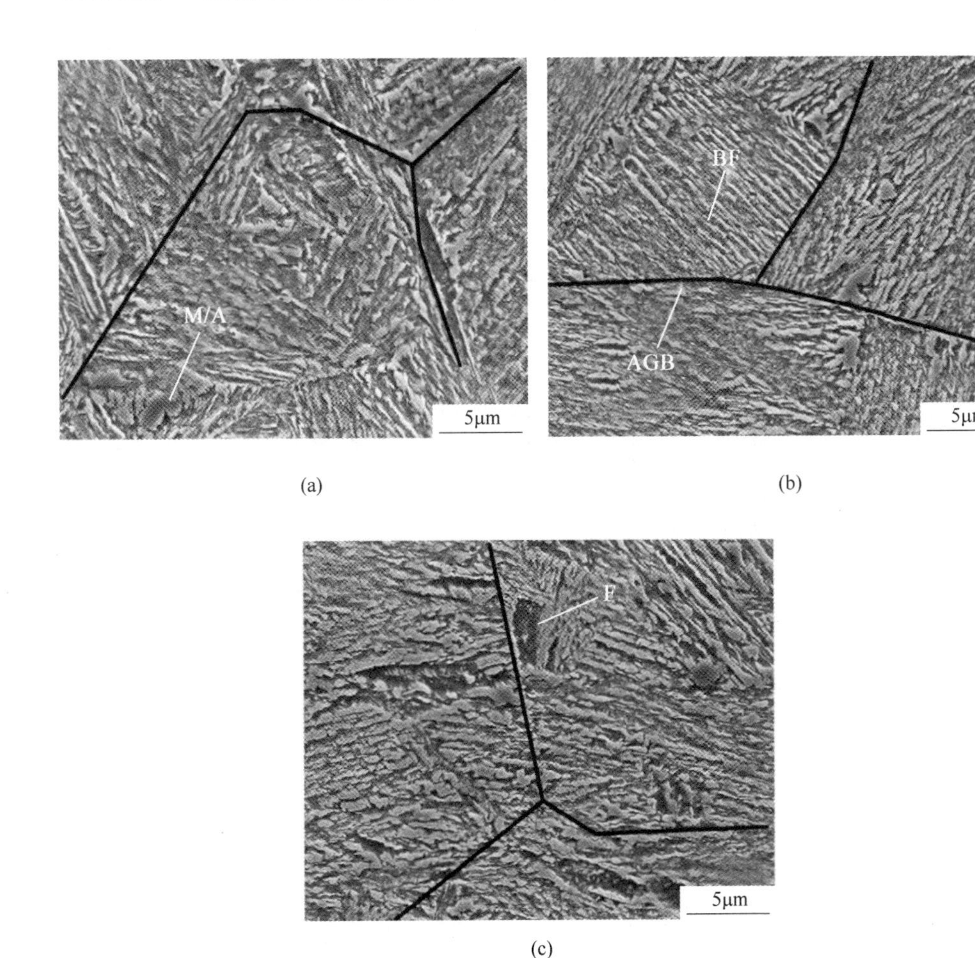

(a) (b) (c)

图 3-37 三种低碳钢等温热处理后的显微组织

（a）Base 钢；（b）添加 Cr 钢；（c）添加（Cr+Al）钢

表 3-16　三种实验钢的原始奥氏体晶粒尺寸　　(μm)

钢种	Base 钢	添加 Cr 钢	添加（Cr+Al）钢
PAGS	30. 8±9. 4	29. 4±9. 1	32. 6±8. 5

表 3-17　三种钢热处理后的贝氏体和残余奥氏体的体积分数

钢　种	V_{BF}/%	V_{RA}/%
A（Base 钢）	45. 6	3. 5
B（添加 Cr 钢）	68. 4	11. 5
C（添加（Cr+Al）钢）	48. 6	10. 7

3. 6. 2. 2　力学性能

图 3-38 和表 3-18 分别给出了三种钢等温热处理后典型的工程应力-应变曲线和拉伸性能结果。结果表明，单独添加 Cr 可以同时改善试样的强度和伸长率，而 Cr 和 Al 的复合添加没有达到更好的效果。与 Base 钢相比，添加 Cr 钢的抗拉强度（UTS）增加了 135MPa，而添加（Cr+Al）钢的 UTS 和屈服强度（YS）仅增加了 21MPa 和 6MPa。另外，添加（Cr+Al）钢的强塑积（PSE）小于 Cr 钢的 PSE，表明在含 Cr 贝氏体钢中添加 Al 并不会进一步改善低碳贝氏体钢的拉伸性能。

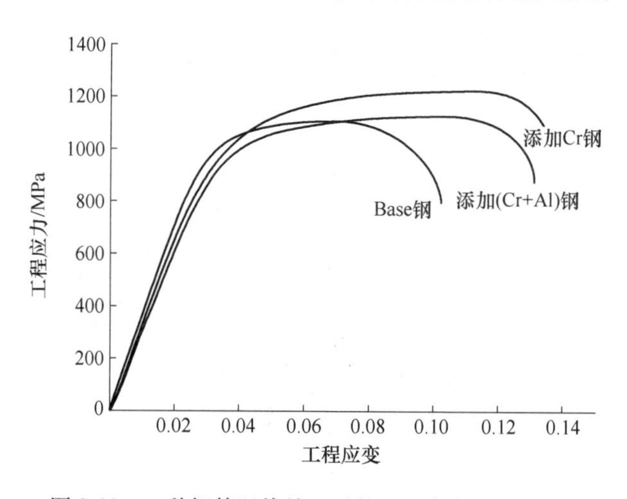

图 3-38　三种钢等温热处理后的工程应力-应变曲线

表 3-18　三种钢的拉伸实验结果

钢　种	UTS/MPa	YS/MPa	TE/%	PSE/GPa · %
A（Base 钢）	1103±18	867±22	10. 2±0. 4	11. 25±0. 007
B（添加 Cr 钢）	1238±21	889±18	13. 1±0. 8	16. 22±0. 017
C（添加（Cr+Al）钢）	1124±15	873±16	12. 8±0. 5	14. 39±0. 008

图 3-39 给出了三种钢的拉伸断裂形貌。如图 3-39（a）中指示线所示，在 Base 钢中出现了准解理断裂和韧窝的混合形貌，而这种准解理断裂形貌很少出现在添加 Cr 钢和添加（Cr+Al）钢中。河流状的准解理断裂形貌表明部分脆性断裂，意味着有较差的伸长率；韧窝状的断口形貌表明韧性断裂，意味着有较好的伸长率。图中结果表明，Cr 元素的单独添加提高了低碳贝氏体钢的韧性。此外，对比图 3-39（b）（c）可以观察到，添加 Cr 钢中的韧窝直径比复合添加（Cr+Al）钢的大，说明在添加 Cr 钢中添加 Al 元素，不一定能改善低碳贝氏体钢的伸长率。

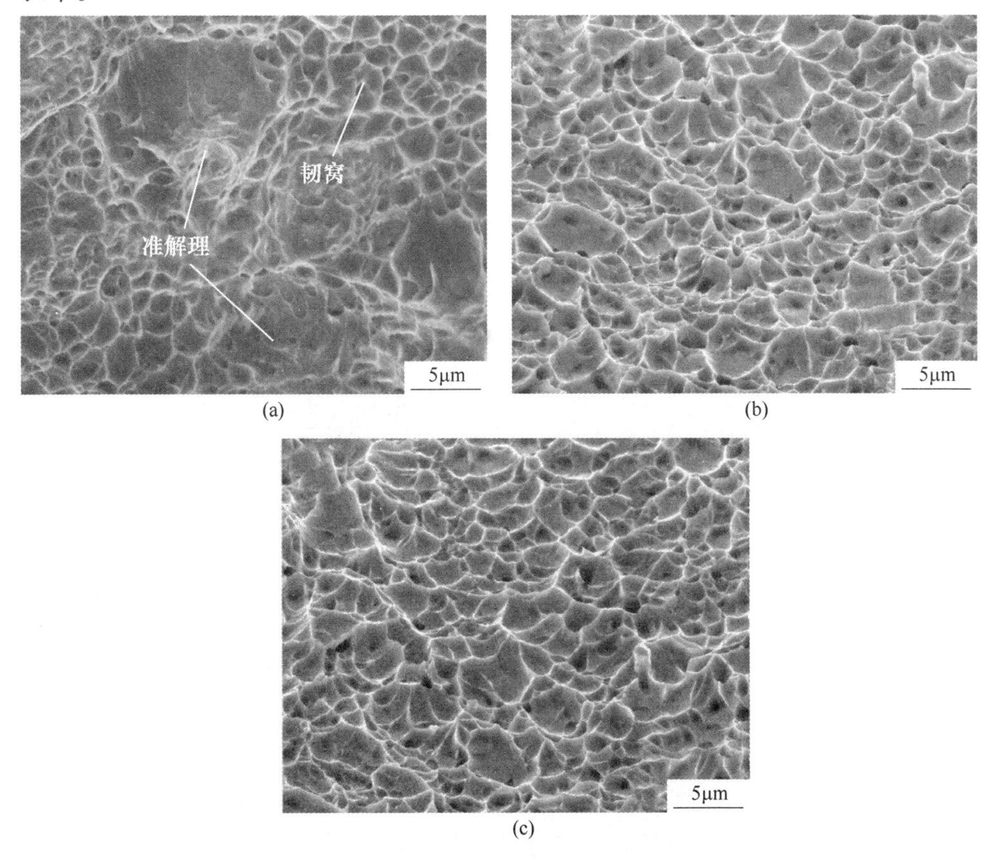

图 3-39 三种钢的拉伸断口形貌

（a）Base 钢；（b）添加 Cr 钢；（c）添加（Cr+Al）钢

3.6.2.3 膨胀量分析

图 3-40 显示了三种钢 350℃ 保温期间的膨胀量和相变速率与时间的变化曲线。可以看出，与 Base 钢相比，贝氏体的最终相变量随着 Cr 元素的添加而明显增加，但随 Cr 和 Al 的复合添加仅仅略有增加。此外，添加（Cr+Al）钢的贝氏

体转变量却明显小于单独添加 Cr 的钢，这表明在含 Cr 的贝氏体钢中添加 Al 元素对贝氏体相变量有负面影响。

图 3-40（b）给出了在等温期间的膨胀速率与保温时间的变化曲线。结果表明，添加（Cr+Al）钢和 Base 钢的相变完成时间要明显短于添加 Cr 钢。尽管贝氏体的最大相变出现在添加 Cr 钢中，但最快的转变速率出现在添加（Cr+Al）钢中，表明 Al 的添加促进了初始贝氏体转变，而 Cr 的加入延迟了贝氏体转变。值得注意的是，Base 钢和添加（Cr+Al）钢之间的转变过程没有明显区别，完成贝氏体转变所需的时间也基本相等，说明与 Base 钢相比，Cr 和 Al 的复合添加对贝氏体转变速率影响很小。此外，在本节中，三种低碳钢中的贝氏体转变均可快速短时间完成，这与高碳贝氏体钢不同，高碳贝氏体钢可能需要数小时或数天才能完成贝氏体转变。

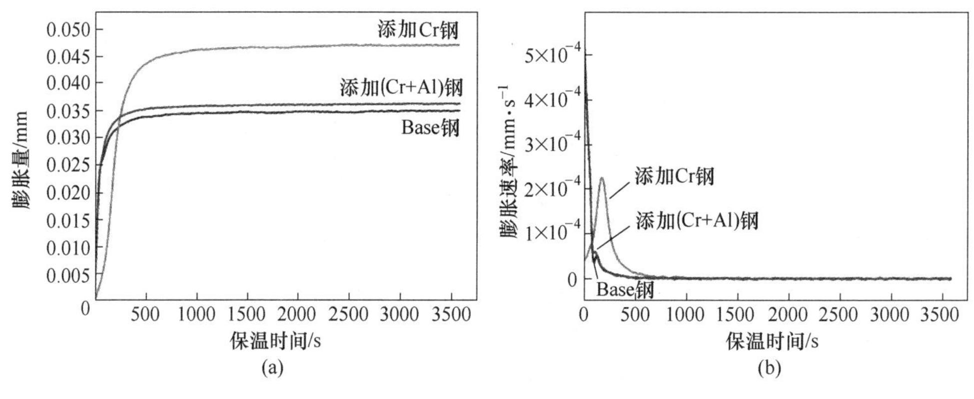

图 3-40　三种钢试样在保温过程中的曲线图

（a）膨胀曲线；（b）相变速率

图 3-40 表明 Al 的添加促进了贝氏体的转变，这与 Hu 等人[26]和 Caballero 等人[27]的结果是一致的。图 3-37 表明添加 Cr 钢显微组织主要由贝氏体板条组成，不包含铁素体组织，而在添加（Cr+Al）钢中观察到少量铁素体，表明 Al 的添加促进了铁素体的形成。根据膨胀量曲线图（图 3-40）知，添加（Cr+Al）钢的总膨胀仅为 0.0368mm，比添加 Cr 钢的 0.0457mm 减少了 19.5%，表明含 Cr 钢中 Al 的添加明显降低了最终贝氏体相变量。另外，添加（Cr+Al）钢的 PSE 从添加 Cr 钢的 16.22GPa · %降至 14.39GPa · %。Meyer 等人[28]报道，添加 Al 可以促进高温转变产物的形成，例如铁素体，与本节结果相似。因此，添加（Cr+Al）钢中由于贝氏体相变之前的铁素体相变，消耗了部分过冷奥氏体，导致了贝氏体相变量的减少。贝氏体相变量的减少和铁素体的出现，导致了贝氏体钢力学性能的下降。

此外，从表 3-17 可以看出，Base 钢和添加（Cr+Al）钢中贝氏体的体积分数分别为 45.6%和 48.6%。同样从膨胀量曲线来看，添加（Cr+Al）钢的膨胀量为 0.0368mm，比 Base 钢的 0.0346mm 增加了 0.0022mm（5.97%），表明 Cr 和 Al 的复合添加对贝氏体相变影响较小。另外，添加（Cr+Al）钢的抗拉强度仅比 Base 钢增加了 21MPa，表明 Cr 和 Al 的复合添加没有显著改善 Base 钢的力学性能。如前所述，尽管单独添加 Cr 会增加最终的贝氏体相变量，但由于复合添加后，Al 对铁素体相变的促进作用，使过冷奥氏体等温之前发生了高温铁素体相变，导致了最终贝氏体相变量的降低。因此在含 Cr 的低碳钢中添加 Al 元素会降低贝氏体的最终相变量，意味着添加 Al 会削弱 Cr 对贝氏体相变的促进作用，Cr 和 Al 的复合添加没有显著提高贝氏体钢的相变量。总之，Al 的添加可以明显缩短高碳贝氏体钢的贝氏体转变时间，然而对于低碳贝氏体钢，即使不添加 Al 元素，贝氏体转变也可以在短时间内完成（图 3-40），而且添加 Al 会导致力学性能的降低，因此在含 Cr 的低碳贝氏体钢中添加 Al 元素需要多方面考量。

3.6.3 Cr 和 Al 对连续冷却低碳贝氏体相变和组织性能影响

3.6.3.1 Cr 对连续冷却相变影响

图 3-41（a）中给出了 Base 钢和 Cr 钢连续冷却过程中膨胀量与温度的变化曲线图。由图 3-41 可知，由于缓慢的冷却速度（0.5℃/s），铁素体在相对较高的温度下开始发生相变。此外，计算得出的 Base 钢和添加 Cr 钢的 M_s温度分别为 376℃和 353℃，表明 Base 钢中 a 和 b 之间的区域以及添加 Cr 钢中 c 和 d 之间的区域不仅包含贝氏体转变，也有马氏体转变。加入 Cr 元素后，相变开始温度从 537℃（a 点）降低到 450℃（c 点）。图 3-41（a）中 D_1和 D_2分别表示两个钢种贝氏体和马氏体相变引起的膨胀量变化，且 D_2大于 D_1，说明贝氏体和马氏体相

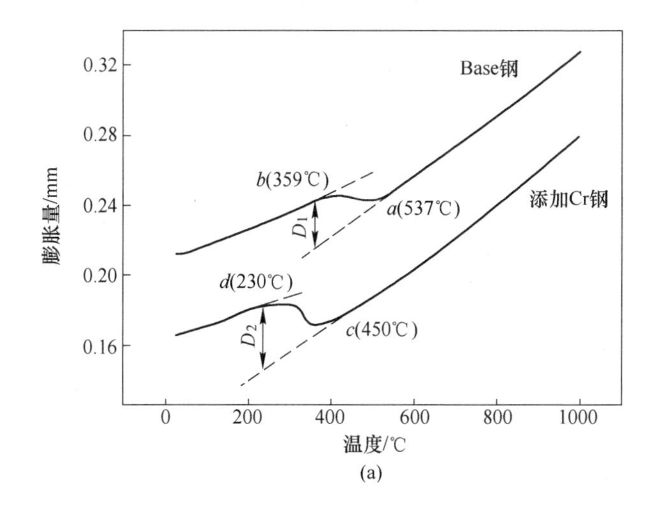

(a)

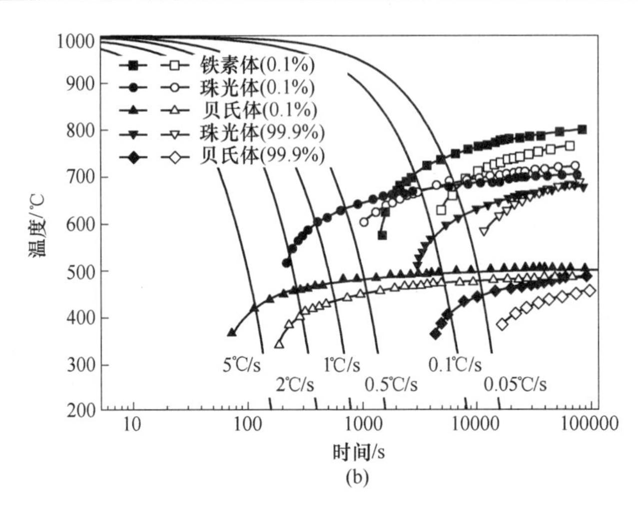

图 3-41　Base 钢和添加 Cr 钢连续冷却过程中膨胀量曲线（a）和理论计算的 CCT 曲线（b）

变的总体积分数随 Cr 的添加而增加。这是因为 Cr 的添加增加了奥氏体的稳定性，使贝氏体和马氏体相变发生在较低的温度区域，因此获得更多的贝氏体和马氏体相变。此外，图 3-41（b）给出了用软件 JMat Pro7.0 计算出的两种钢 CCT 曲线。显然，随着 Cr 的添加，铁素体、珠光体和贝氏体转变的温度均降低，这与实验结果一致。

利用杠杆定律计算了连续冷却过程中 Base 钢从 a 点到 b 点以及添加 Cr 钢中 c 点到 d 点的相变分数与温度的变化曲线，结果如图 3-42 所示。结果表明，Cr 的添加会阻碍贝氏体的相变动力学（图 3-42（b），图 3-41 Base 钢中 a 点到 b 点和添加 Cr 钢中 c 点到 d 点）。这是因为较低的相变温度区域降低了碳的扩散速率，减慢了贝氏体形核过程。

3.6.3.2　Cr 对连续冷却组织影响

连续冷却处理后 Base 钢和添加 Cr 钢的显微组织如图 3-43 所示。可以看出，两种钢组织差异很大。Base 钢的显微组织包含板条状贝氏体（LB），粒状贝氏体（GB），多边形铁素体（PF）和马氏体/奥氏体（M/A）；而添加 Cr 钢的显微组织包含 LB，大量的 M 和少量的 PF 和 RA。由于 Cr 原子的溶质拖曳效应，PF 的含量随 Cr 的添加而明显减少。此外，Cr 的添加降低了过冷奥氏体的相变温度区域，并且在 M_s 温度以下发生了大量相变，所以 M 的含量显著增加。图 3-43（c）和（d）显示了两种钢中贝氏体形态的放大图。显然，Base 钢中的贝氏体板条更加粗大，而添加 Cr 钢由于在较低的相变温度才发生相变，因而添加 Cr 钢中得到了更细的贝氏体板条。此外，XRD 实验结果表明，在添加 Cr 的情况下，RA 的

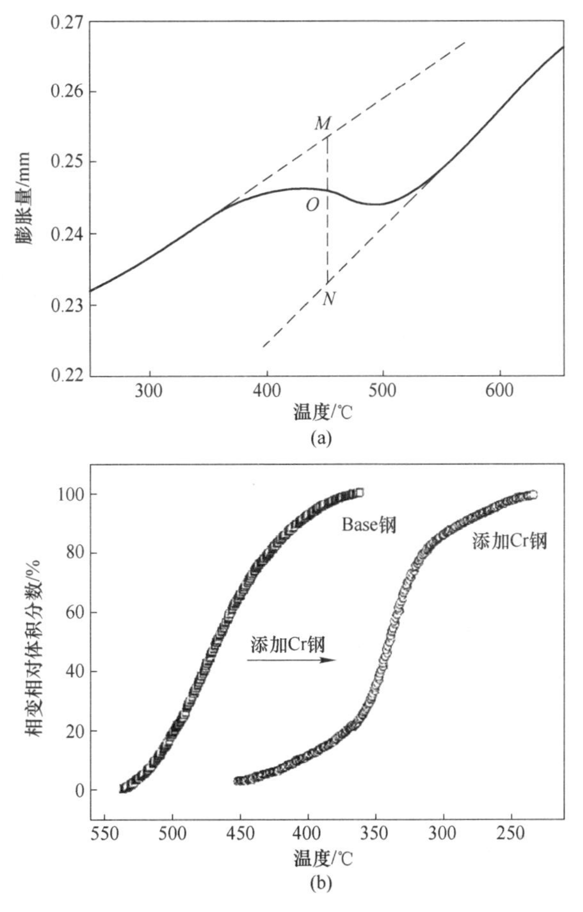

图 3-42 杠杆定律示例（a）以及两种钢连续冷却过程中相对体积分数与温度的变化曲线（b）

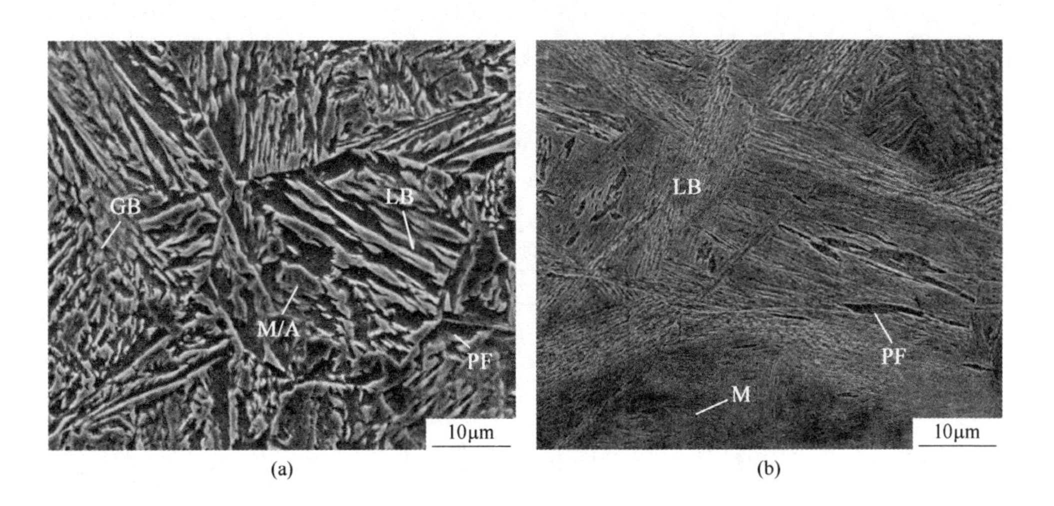

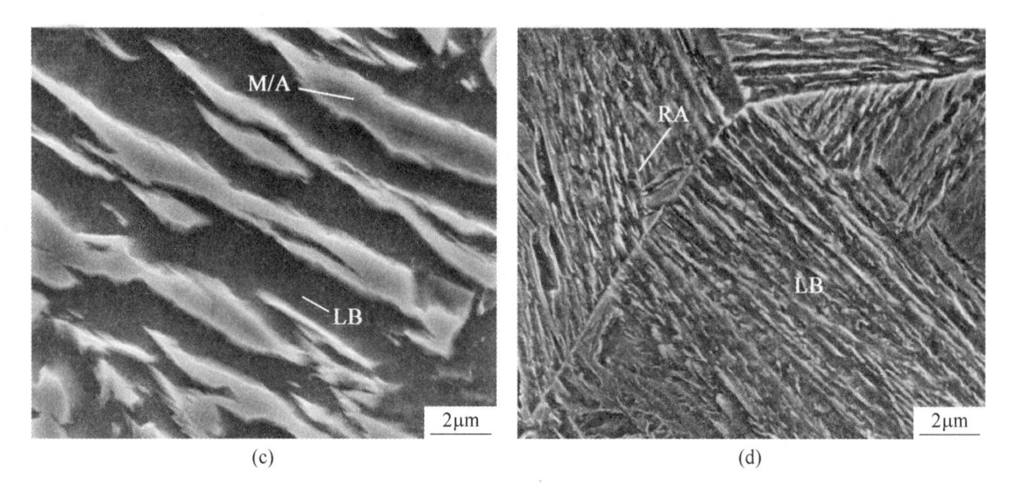

图 3-43　连续冷却处理后钢的 SEM 显微组织
(a)(c) Base 钢;(b)(d) 添加 Cr 钢

体积分数从 8.7%降低至 2.3%。这主要是因为与添加 Cr 钢相比，Base 钢中的铁素体和贝氏体含量更多，铁素体和贝氏体的转变过程中，伴随着碳向周围的未转变奥氏体中扩散的过程，从而提高了未转变的过冷奥氏体稳定性，使其保存至室温形成 RA，添加 Cr 钢中有更少的贝氏体和铁素体，因此含有更少的 RA。

3.6.3.3　Cr 对连续冷却低碳贝氏体性能影响

表 3-19 给出了 Base 钢和添加 Cr 钢连续冷却处理后的拉伸结果。与 Base 钢相比，添加 Cr 钢中大量马氏体的形成，使其屈服强度显著提高。随 Cr 元素的添加，抗拉强度也随之增加，但与屈服强度的增加相比，其增加程度并不明显。这是因为 Base 钢中有更多的 RA。当抗拉强度超过钢的屈服强度时，RA 会发生 TRIP 效应，转变为硬相马氏体，这有利于增加钢的抗拉强度和伸长率。另外，添加 Cr 钢中的马氏体会显著降低钢的伸长率，导致 PSE 的明显降低。图 3-44 给出了两种钢的拉伸断口形貌组织。Base 钢断口主要由韧窝组成，而添加 Cr 钢中含有大量的准解理断面形貌，表明 Base 钢有更好的韧性。因此，在本节中，连续冷却处理中添加 Cr 降低了低碳贝氏体钢的综合性能，尤其是伸长率。

表 3-19　两种钢连续冷却工艺处理后的拉伸实验结果

钢种	YS/MPa	TS/MPa	TE/%	PSE/GPa · %
Base 钢	662±13	1054±15	13.2±0.8	13.9±0.56
添加 Cr 钢	812±15	1145±21	6.9±0.2	7.9±0.15

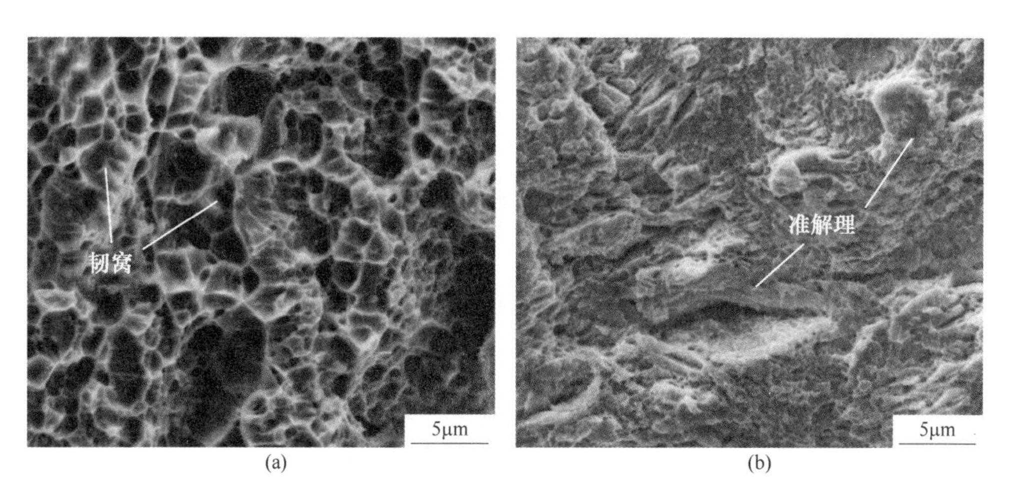

(a) (b)

图 3-44 两种钢连续冷却工艺处理后的拉伸断口形貌组织
（a）Base 钢；（b）添加 Cr 钢

3.6.3.4 Al 对连续冷却组织影响

图 3-45（a）和（b）给出了添加 Cr 钢和添加（Cr+Al）钢经连续冷却处理后的显微组织，主要由板条状贝氏体，块状马氏体和薄膜状 RA 组成。与图 3-45（a）相比，图 3-45（b）中有更多的贝氏体和铁素体，以及更少的马氏体组织；这是由于 Al 的加入使得高温相变产生，连续冷却过程中，钢中的相变温度区间整体提高。

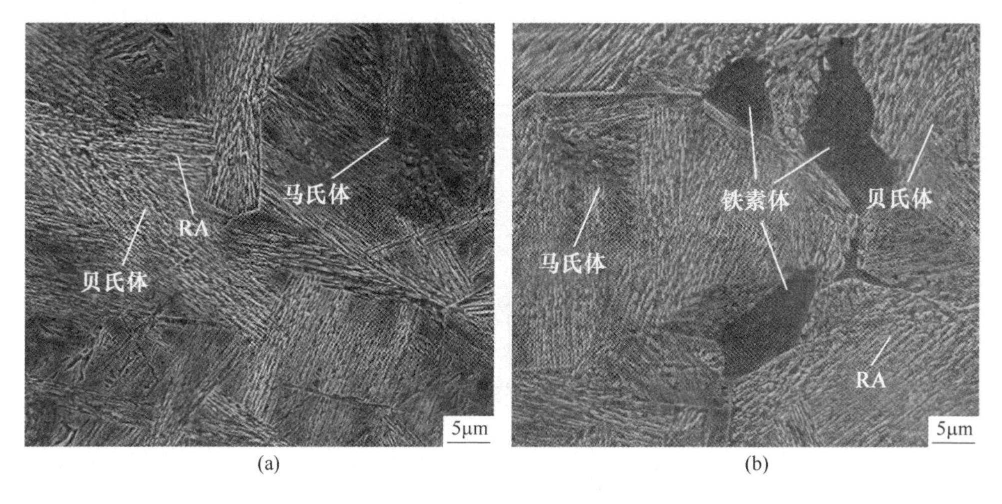

(a) (b)

图 3-45 连续冷却工艺处理后的显微组织
（a）添加 Cr 钢；（b）添加（Cr+Al）钢

3.6.3.5　Al 对连续冷却相变影响

图 3-46 给出了添加 Cr 钢和添加（Cr+Al）钢连续冷却处理过程中的膨胀量与温度的变化曲线。图 3-46 中的点 a 和 b 分别代表添加 Cr 钢和添加（Cr+Al）钢中贝氏体转变的起点，它们对应的温度分别为 445℃和 462℃，两个温度均高于其相应的 M_s 温度（添加 Cr 钢为 353℃，添加（Cr+Al）钢为 371℃）。此外，点 c 和 d 表示相变的结束点，其相应温度分别为 207℃和 352℃。显然，点 c 和 d 的温度低于对应钢的 M_s，表明膨胀量的变化是由贝氏体和马氏体共同相变引起的。图 3-46 中的 H_1 和 H_2 分别表示连续冷却期间贝氏体和马氏体的相变总量，对比发现，H_1 的膨胀值为 0.034mm，大于 H_2 的膨胀值（0.0166mm）。从图 3-45 中的显微组织可以看出，添加（Cr+Al）的钢（图 3-45（b））中的贝氏体和铁素体含量要显著高于添加 Cr 钢（图 3-45（a））。从图 3-46 可以看出，点 d 的温度为 352℃，仅略低于其相应的 M_s（371℃），但是 c 点的温度（207℃）明显低于其相应的 M_s（353℃）。因此可以推断出，添加（Cr+Al）钢中 H_2 的膨胀主要由贝氏体相变引起，而添加 Cr 钢中的 H_1 主要由马氏体相变引起。添加（Cr+Al）钢中先形成的铁素体（图中 E 点）会将更多的碳排放到未转变的奥氏体中，从而导致其 M_s 温度降低。因此，在接下来的冷却过程中，扩大了添加（Cr+Al）钢的贝氏体相变区间。值得注意的是，添加（Cr+Al）钢中由于先形成的铁素体相变增加了残余奥氏体的化学稳定性，本应该会阻碍贝氏体的转变，然而从图 3-46 的点 a 和 b 可以看出，添加 Al 仍然促进了贝氏体相变，这意味着添加 Al 对贝氏体相变的促进作用是十分显著的。因此，与添加 Cr 钢相比，添加（Cr+Al）钢中有更多的贝氏体。添加（Cr+Al）钢中更多的贝氏体相变，使其未相变的奥氏体数量减少，导致马氏体相变量也明显减少。因此与添加 Cr 钢相比，添加（Cr+Al）钢在最终冷却过程中生成的马氏体数量减少。

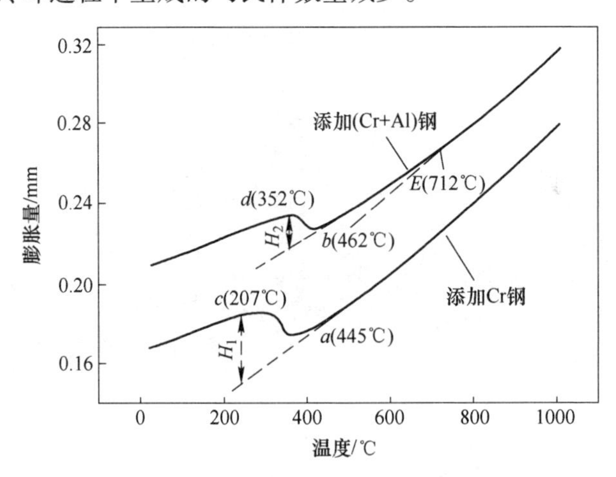

图 3-46　连续冷却工艺处理后的膨胀量曲线

3.6.3.6 Al对连续冷却低碳钢性能影响

表3-20给出了添加Cr钢和添加（Cr+Al）钢连续冷却处理后的拉伸结果。与添加Cr钢相比，添加（Cr+Al）钢的拉伸强度和屈服强度分别降低了238MPa和186MPa，而总伸长率增加了2.7%。

表3-20 两种钢连续冷却工艺处理后的拉伸实验结果

钢 种	TS/MPa	YS/MPa	TE/%	PSE/GPa · %
添加Cr钢	1145±21	812±11	6.9±0.2	7.91±0.14
添加（Cr+Al）钢	907±18	626±23	9.6±0.5	8.70±0.19

图3-45中的SEM显微组织表明，由于Al的添加，贝氏体钢中出现了软相铁素体，而添加Cr钢中几乎不存在铁素体相。图3-47给出了由JMat Pro7.0计算得到两种钢的CCT曲线，表明Al的添加，铁素体的转变范围明显扩大。如图3-47所示，在0.5℃/s冷却速率下，添加Al元素的钢中，铁素体转变开始温度为734℃，而对于添加Cr钢，却不会发生铁素体转变。这表明在连续冷却过程中添加Al更容易发生铁素体相变。图3-46中的拐点E也表明添加（Cr+Al）钢在712℃时开始形成铁素体。这主要是因为Al的添加增加了形成铁素体的化学驱动力[29]。在添加（Cr+Al）钢中，铁素体的形成导致未转变奥氏体的体积分数减少，从而导致贝氏体和马氏体的数量减少（图3-46中$H_2<H_1$），而且铁素体的形成会将铁素体中多余的碳扩散到周围未转变的奥氏体中，从而提高未转变奥氏体的稳定性，降低其M_s点。因此，与添加Cr钢相比，添加（Cr+Al）钢中出现了更多的贝氏体和更少的马氏体。

同样地，利用杠杆定律（$f=ON/MN$；f为包括马氏体和贝氏体相变的相对体积分数）计算出相对体积分数与温度的变化曲线。图3-48（a）为特定温度下相变的相对体积分数的示例。根据杠杆定律，图3-48（b）中展示了两种钢的相变相对体积分数随温度的变化曲线。结果可以看出，相变体积分数与温度的变化曲线遵循典型的“S”曲线。此外，Al元素的添加导致“S”曲线向右移动，表明Al元素的添加促进了贝氏体相变。

与添加Cr钢相比，添加（Cr+Al）钢强度下降，总伸长率增加。这可以归因于添加（Cr+Al）钢中铁素体和贝氏体含量的增多，以及马氏体量的减少。添加Al元素后，PSE仅从7.91GPa · %增至8.70GPa · %，表明连续冷却处理过程中，Al元素的添加对贝氏体钢拉伸性能的增强作用较小。

3.6.4 小结

本节设计了三种低碳贝氏体钢（Base钢，添加Cr钢和添加（Cr+Al）钢），

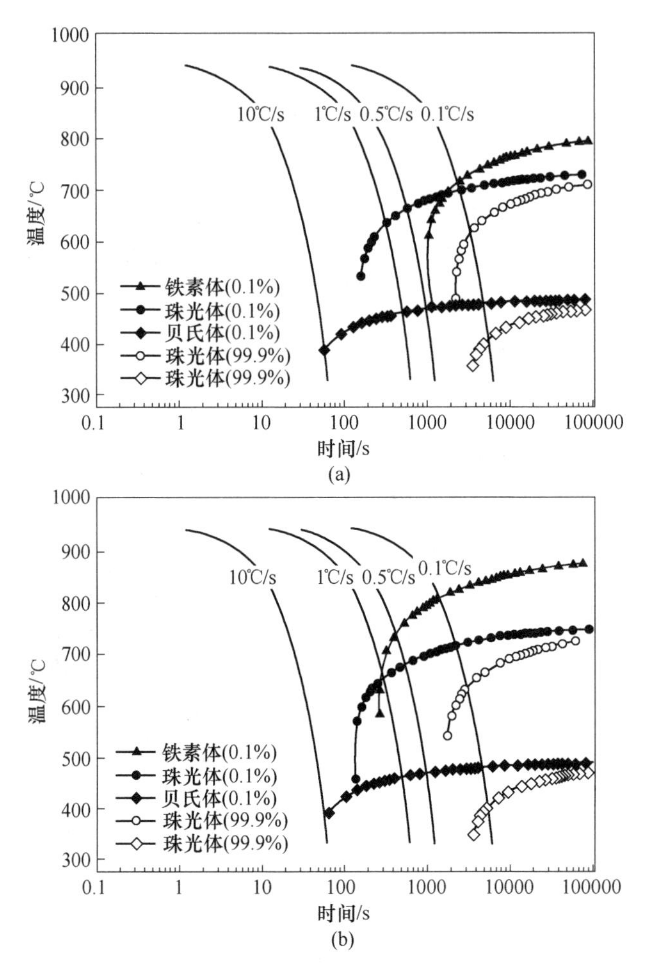

图 3-47　两个钢种理论计算的 CCT 曲线图

（a）添加 Cr 钢；（b）添加（Cr+Al）钢

通过金相和膨胀法研究了 Cr 和 Al 的添加对贝氏体相变、组织和性能的影响，得到以下结论：

（1）等温处理过程中，单独添加 Cr 可以增加贝氏体转变量，而且有效提高低碳贝氏体钢的强度；单独添加 Al 由于促进了铁素体的相变，导致贝氏体相变量减少，并降低了贝氏体钢的力学性能；复合添加 Cr 和 Al 元素，轻微促进了贝氏体相变量，提高了贝氏体钢的性能，但是复合添加弱化了 Cr 元素单独添加的促进效果。

（2）等温处理过程中，尽管添加 Al 会加速初始贝氏体相变并缩短奥氏体向贝氏体的转变时间，但是不含 Al 的低碳贝氏体钢中的贝氏体相变本身就可以在短时间内完成，故不必为了缩短贝氏体相变时间而添加 Al 元素，因为 Al 元素的

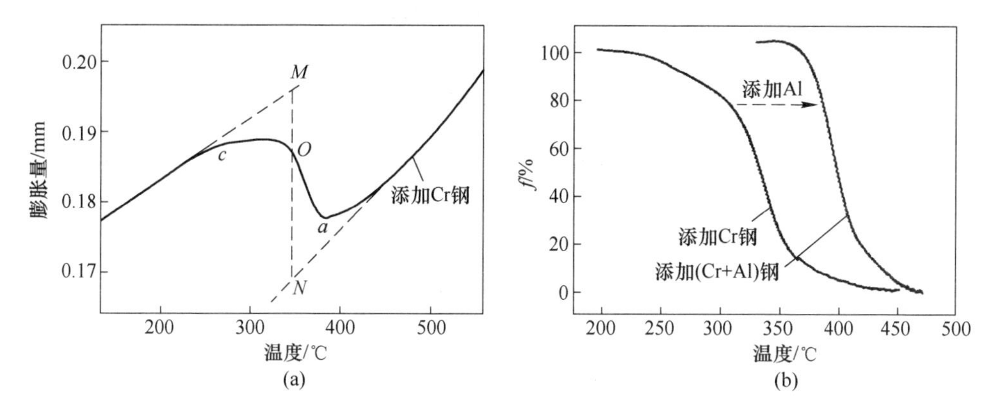

图 3-48　杠杆定律示意图（a）以及相变相对体积分数随温度的变化曲线（b）

添加可能会降低低碳贝氏体钢的力学性能。

（3）对于连续冷却处理工艺，在低碳贝氏体钢中添加 Cr 元素显著增强奥氏体稳定性，容易出现马氏体组织，尽管强度增加，但塑性明显降低。因此，连续冷却工艺条件下，Cr 元素添加量不宜过多，添加 Cr 元素的同时，可以适当降低 C、Mn 等增强奥氏体稳定性元素的含量，从而将贝氏体相变温度调整到合理的区间。添加 Al 明显促进了铁素体和贝氏体的转变，而且铁素体的增多和马氏体的减少导致强度降低，总伸长率增加。

参 考 文 献

[1] Bhadeshia H K D H. Bulk nanocrystalline steel [J]. Ironmaking and Steelmaking, 2005, 32 (5): 405-410.

[2] Bhadeshia H K D H. High performance bainitic steels [J]. Materials Science Forum, 2005, 500-501: 63-74.

[3] Caballero F G, Bhadeshia H K D H. Very strong bainite [J]. Current Opinion in Solid State and Materials Science, 2004, 8: 251-257.

[4] Caballero F G, Miller M K, Garcia-Mateo C, et al. New experimental evidence of the diffusionless transformation nature of bainite [J]. Journal of Alloys and Compounds, 2013, 577: S626-S630.

[5] Bhadeshia H K D H. Bainite in Steels [M]. 2nd edition. London: IOM Communications, 2001.

[6] Wang X L, Wu K M, Hu F, et al. Multi-step isothermal bainitic transformation in medium-carbon steel [J]. Scripta Materialia, 2014, 74: 56-59.

[7] Zackay V F, Justusson W M. High Strength Steels, Special Report [R]. Iron Steel Institute, 1962: 14.

[8] Pickering F B. Physical Metallurgy and the Design of Steels [M]. Applied Science Publishers, London, 1978.

[9] Fu B, Yang W Y, Lu M Y, et al. Microstructure and mechanical properties of C-Mn-Al-Si hot-rolled TRIP steels with and without Nb based on dynamic transformation [J]. Materials Science and Engineering A, 2012, 536: 265-268.

[10] Meyer L, Heisterkamp F, Mueschenborn W. Microalloying 75, Proceedings, Union Carbide Corporation, New York, 1977: 153.

[11] Hoogendoorn T M, Spanraft M J. Microalloying 75, Proceedings, Union Carbide Corporation, New York, 1977: 75.

[12] Rees G I, Perdrix C, Maurickx T, et al. The effect of niobium in solid solution on the transformation kinetics of bainite [J]. Materials Science and Engineering A, 1995, 194: 179-186.

[13] Däcker C Å, Green M, Collet J L, et al. Bainitic Hardenability, RFSR, Contract No-2007-00023 (2010) .

[14] Chen Y, Zhang D T, Liu Y C, et al. Effect of dissolution and precipitation of Nb on the formation of acicular ferrite/bainite ferrite in low-carbon HSLA steels [J]. Materials Characterization, 2013, 84: 232-239.

[15] Kong J H, Xie C S. Effect of molybdenum on continuous cooling bainite transformation of low-carbon microalloyed steel [J]. Materials and Design, 2006, 27: 1169-1173.

[16] Bhadeshia H K D H, Christian J W. Bainite in steels [J]. Metallurgical Transactions A, 1990, 21 (3): 767-797.

[17] Caballero F G, Garcia-Mateo C, Santofimia M J, et al. New experimental evidence on the incomplete transformation phenomenon in steel [J]. Acta Materialia, 2009, 57: 8-17.

[18] Soliman M, Mostafa H, El-Sabbagh A S, et al. Low temperature bainite in steel with 0.26 wt.% C [J]. Materials Science and Engineering A, 2010, 527: 7706-7713.

[19] Qian L, Zhou Q, Zhang F, et al. Microstructure and mechanical properties of a low carbon carbide-free bainitic steel co-alloyed with Al and Si [J]. Materials and Design, 2012, 39: 264-268.

[20] Wang Y H, Zhang F C, Wang T S. A novel bainitic steel comparable to maraging steel in mechanical properties [J]. Scripta Materialia, 2013, 68 (9): 763-766.

[21] Long X Y, Zhang F C, Kang J, et al. Low-temperature bainite in low-carbon steel [J]. Materials Science and Engineering A, 2014, 594: 344-351.

[22] Chang L C. Microstructures and reaction kinetics of bainite transformation in Si-rich steels [J]. Materials Science and Engineering A, 2004, 368 (1-2): 175-182.

[23] Portavoce A, Treglia G. Theoretical investigation of Cottrell atmosphere in silicon [J]. Acta Materialia, 2014, 65: 1-9.

[24] Zhao J Z, De A K, Cooman B C D. Kinetics of Cottrell atmosphere formation during strain aging

of ultra-low carbon steels [J]. Materials Letters, 2000, 44 (6): 374-378.

[25] Bhadeshia H K D H, Edmonds D V. The bainite transformation in a silicon steel [J]. Metallurgical and Materials Transactions A, 1979, 10: 895-907.

[26] Hu F, Wu K M, Zheng H. Influence of Co and Al on pearlitic transformation in super bainitic steels [J]. Ironmaking and Steelmaking, 2012, 39: 535-539.

[27] García-Mateo C, Caballero F G, Bhadeshia H K D H. Acceleration of low-temperature bainite [J]. The Iron and Steel Institute Japan International, 2003, 43 (11): 285-288.

[28] Meyer M D, Mahieu J, Cooman B C D. Empirical microstructure prediction method for combinedintercritical annealing and bainitic transformation of TRIP steel [J]. Materials Science and Technology, 2002, 18: 1121-1132.

[29] Jimenez-Melero E, Dijk N H V, Zhao L, et al. The effect of aluminum and phosphorus on the stability of individual austenite grains in TRIP steels [J]. Acta Materialia, 2009, 57 (2): 533-543.

4 高强贝氏体钢热处理工艺研究

膨胀分析法是研究贝氏体相变的常用方法，而近年来，采用高温显微镜对贝氏体相变进行原位观察的方法受到了越来越多的关注。原位观察法的优点在于实时、动态地观察相变过程，但缺点是只能用来定性分析贝氏体相变，缺少定量研究。据此可以采用高温显微镜原位观察与膨胀量测定相结合的方法，研究钢的奥氏体化及贝氏体相变过程，其中原位观察实验主要进行奥氏体长大和贝氏体相变动态观察，膨胀量主要用来测定贝氏体相变量和整体相变动力学。本章首先介绍高温显微镜原位观察技术在高强贝氏体钢热处理和相变研究领域的应用。

此外，贝氏体组织可以通过连续冷却和等温转变两种方式获得，超高强贝氏体钢等温工艺设计一般涉及两个主要温度的设定，即贝氏体等温相变温度与奥氏体化温度。贝氏体等温相变温度影响各相的比例、尺寸、残余奥氏体稳定性等，从而影响贝氏体钢的力学性能。同时，贝氏体相变动力学与母相奥氏体状态有密切联系，而奥氏体化温度是影响母相奥氏体状态的重要因素。因此，高强贝氏体钢热处理过程中奥氏体化与等温淬火工艺对贝氏体相变动力学和组织性能的影响也是本章主要阐明的问题之一。最后，近年来出现了一些新型热处理工艺，如 M_s 以下等温淬火工艺、多步等温淬火工艺等可以有效细化贝氏体钢的组织、改善钢的力学性能，本章将对这些工艺进行介绍。

4.1 CCT 曲线

CCT 是英文 Continuous Cooling Transformation 的缩写，是指钢的过冷奥氏体连续冷却转变。钢在不同速度下冷却的过程中，由于获得不同组织的孕育期不同，且冷却速度快慢产生的过冷度不同，导致了碳元素扩散和不同组织形核的差异，最终影响室温时的组织种类及分布。CCT 曲线的绘制是通过测定不同冷速下所研究组织的相变开始点和结束点，并将这些点用光滑的曲线连接起来。通过 CCT 曲线，可以知道不同冷速下过冷奥氏体的转变产物，也可以通过 CCT 曲线确定冷却速度，以回避我们不希望得到的组织。目前有很多可以计算钢 CCT 曲线的热力学软件（例如 Thermo-calc、JMatPro、Mucg83 等），这些软件模拟计算结果对钢的加工和热处理工艺制度制定具有一定的参考价值，但模拟结果与实际情况仍存在不少偏差。因此，通过实验测定钢的 CCT 曲线仍然是研究钢热处理的基础工作之一。只有了解钢的相变过程，才能高效地设计出提高性能、节约成本的热处理工艺。

4.1.1 CCT 曲线的测定方法

CCT 曲线的测定方法有很多，如膨胀法、磁性法、差热分析法、金相法等，通过这些方法确定相关组织相变的开始点和结束点。其中膨胀法较为常见，膨胀法测定钢 CCT 曲线的原理是：钢中奥氏体及其转变产物铁素体、珠光体、贝氏体和马氏体等具有不同的比容，钢试样在加热或者冷却时，除了热胀冷缩引起的体积变化之外，还有因相变引起的体积变化。如果没有发生相变，膨胀量随温度呈线性变化；相反，如果有相变发生，膨胀曲线上会出现转折，转折点对应的临界温度即为相变开始温度或结束温度。通常可采用切线法确定临界温度，如图 4-1 所示，取直线部分的延长线与曲线部分的分离点对应的温度为临界点温度（a 和 b）。此膨胀曲线为降温过程中的膨胀曲线，所以 a 为相变开始点，b 为相变结束点。

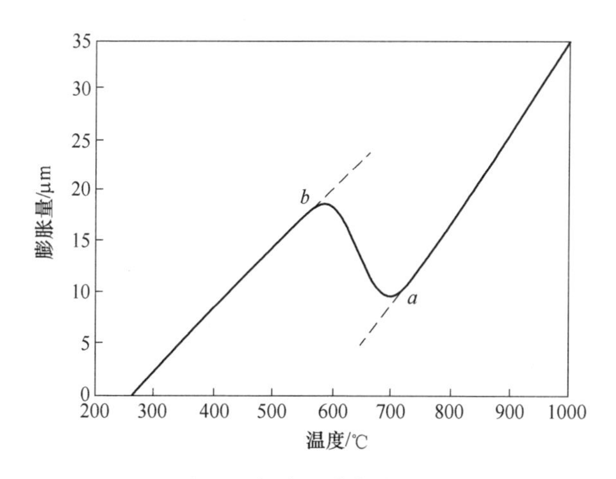

图 4-1 切线法确定临界点

4.1.2 高强贝氏体钢 CCT 曲线测定

以表 4-1 中低碳和中碳高强贝氏体钢为例，介绍 CCT 曲线的测定。在热模拟机上进行连续冷却转变实验，首先进行奥氏体化，随后以不同的冷速冷却至室温，记录试样的膨胀量变化。热模拟实验后，观察各冷速对应的金相组织，为辨别相变类型提供参考。根据热模拟膨胀曲线和金相组织，找出不同冷速下的相变临界点温度及其对应的时间，并绘制出实验钢的 CCT 曲线。

表 4-1 实验钢化学成分 （wt. %）

钢种	C	Si	Mn	Mo	Fe
24C	0.24	1.5	1.94	0.13	余量
40C	0.40	2.00	2.81	—	余量

实验钢冷却过程中典型膨胀曲线如图 4-2 所示，如前所述，冷却过程中过冷奥氏体向其他组织转变时会在膨胀曲线上出现转折点，对应着相变的开始或者结束，不同冷速对应的膨胀曲线的转折点各不相同，运用切线法确定各个冷速对应的相变转折点，即可以确定该冷速下相变开始温度和结束温度，及其对应的时

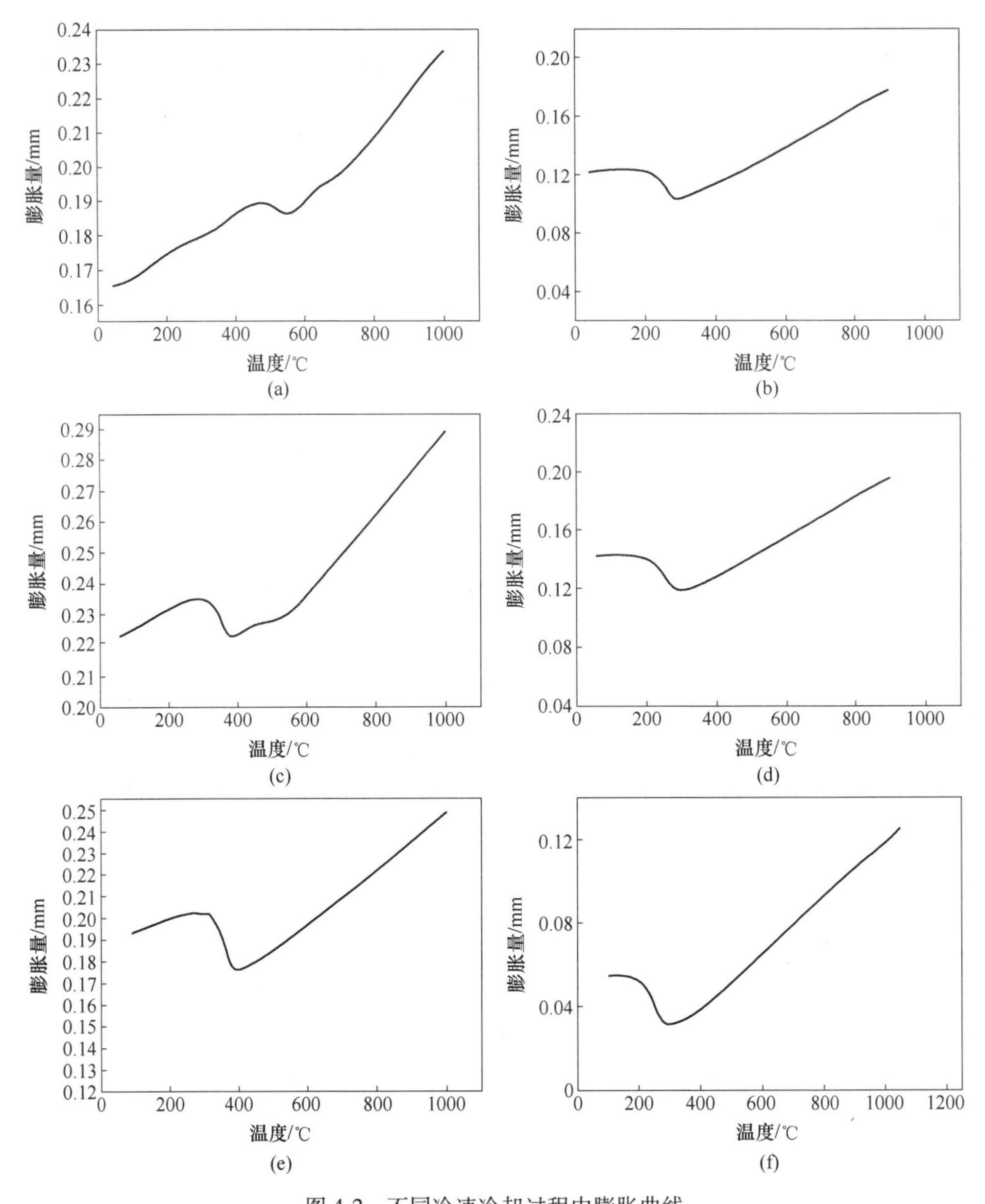

图 4-2　不同冷速冷却过程中膨胀曲线

(a) 0.5℃/s, 24C 钢; (b) 0.5℃/s, 40C 钢; (c) 5℃/s, 24C 钢; (d) 5℃/s, 40C 钢; (e) 20℃/s, 24C 钢; (f) 20℃/s, 40C 钢

间。由图 4-2 可以看出，24C 低碳贝氏体钢冷却膨胀曲线出现多个转折点，即发生多次相变，以 0.5℃/s 冷速冷却时，在 600~800℃之间首先发生相变，随后在 400~600℃之间发生第二次相变，最后在 400℃以下发生第三次相变。当冷却速度增加至 5℃/s，相变仍包含两个阶段，而冷速增加至 20℃/s，大部分相变在 400℃以下发生。40C 中碳贝氏体钢合金元素含量较高，所以过冷奥氏体稳定性较强，不容易发生相变，其相变主要发生在 400℃以下，在 0.5℃/s 慢速冷却时并没有观察到较高温下的铁素体和珠光体相变，这与 24C 低碳贝氏体钢明显不同。

膨胀量曲线可以找出相变开始温度和结束温度，但对相变类型和相变产物仅能做出初步判断，需要结合显微组织进行进一步分析。图 4-3 给出了 24C 低碳贝氏体钢不同冷速下典型显微组织。冷速小于 1℃/s 时，显微组织由铁素体、珠光体和贝氏体组成，随着冷却速度的升高，铁素体和珠光体含量减少，贝氏体含量增多。当冷速达到 5℃/s 时，观察不到铁素体相，显微组织由贝氏体和马氏体组成。继续升高冷速，贝氏体含量减少，马氏体含量增多。当冷速达到 50℃/s 时，显微组织为全马氏体。

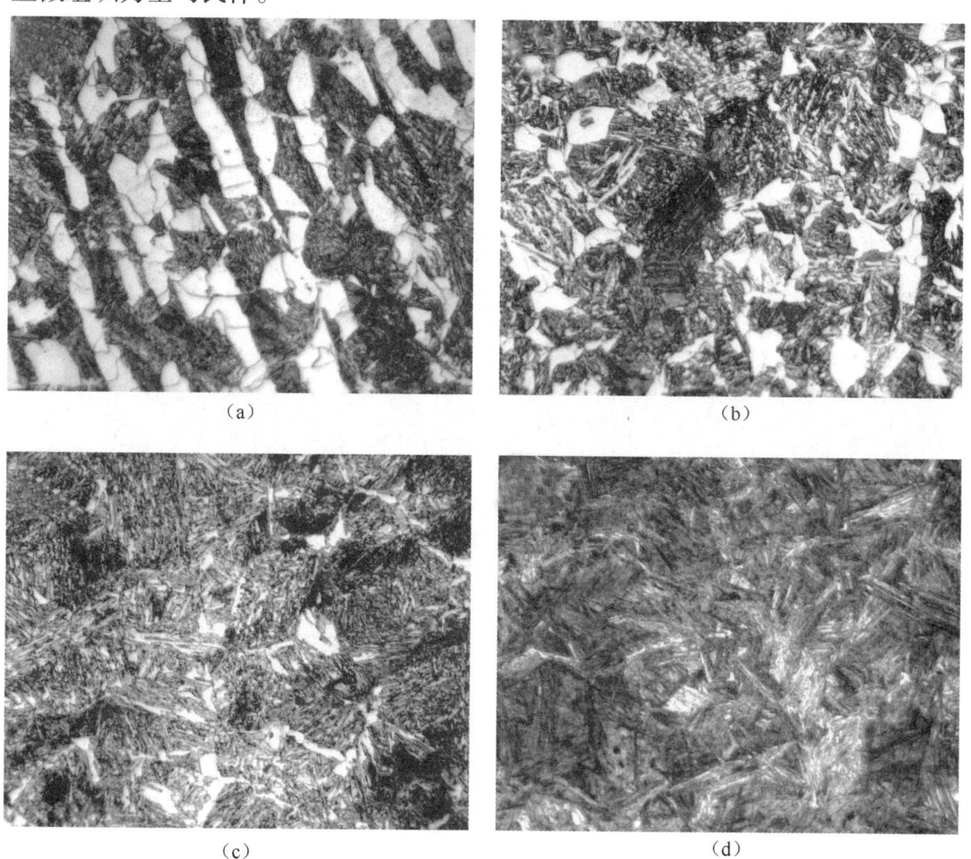

(a) (b)

(c) (d)

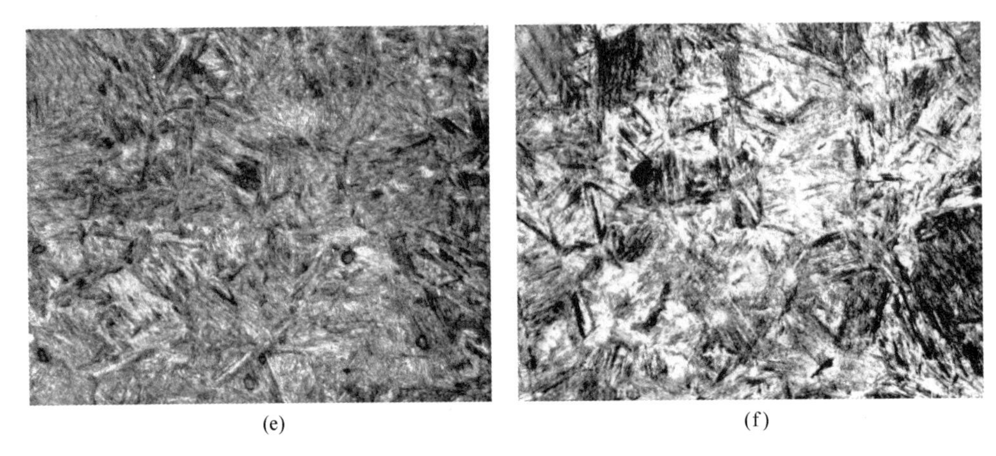

图 4-3 24C 低碳贝氏体钢不同冷速对应的典型显微组织
(a) 0.1℃/s；(b) 0.5℃/s；(c) 1℃/s；(d) 5℃/s；(e) 20℃/s；(f) 50℃/s

40C 中碳贝氏体钢不同冷速冷却后显微组织如图 4-4 所示。可以看出，在较

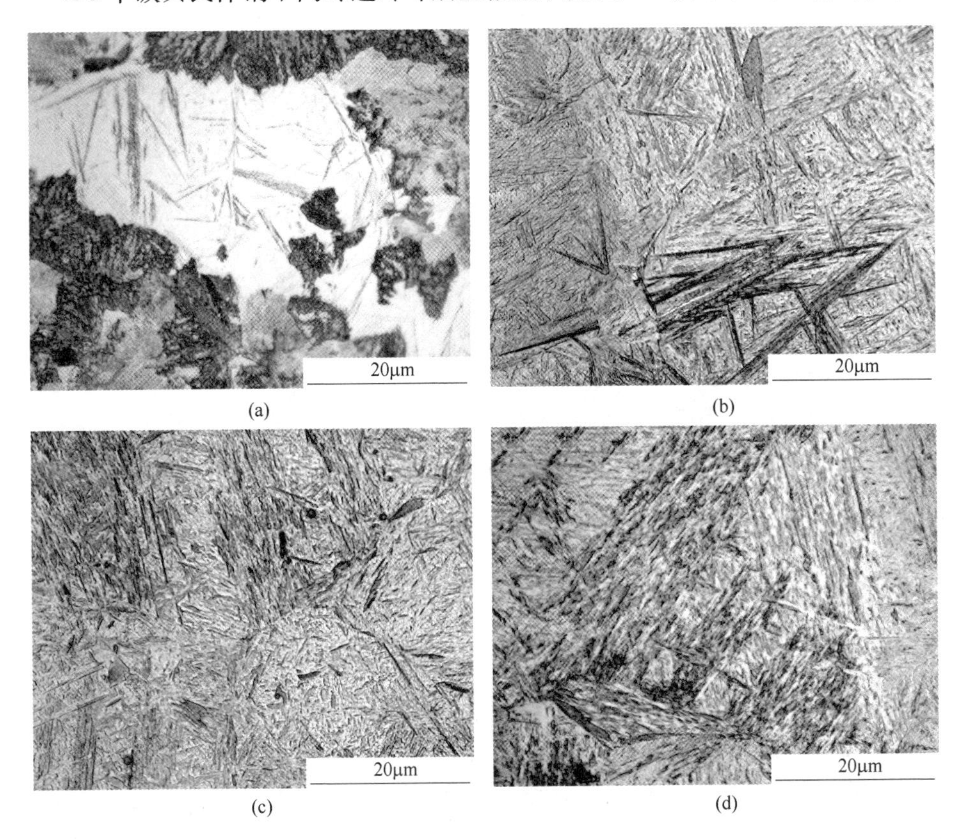

图 4-4 40C 中碳贝氏体钢不同冷速对应的典型显微组织
(a) 0.2℃/s；(b) 0.5℃/s；(c) 1℃/s；(d) 20℃/s

低冷速下（0.2℃/s）冷却时获得珠光体、贝氏体和马氏体组织，未见铁素体相。当冷却速度增加至0.5℃/s时，珠光体消失，显微组织由贝氏体和马氏体组成，这与24C低碳贝氏体钢明显不同。

根据膨胀曲线找出各个冷速下相变开始温度和结束温度，及其对应的时间，并结合显微组织确定相变类型，然后在温度-时间图中绘制钢的CCT曲线，如图4-5和图4-6所示。

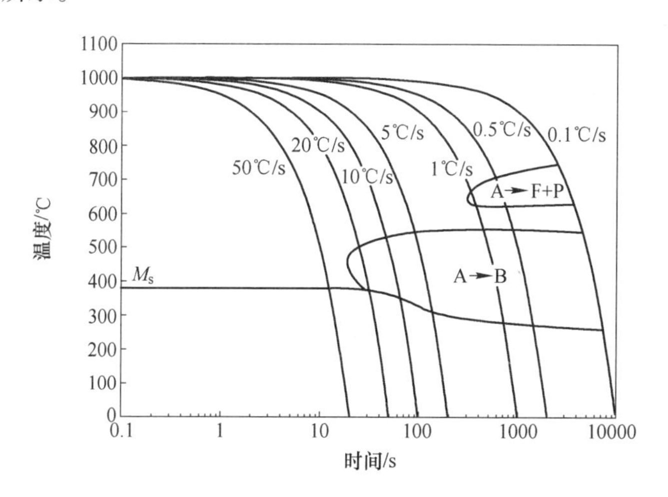

图4-5　24C低碳贝氏体钢CCT曲线

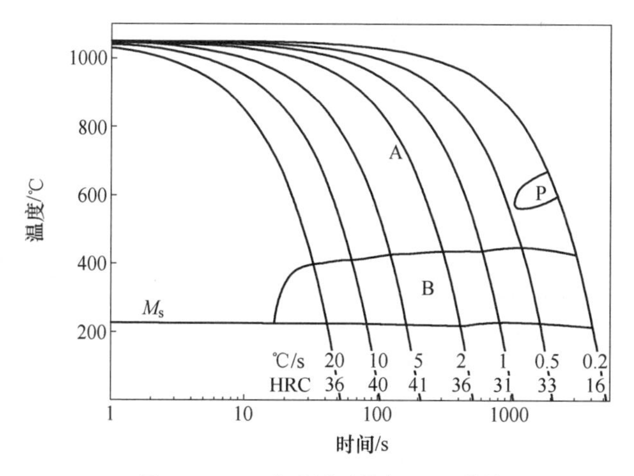

图4-6　40C中碳贝氏体钢CCT曲线

4.2　奥氏体长大与贝氏体相变原位观察

热模拟实验通过膨胀曲线的测量，能够比较清楚地测出奥氏体化开始温度和结束温度以及等温过程中贝氏体的转变速度及转变量，但不能观测组织的变化过程，如奥氏体化过程、奥氏体晶粒长大情况以及贝氏体相变过程。对组织变化过程的观察通常采用金相法，如对奥氏体晶粒大小的观察是将所研究钢种加热到不同保温温度并保温不同时间奥氏体化后直接淬火到室温，形成马氏体组织，用含苦味酸的腐蚀液腐蚀后，观察原始奥氏体晶粒的大小。贝氏体相变过程观察也是在要观察的温度和时间下淬火，通过观察此条件下的组织形态来分析组织转变情况。这种方法耗时长，工作量大，而且每次观察的视野不同，容易造成误差，同时传统的观察方法不能连续地观察晶界的形成、推移、变化以及组织的动态变化过程。利用高温激光共聚焦显微镜（Laser Scanning Confocal Microscope，LSCM）可对奥氏体化、奥氏体晶粒长大、贝氏体相变等过程进行原位观察，可以实时观察晶界的形成、推移、变化以及组织的动态变化过程，从而直观地分析相变过程和组织演变情况。下面以实验钢 Fe-0. 4C-2. 0Si-2. 8Mn（wt. %）的等温相变工艺为例，介绍高温显微镜原位观察技术在高强贝氏体钢热处理工艺、奥氏体化动态观察、贝氏体相变动态观察等方面的应用。如图 4-7 所示，在高温共聚焦显微镜上进行等温相变热处理工艺的模拟实验，首先将试样以 5℃/s 加热至 850℃、1000℃和 1100℃ 三个奥氏体化温度，保温 30min，之后以 5℃/s 快速冷却至 330℃，保温 60min，最后空冷到室温。

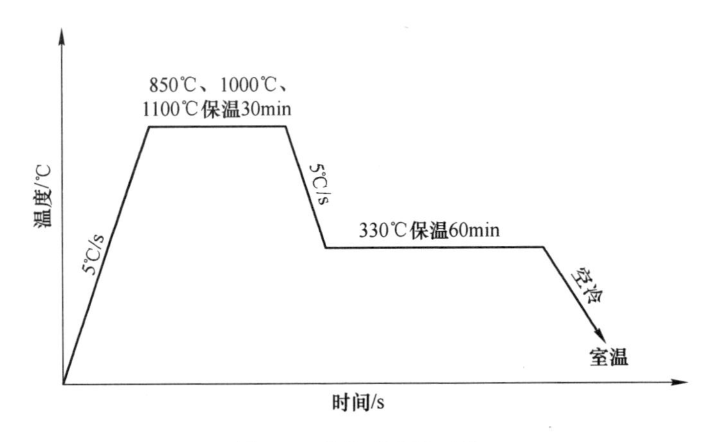

图 4-7　热处理实验工艺

日本 Lasertec 公司将共聚焦激光扫描电镜与红外加热相结合，制造的可以原位观察材料高温组织演化的实验设备，它的出现使实时、直观研究材料的熔化、凝固及钢铁各种转变，如珠光体、贝氏体、马氏体等转变成为现实。实验设备如图 4-8 和图 4-9 所示。

该实验设备的具体参数及特点如下：

（1）试样空间为 ϕ10mm×10mm，可对应于惰性气体、大气、真空和还原性

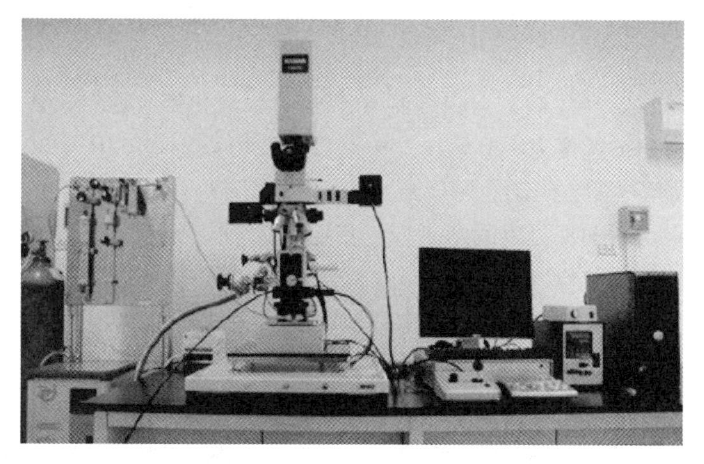

图 4-8 高温激光共聚焦显微镜

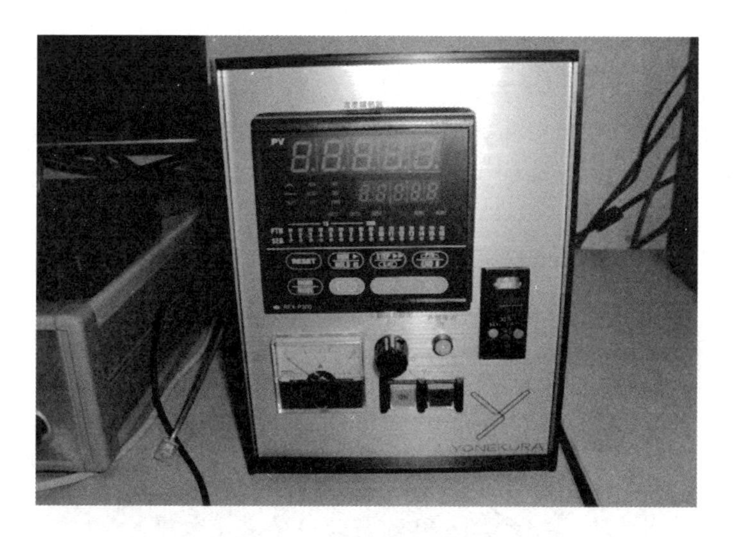

图 4-9 可编程温度控制器

气体的气密构造椭圆形反射集光空间。真空度可达 10^{-2}Pa，而高纯度惰性气体精制滤膜的使用，可以防止试样氧化。

（2）采用 1.5kW 卤素光源红外反射激光，加热速度快，可在 30s 内由室温加热至 1500℃。最高加热温度为 1750℃，最大加热速度为 300℃/s。

（3）采用 He 气压入式急冷机构，最快冷速可达到 100℃/s。

（4）数字电源控制和热电偶相互配合来达到温度的精准控制。

（5）观察窗口具有气流吹扫功能，防止观察窗上附着升华物，能长期保持清晰的观察效果。

（6）温度控制程序有 16 个模式、16 区间，以及在监视器上简单的实现 PID 设定。

（7）试样容器（坩埚）有白金制（ϕ5mm）、氧化铝（ϕ6. 5mm、ϕ9mm）。

（8）最高扫描速度为 120 帧/s，根据像素数可以选择 60Hz、30Hz、15Hz 的扫描频率。高精度的数码动态图像最大为 2048×2048，一般为 1024×1024。

（9）数码动态图片可以间断录像、指定时间/指定温度区间录像，并能将长时间的录制结果存于 PC 中。

高温激光共聚焦显微镜在实验中金属固态相变过程和加热到熔点时的示意图如图 4-10 和图 4-11 所示。

4.2.1　奥氏体长大过程原位观察

4.2.1.1　奥氏体化温度的影响

以 1100℃奥氏体化试样为例，对钢的奥氏体化过程原位观察进行阐述。图 4-12 为从室温加热到 1100℃过程中试样固定视野下的原位显微组织图。从 650℃到 820℃，原位观察到的试样表面基本没有变化，隐隐约约有很浅的沟壑产生，而 820℃到 850℃仅仅 6s 的加热时间，表面产生了剧烈变化。当温度超过 850℃后，在随后的加热过程中，显微组织未发现明显变化。

图 4-10　金属固态相变过程（马氏体相变）原位观察示意图

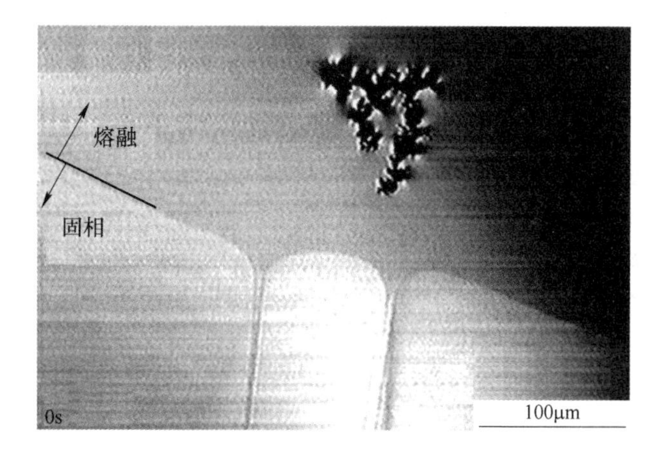

图 4-11 金属加热到熔点时的示意图

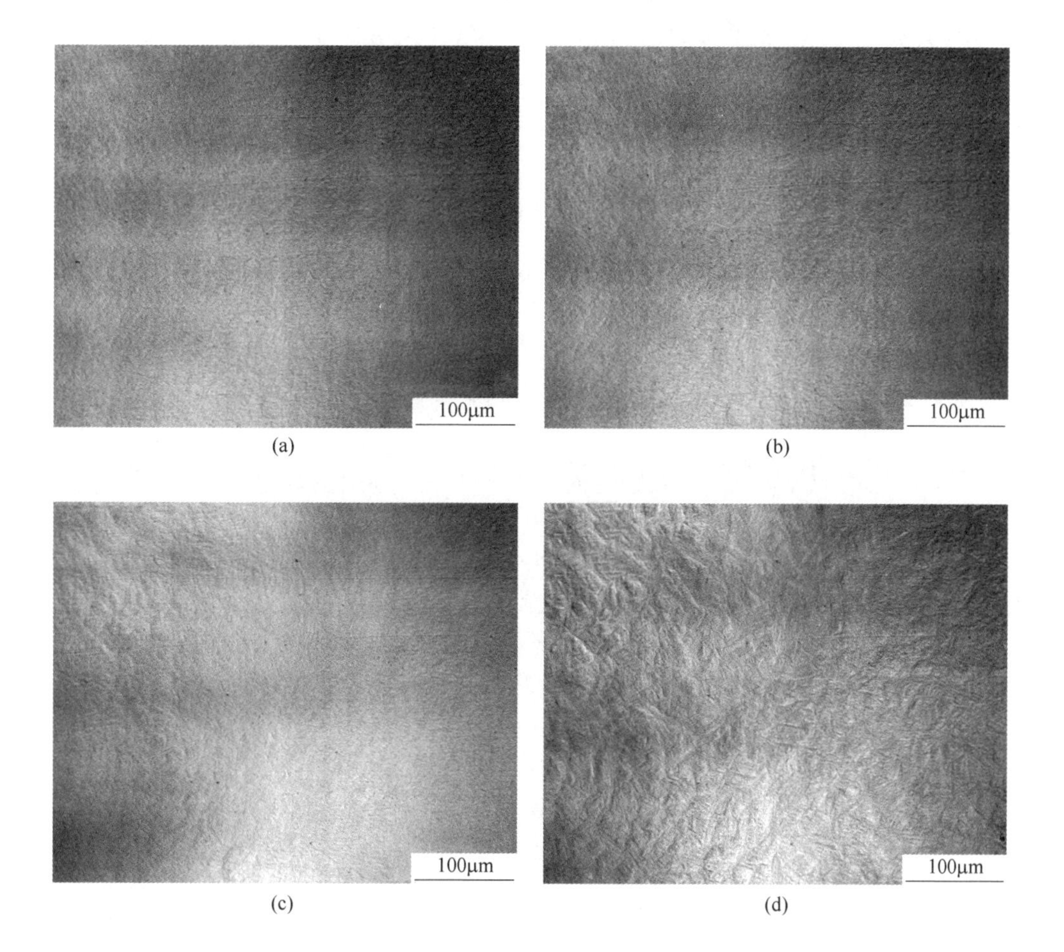

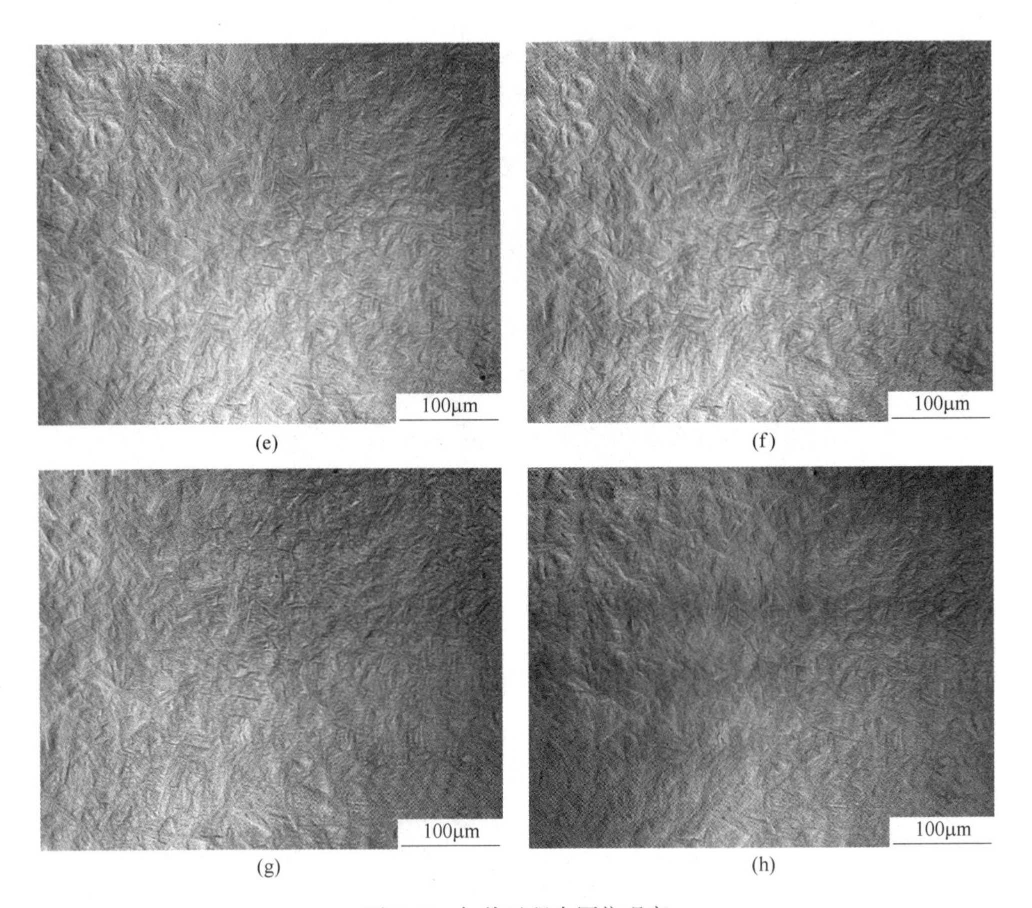

(e)　(f)　(g)　(h)

图 4-12　加热过程中原位观察

(a) 650℃；(b) 770℃；(c) 820℃；(d) 850℃；(e) 900℃；(f) 1000℃；(g) 1050℃；(h) 1100℃

850℃、1000℃、1100℃三个奥氏体化温度下保温结束时的原位观察组织图如图 4-13 所示。850℃保温 30min 后奥氏体晶粒尺寸约为 20μm，1000℃保温 30min 后奥氏体晶粒尺寸增加至约 35μm，仅部分晶粒出现粗化。当奥氏体化温度升高至 1100℃，其晶粒尺寸明显增加至约 80μm，即奥氏体晶粒已经发生了明显粗化，所以该实验钢奥氏体晶粒粗化的临界温度介于 1000℃和 1100℃之间。

奥氏体晶粒长大一般发生在加热和保温过程中，考虑到晶粒尺寸的遗传效应，母相奥氏体晶粒尺寸影响热处理后相变产物的晶粒尺寸，对奥氏体晶粒长大情况进行研究是必要的，以便为热处理时加热温度和保温时间的确定提供指导。以往大多采用传统金相法对奥氏体晶粒长大行为进行研究，即将奥氏体化后的试样直接淬火至室温，随后在显微镜下观察原奥氏体晶粒。岳重祥等人[1]将 GCr15 钢加热到 950℃、1050℃、1100℃、1150℃保温 0s、40s、120s、300s、400s 后淬火观察原奥氏体晶界得出了 GCr15 钢奥氏体晶粒随温度的增加呈指数增长，随保

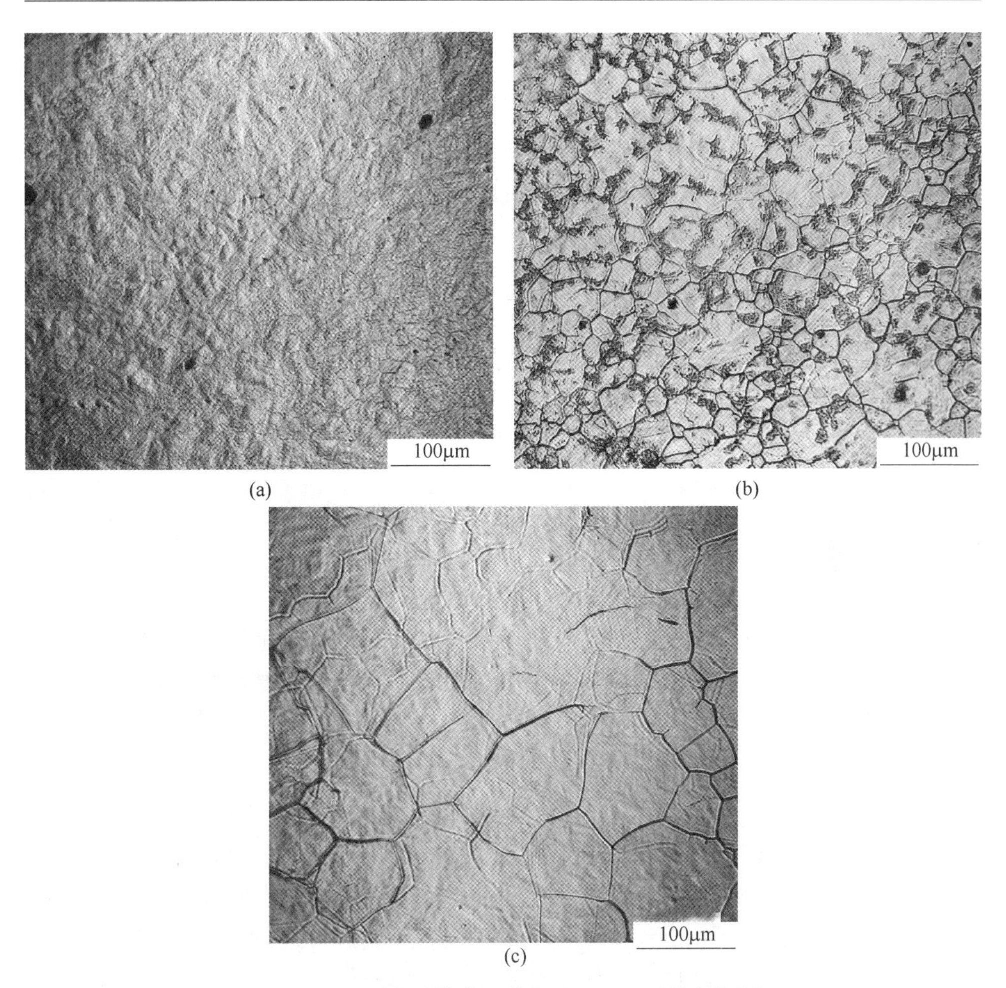

图 4-13 不同奥氏体化温度保温 30min 后的组织图

（a）850℃保温 30min；（b）1000℃保温 30min；（c）1100℃保温 30min

温时间的延长呈抛物线关系长大的结论。钟云龙等人[2]则将 33Mn2V 钢在 900℃、950℃、1150℃、1200℃、1250℃保温 10min 后淬火，研究了这种钢保温温度对奥氏体晶粒尺寸的影响，并给出了这种钢奥氏体晶粒大小与温度关系的方程。陈永等人[3]也对微合金钢中奥氏体晶粒长大规律进行了研究。这些研究都是通过室温组织来间接推断连续变温或者连续时间里的奥氏体晶粒长大行为，尽管也比较精确地给出了奥氏体晶粒的长大规律，但不能实时观察晶粒长大情况，对于晶粒是如何长大、长大过程中晶界是如何移动等难以给出解释和说明。

由于晶粒长大的驱动力是晶粒长大前后的界面能差，而细晶粒晶界多，界面能高，粗晶粒界面少，界面能低，因此晶粒长大是金属自由能降低的自发过程。研究表明，晶粒长大阶段，晶界移动的驱动力与其界面能成正比，与界面的曲率半径成反比。所以，奥氏体晶粒长大时，晶界都是向晶界曲率中心移动的，这与再结晶晶界移动的方向相反。奥氏体晶界移动示意图如图 4-14 所示。

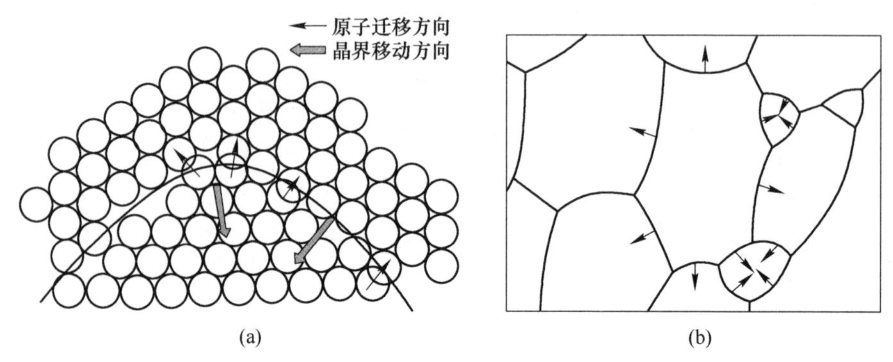

图 4-14　晶粒长大时的晶界迁移示意图

（a）原子通过晶界扩散；（b）晶界移动方向

晶粒长大分晶粒正常长大和晶粒的反常长大。正常长大是指长大后晶粒尺寸均匀，大部分晶粒呈等轴状均匀分布。反常长大是指极少数晶粒具有特别强的长大能力，其尺寸超过原始晶粒尺寸的几十倍甚至上百倍。一般情况下，这种异常粗大的晶粒只是在金属局部区域出现。为了清楚观察晶粒长大，晶界迁移情况，这里选择晶粒明显长大的 1100℃保温 30min 加热工艺为例进行说明。晶粒正常长大一般遵循以下规律：晶界移动总是朝晶界曲率中心方向移动；随着晶界的迁移，小晶粒逐渐被相邻大晶粒吞并，晶界则趋向平直化；三个晶粒的晶界交角趋于 120°，使晶界处于平衡状态。如图 4-15 所示为晶粒正常长大动态组织变化图，图中白色椭圆标示的小晶粒（晶粒边数小于 6）随着保温时间的延长，晶界逐渐向曲率中心方向移动；在移动的过程中，由于晶界周围原子发生了扩散，导致晶界移动路径上自由表面发生体积变化，形成水波纹状的迁移痕迹，最后被相邻的三个较大晶粒吞并，所形成的晶界从图中可以看出的确接近直线，吞并后的三个晶粒的晶界交角也趋于 120°。

晶粒在经过一段时间的长大后，正常长大晶粒在继续保温的过程中变化较缓慢，而反常长大的晶粒长大速度异常的快，与其周围已经长大的晶粒形成明显的大小差异。在 1100℃保温 30min 中观察到一个反常长大的晶粒，如图 4-16 所示。图 4-16（a）~（d）分别为 1100℃下保温 120s、360s、840s 和 1800s 时的原位观察组织图。图中虚线标示的晶粒在保温 900s 内基本和其他晶粒一样，晶粒尺寸缓慢增加，图 4-16（c）中箭头代表了晶界迁移方向；在随后继续保温中，其他晶粒仅仅有小幅度的增加，而此晶粒迅速长大。在长大的过程中，将已经长大的晶粒（如图 4-16（c）（d）中白色方框内的晶粒）吞并，长大过程中同样可以看

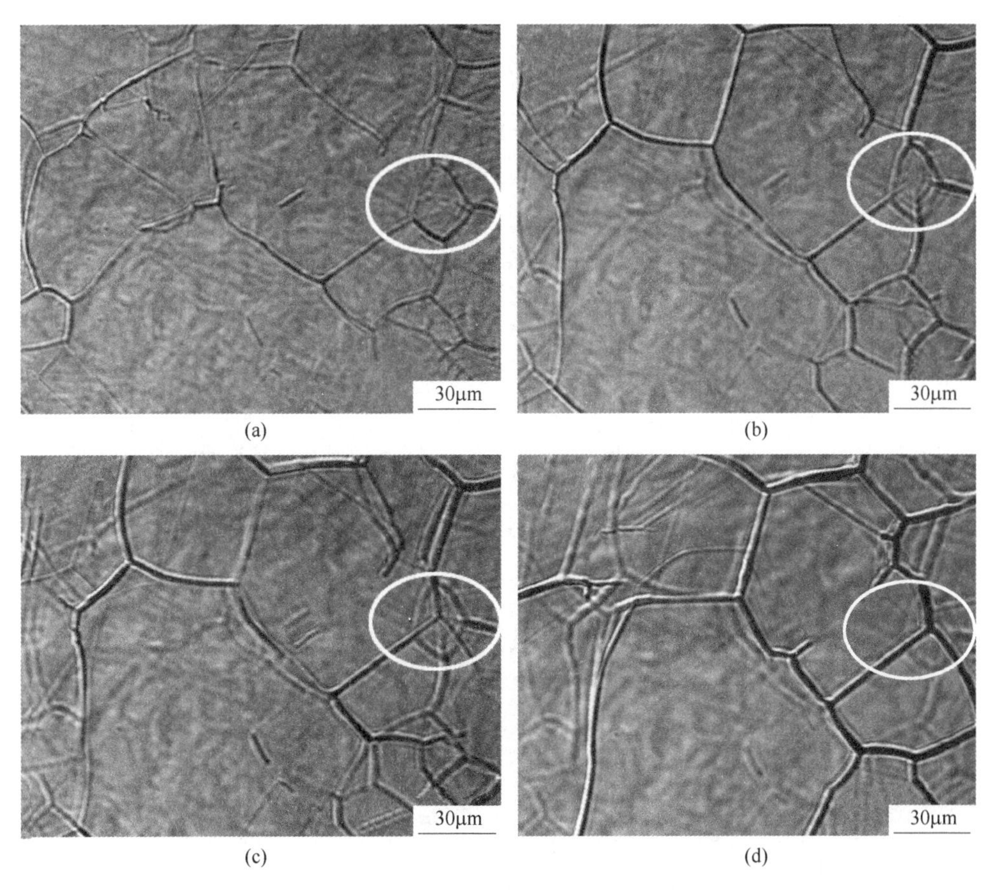

图 4-15 不同保温时间下奥氏体晶粒长大过程
（a）保温 480s；（b）保温 900s；（c）保温 1080s；（d）保温 1800s

到试样表面晶界移动的痕迹，最后形成的晶粒尺寸接近 300μm，如图 4-16（d）中虚线所示。

4.2.1.2 奥氏体晶粒长大方式

图 4-17~图 4-19 为 1100℃试样不同保温时间后高温显微组织图。可以观察到奥氏体化过程中晶粒长大的三种方式。第一种奥氏体晶粒长大方式为奥氏体晶界的迁移和扩张，如图 4-17（a）~（c）中圆圈区域内的晶粒长大过程。第二种晶粒长大方式为多个晶粒合并成一个大晶粒，若干小晶粒在长大的过程中，相邻的晶界逐渐淡化消失，最终形成一个较大的奥氏体晶粒，如图 4-18 圆圈标记区域内的晶粒形成过程。图 4-19 给出了奥氏体晶粒长大的第三种方式，即中间晶粒被周围晶粒分割和吞并，中间晶粒消失，周围晶粒长大。

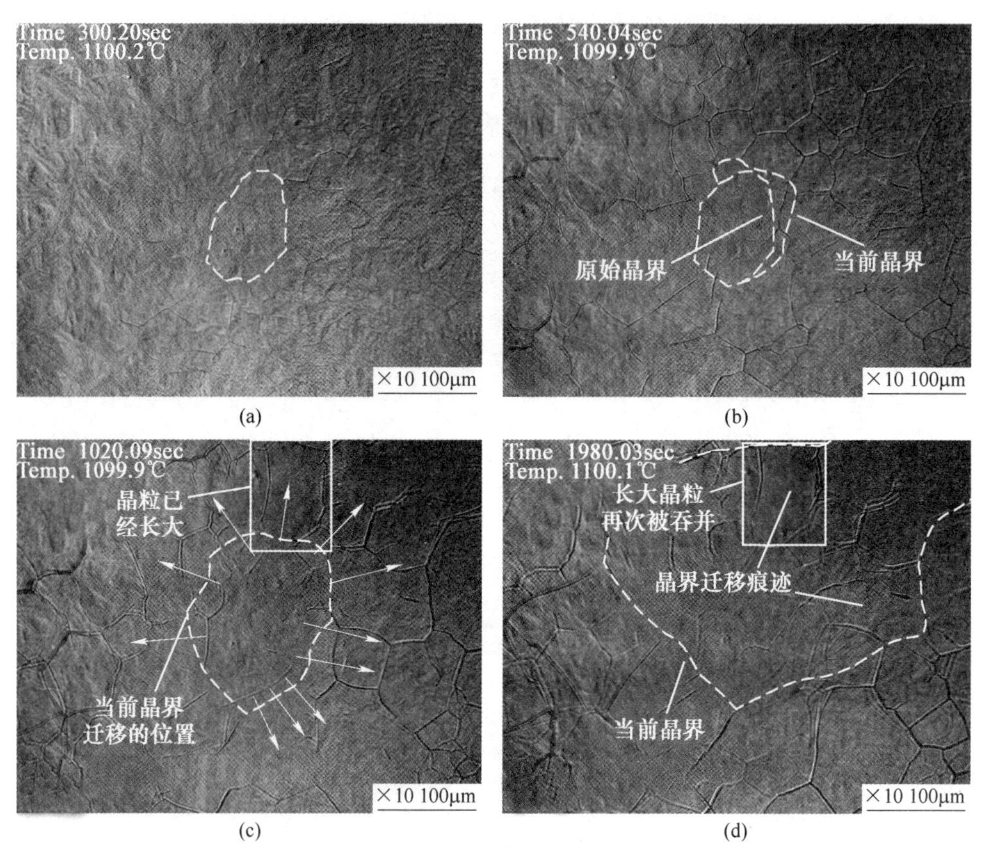

图 4-16　1100℃不同保温时间下奥氏体晶粒反常长大过程
（a）保温 120s；（b）保温 360s；（c）保温 840s；（d）保温 1800s

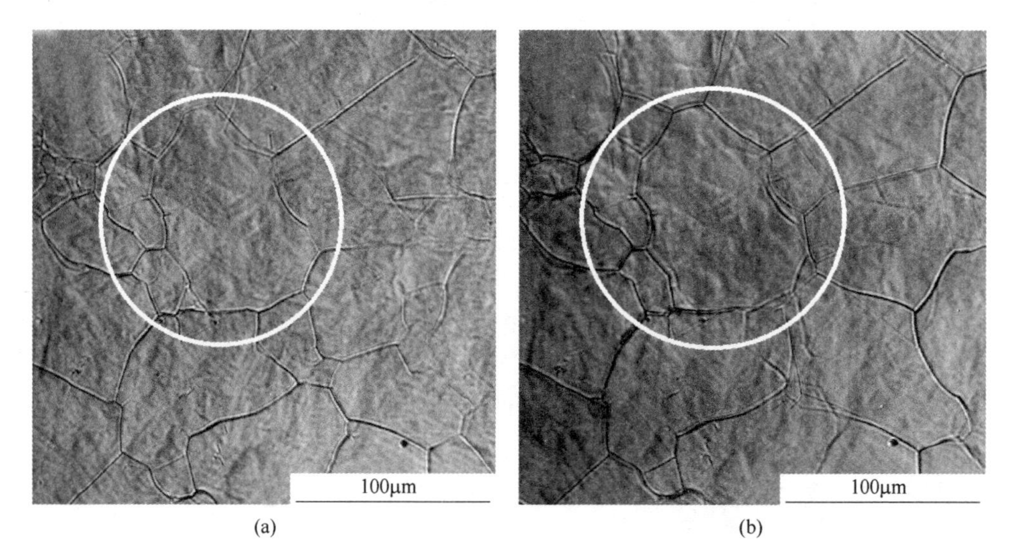

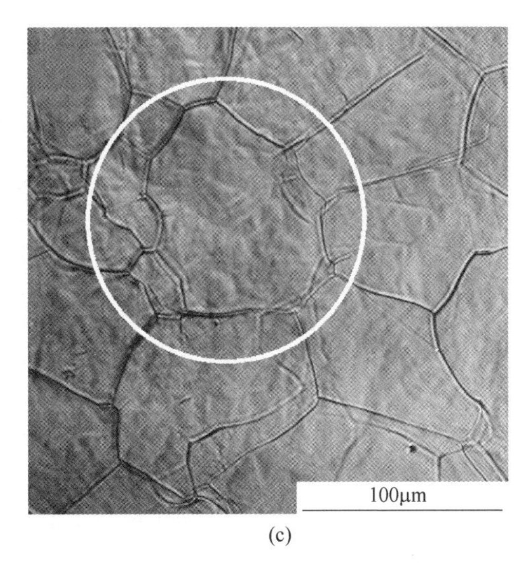

(c)

图 4-17 不同保温时间下奥氏体化过程中晶界迁移长大示意图

（a）保温 180s；（b）保温 380s；（c）保温 535s

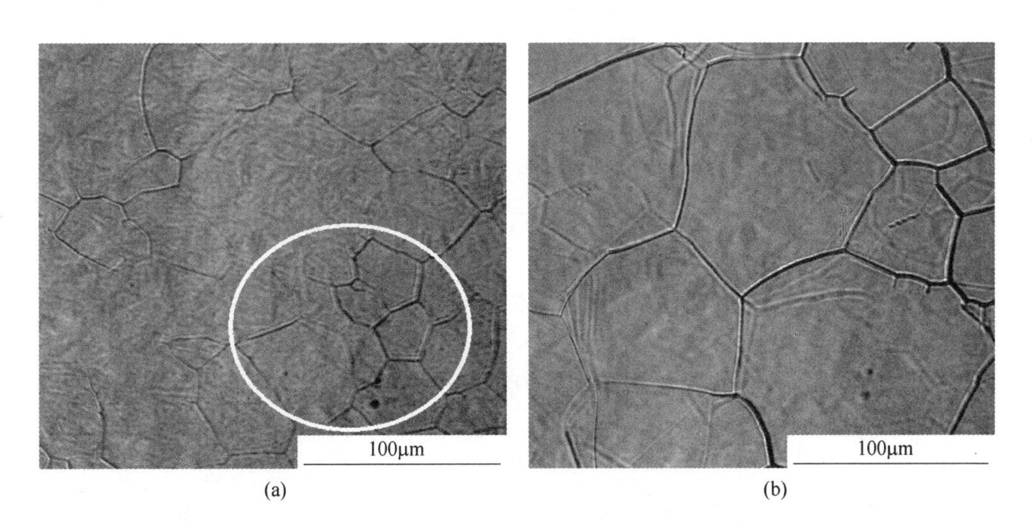

(a) (b)

图 4-18 奥氏体化过程中晶粒合并长大示意图

（a）合并前；（b）合并后

上述长大方式是奥氏体晶粒长大的三种基本方式，在观察奥氏体晶粒长大的过程中，发现奥氏体晶粒可能单独以其中一种方式长大，也可能以复合方式长大，即结合其中任意两种方式长大，甚至出现结合三种方式进行长大的现象。只有通过高温显微镜原位观察方法才能直接记录和分析上述三种长大方式的动态过

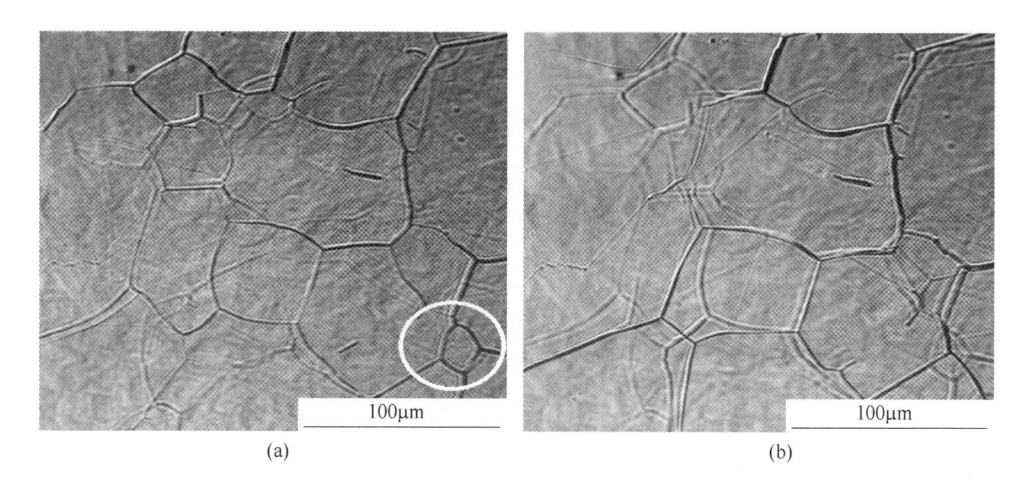

(a)　　(b)

图 4-19　奥氏体化过程中晶粒分割长大示意图
（a）分割前；（b）分割后

程，实现对奥氏体晶粒长大过程更直观的研究，常规金相法只能得到某一保温温度和时间下淬火后的奥氏体晶粒大小，很难进行奥氏体晶粒长大过程的动态研究，高温显微镜原位观察为奥氏体晶粒长大动态过程的研究提供了新的方法。

4.2.1.3　奥氏体长大规律

分析两种不同奥氏体化温度下的奥氏体晶粒大小的动态变化可知，对于本实验用钢，当奥氏体化温度高于 1100℃时，奥氏体晶粒会显著长大，甚至发生粗化；当奥氏体化温度低于1000℃时，奥氏体晶粒不会发生粗化。一般奥氏体晶粒尺寸随保温时间的增加而增大，奥氏体晶粒尺寸随保温时间的变化规律可用 Beck 方程[4]描述：

$$D^n - D_0^n = Kt \tag{4-1}$$

式中，n 为晶粒长大的时间指数；K 为速率常数；t 为保温时间；D 为奥氏体晶粒平均直径；D_0为保温开始时奥氏体初始晶粒的平均直径（对应保温时间为 0 时的晶粒尺寸），根据高温显微镜组织照片结果测得 1100℃时 D_0为 33μm，1000℃时 D_0为 24μm。

n 和 K 是与材料和保温温度有关的参数，可由实测数据计算得到。在高温显微镜组织照片上，采用线性截距法测量奥氏体晶粒尺寸，即在组织照片上做若干条截线，测量线段穿过的晶粒数，并通过下式计算奥氏体晶粒平均尺寸：

$$D = L/(MN) \tag{4-2}$$

式中，L 为线段的长度；N 为线段穿过的晶粒数；M 为显微镜照片放大的倍数。

采用 Beck 方程对不同保温时间的奥氏体晶粒尺寸数据进行拟合，得到实验钢种在1000℃和1100℃奥氏体化温度下，奥氏体晶粒尺寸随保温时间的变化规律：

1000℃时　$$D^{2.5} - 33^{2.5} = 27.2t \tag{4-3}$$

1100℃时　$$D^{3.3} - 24^{3.3} = 60.0t \tag{4-4}$$

图4-20为计算结果与实测值的比较。图中离散点为实测值，曲线为模型计算值，可以看出计算模型具有较高的精度。

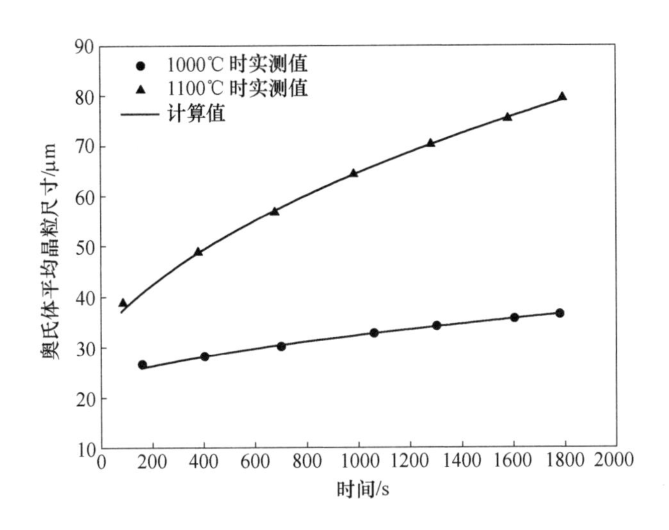

图4-20　Beck方程计算值与实测结果比较

4.2.2　奥氏体孪晶动态演变过程

原位观察除了能直接看到奥氏体长大的动态过程，还能观察奥氏体孪晶的动态演变过程。图4-21为1100℃奥氏体化试样高温显微镜组织，可以看到试样在1100℃保温393s时，内部出现孪晶线，如图4-21（a）指示线A和B所示，继续保温到740s时，A处的孪晶线消失，C处产生了新的孪晶线，如图4-21（b）所示。一般退火时产生的孪晶比较稳定，不容易消失，本实验结果证明奥氏体孪晶在等温过程中也有可能消失，奥氏体化过程中，孪晶的出现与消失是一个动态过程。图4-21（c）显示为三角奥氏体孪晶，它对后续贝氏体相变会产生影响。原位观察实验可以实时观察孪晶动态演变过程，这是传统金相法无法实现的，但由于孪晶线的出现与消失是一瞬间，因此无法测量其形成和消失速度，这也是区分孪晶线与晶界的一个重要因素，晶界在奥氏体化过程中的变化很缓慢。

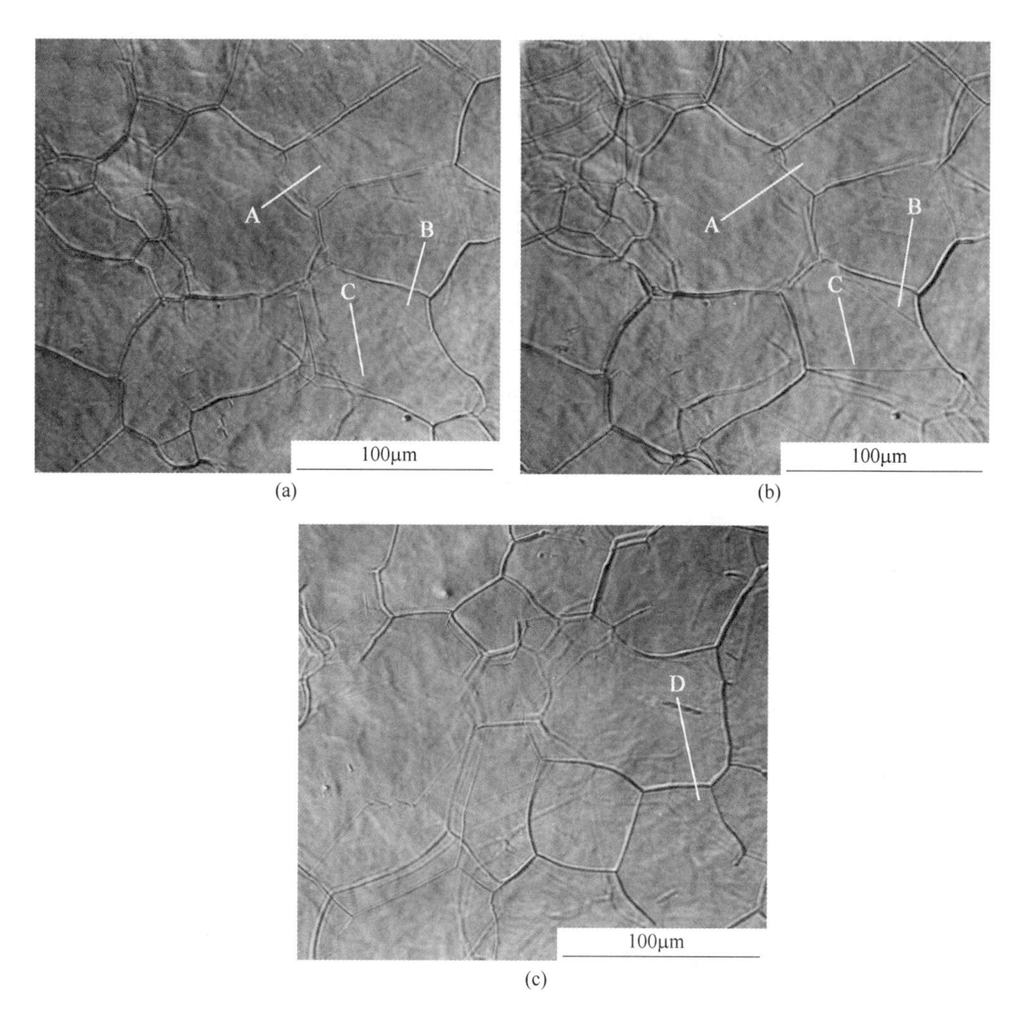

图 4-21　1100℃奥氏体化过程中孪晶动态演变
（a）保温 393s；（b）保温 740s；（c）保温 580s

4.2.3　贝氏体相变原位观察

4.2.3.1　贝氏体形核

实验贝氏体钢奥氏体化后以 5℃/s 冷却到 330℃进行等温相变，由于冷速较慢，所以在冷却过程中会形成少量贝氏体组织。图 4-22 分别为 850℃、1000℃和 1100℃奥氏体化后，温度刚刚降到 330℃时，高温显微组织形貌图。如图 4-22 中白色椭圆所示，此时已经出现了少量贝氏体束，而且奥氏体化温度越高，冷却到 330℃时的贝氏体束越长、越明显，这些从图中可以直观看出。

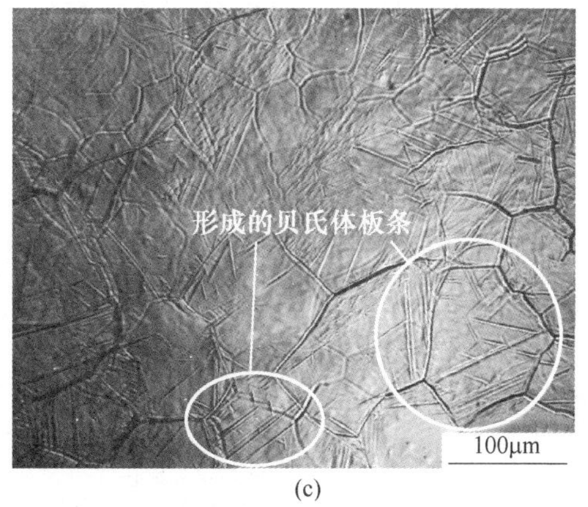

图 4-22 不同温度奥氏体化后试样刚好冷却到 330℃时的显微组织

(a) 850℃；(b) 1000℃；(c) 1100℃

一般认为贝氏体铁素体形核发生在晶界、夹杂物以及位错等处，原奥氏体晶粒内部存在碳原子的扩散，在贝氏体相变孕育期，由于碳原子的扩散不稳定，引起成分起伏，在奥氏体晶粒内形成富碳区与贫碳区[5,6]，其中贫碳区的出现有利于贝氏体铁素体的形成。在冷却过程中，一旦贫碳区温度降到贝氏体转变温度以下，则贝氏体开始形核。图 4-23 为在原奥氏体晶内孪晶线处贝氏体形核的高温显微组织。图 4-23（a）中指示线 A 所示为贝氏体开始在孪晶线处形核，这是因为奥氏体孪晶的界面能比奥氏体晶界能要低，也是新相形核的有利地点；但由于温度比较高，观察到的孪晶处形核不是很明显，随后在 330℃保温一段时间后，可以清楚地观察到贝氏体在孪晶界处大量形核，如图 4-23（b）中的指示线 A 所示。

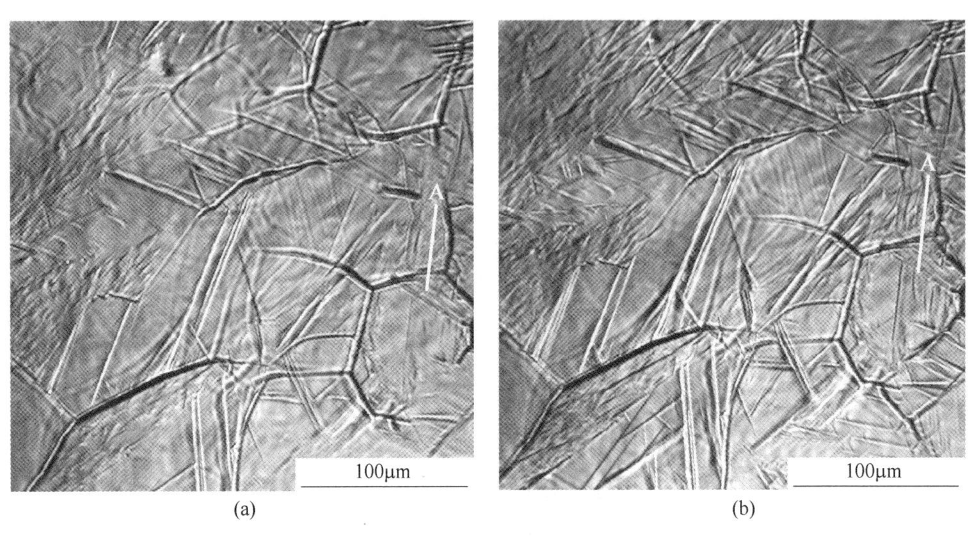

(a)　　(b)

图 4-23　330℃保温过程中贝氏体在原奥氏体晶内孪晶线处形核

图 4-24 为在原奥氏体晶界处形核的高温显微组织。在奥氏体化后的降温过程中，温度降至 418℃即贝氏体转变点以下时，观察到贝氏体开始形核。对比图 4-24（a）和（b）中的 A 区域可以看到，贝氏体板条在晶界处的形核。由于晶界处的晶格畸变大、能量高，所以其扩散激活能要比晶内的小，碳原子扩散迁移快，更容易形成富碳区与贫碳区，当贫碳区的温度低于贝氏体转变点时便开始形核。

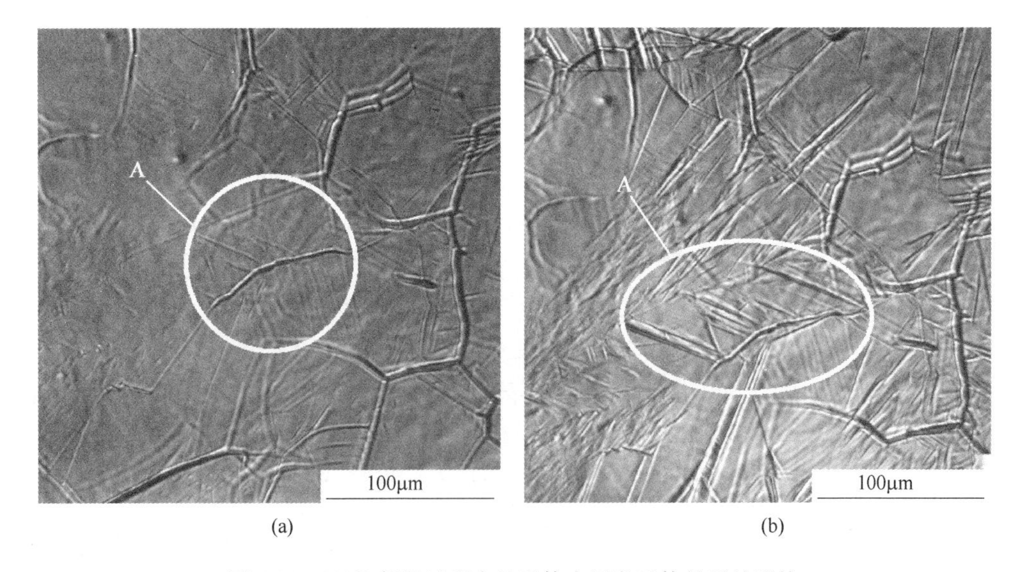

(a)　　(b)

图 4-24　330℃保温过程中贝氏体在原奥氏体晶界处形核

对比图4-25（a）（b）可以观察到贝氏体形核的第三种方式，即新的贝氏体板条在预先形成的贝氏体板条上形核，这是由于先形成的贝氏体铁素体提供了大量的形核点，增大了非均匀形核率，使贝氏体能够在原先形成的板条上形核。

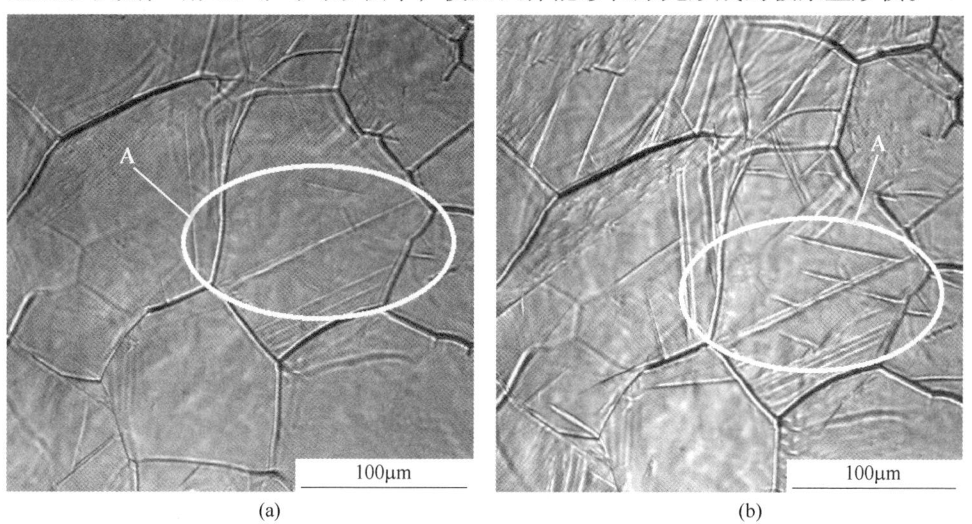

(a)　(b)

图4-25　330℃保温过程中贝氏体在预先形成的板条上形核

此外，除了上述三种形核方式以外，贝氏体还会在晶内形核，晶内的碳原子扩散速度要小于晶界处，且晶内形核点也有限，所以晶内形核一般出现的较晚。如图4-26（a）和（b）中的A区域所示，在401℃时图4-26（a）中的A区域还没有出现形核，当温度降到330℃时图4-26（b）中的A区域可以很明显地观察到晶内贝氏体形核。

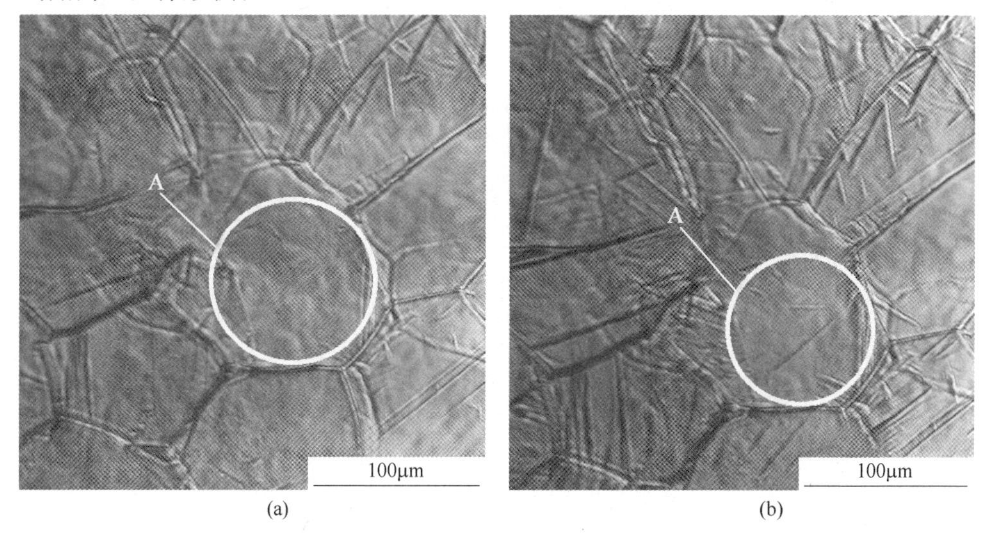

(a)　(b)

图4-26　330℃相变过程中在原奥氏体晶粒内贝氏体形核的高温显微镜组织图

上述四种形核方式都可以采用高温激光显微镜原位观察的方法直接观测到，其中孪晶线处形核只能利用高温激光共聚焦显微镜观察到，而且采用高温激光共聚焦显微镜可以实时地分析贝氏体形核的动态过程。

贝氏体转变比较复杂，国内外很多专家学者对贝氏体进行了研究，但对于贝氏体相变机制，至今还没有达成共识。而贝氏体相变过程的研究无疑对贝氏体的相变机制研究意义重大。采用传统金相法研究贝氏体相变过程时，通常对发生不同程度相变的试样进行淬火，然后观察显微组织。近年来，高温激光共聚焦显微镜的应用可以实现对相变过程的实时原位观测，但对超级贝氏体的相变过程目前研究相对较少。

4.2.3.2　贝氏体长大

以1100℃奥氏体化随后冷却至330℃等温的工艺为例，对高强贝氏体钢贝氏体的长大进行说明，如图4-27所示。其中，图4-27（a）为原始奥氏体组织，(b)～(f)分别为奥氏体化后，降温到525℃、500℃、430℃、402℃和330℃时的显微组织。贝氏体转变是一个形核和长大的过程，形核需要一定的孕育期，在孕育期内，由于碳在奥氏体内重新分配，造成碳浓度起伏，形成贫碳区和富碳区，随着过冷度的进一步变大，贝氏体铁素体就会优先在奥氏体晶界处形成。同时，由于过冷度较大，也可能在晶粒内形核，而长大后的贝氏体铁素体板条又会为相变提供新的形核点，促进贝氏体在已形成的贝氏体板条上形核与长大。

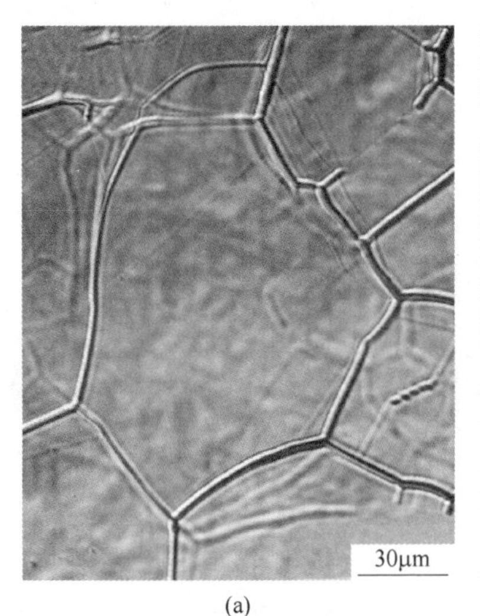

(a)

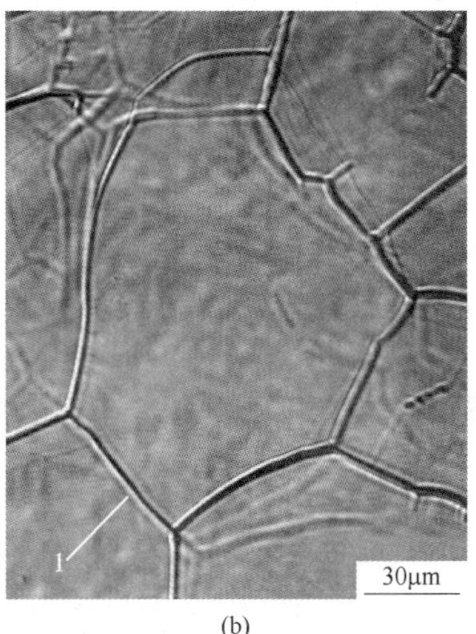

(b)

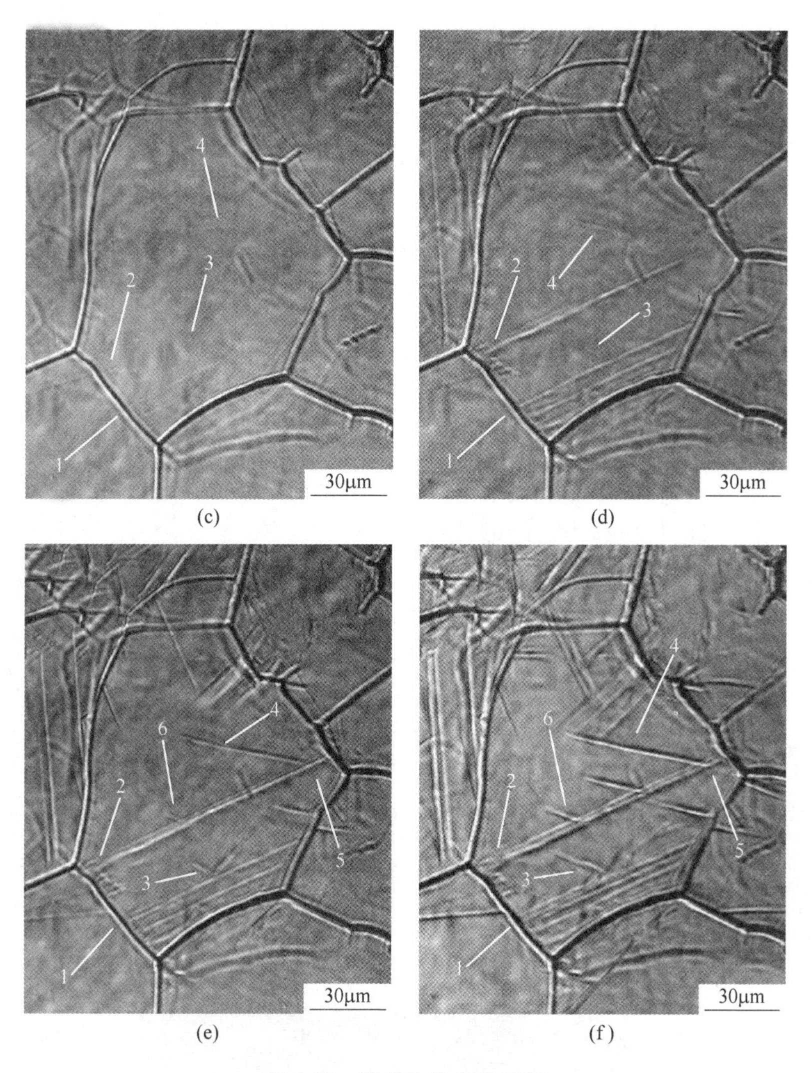

图 4-27 贝氏体的生长过程

(a) 原始奥氏体组织；(b) 525℃等温；(c) 500℃等温；
(d) 430℃等温；(e) 402℃等温；(f) 330℃等温

采用高温激光共聚焦显微镜原位观察贝氏体形核、长大过程，能清楚看到贝氏体相变过程中的形核位置及长大行为等。从图 4-27 可以看出，随着温度的降低，过冷度的增大，贝氏体首先在 1 号位置晶界处形核（图 4-27（b））；过冷度的进一步增大使 2 号位置晶界处形核外，晶内的 3、4 号位置也开始形核，而 1 号位置的贝氏体束则从晶界向晶内生长（图 4-27（c））；温度继续降低，1 号位置的贝氏体束贯穿整个晶粒，遇到晶界后停止生长，2 号位置的贝氏体束也向晶内生长，同时晶内形核点 3、4 号位置的贝氏体开始生长延伸（图 4-27（d））；3、4 号晶内位置的贝氏体在生长过程中与 1、2 号位置生长的贝氏体束相遇后停止生长，5 号位置是 4 号与 2 号生长的板条贝氏体相遇点。此外，在 2 号位置生长的贯穿晶粒的贝氏体束在 6 号位置为新的形核提供形核点，并在后续降温或保温中生长成为新的贝氏体束（图 4-27（e）（f））。

可见，原奥氏体晶界是贝氏体初始优先形核位置，这与大多数人的研究结果一致。同时，贝氏体除了在晶界形核外，还会在晶内和已经生长的贝氏体板条上形核，贝氏体生长过程会相互影响。在没有受到其他贝氏体影响的情况下，贝氏体束会一直生长，直到遇到晶界停止生长，形成贯穿整个晶粒的贝氏体束；否则就会相互碰撞、互锁形成比较短的贝氏体束，因此贝氏体束长度与过冷奥氏体的晶粒大小有关，同时还受到贝氏体形核率的影响。如图 4-28 所示，随着奥氏体化温度升高，原始奥氏体晶粒尺寸增大，奥氏体晶界减少，其对贝氏体生长的阻碍作用降低，所以贝氏体束长度增长。

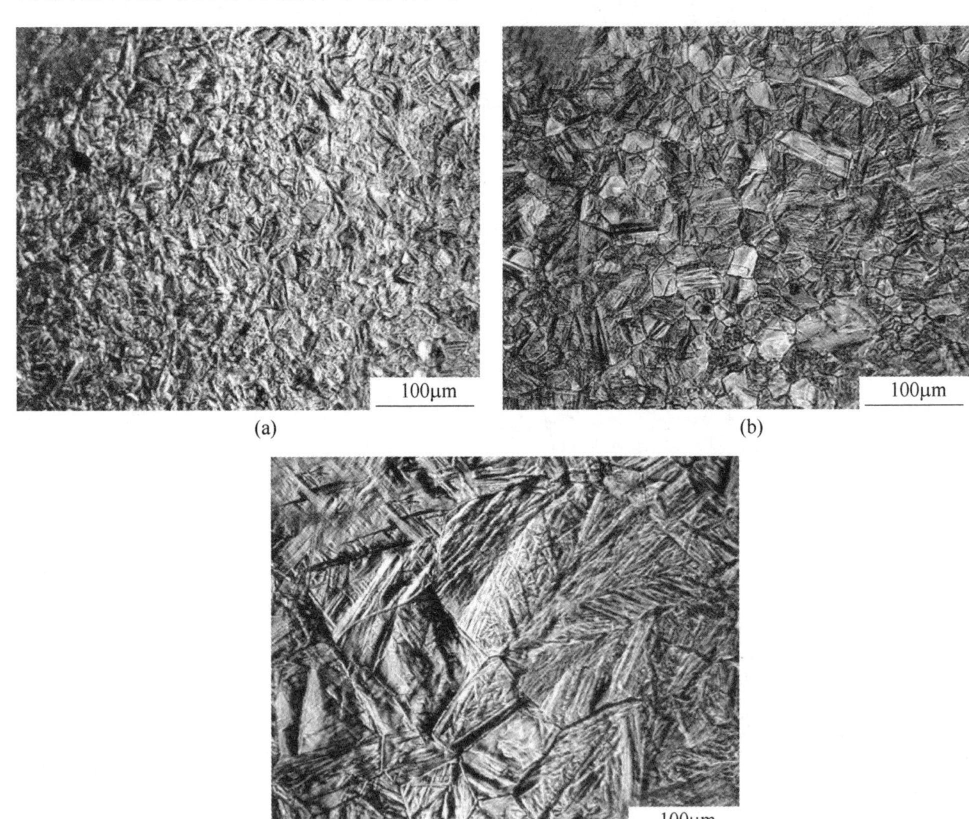

图 4-28　贝氏体相变结束时高温显微组织

（a）850℃奥氏体化；（b）1000℃奥氏体化；（c）1100℃奥氏体化

4.2.3.3 互锁组织

图 4-29 给出了试样在 330℃保温期间贝氏体生长的形貌特征。图 4-29（a）中 A 所指示的是最先形成的贝氏体束横穿原奥氏体晶粒，指示线 B 所指示的为后形成的贝氏体，后形成的贝氏体板条与先形成的贝氏体板条取向不同；后形成的贝氏体板条在长大过程中与先形成贝氏体发生碰撞，随着大量的贝氏体相互交错生长，产生“互锁”现象，最后会形成大量的贝氏体互锁组织，如图 4-29（b）中的 A 所指示。

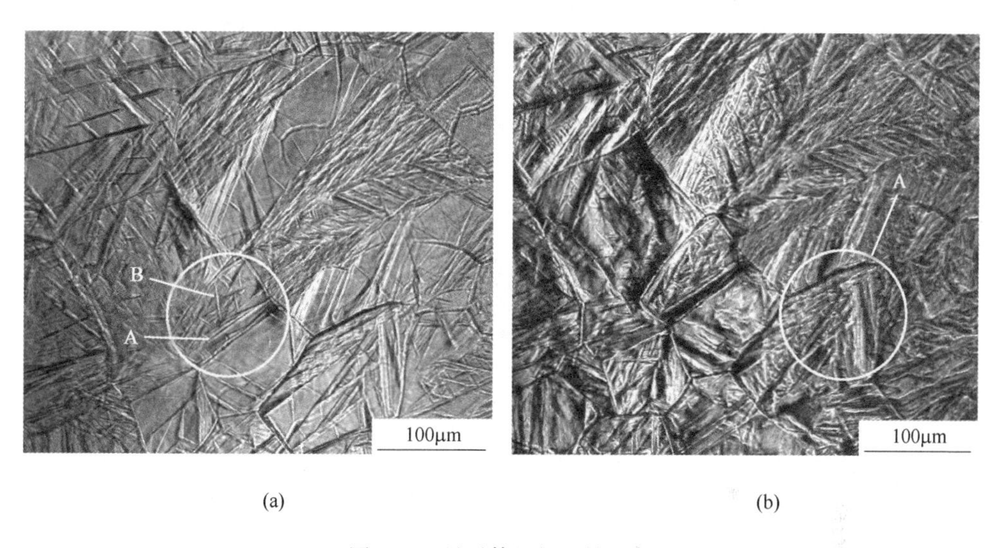

(a) (b)

图 4-29 贝氏体组织互锁现象

4.2.3.4 奥氏体孪晶对贝氏体相变影响

目前关于孪晶的形成机理有多种解释，一些学者认为孪晶是由于晶粒长大畸变造成的[7~9]，另外一些则认为孪晶是由于原子堆垛层错引起的，其中 Dash 等人[10]和 Meyers 等人[11]采用原子堆垛层错解释了孪晶的形成机理。孪晶形核过程为：首先在｛111｝面上形成肖克莱部分位错环，并在｛111｝台阶上继续意外生长，上述过程与晶界迁移相关，晶界越多、迁移越快，意外生长概率增高；此外，肖克莱部分位错具有相互排斥作用，层错能会横向生长，便产生了孪晶界。奥氏体孪晶也可用原子的堆垛层错以及位错理论来解释，它通过原子堆垛层错而形成，同时也有可能因为位错的滑移以及相互作用而消失。一般退火孪晶稳定性较好，一旦形成则会保留下来；而奥氏体孪晶不同，由于温度较高，原子运动驱动力大，产生的堆垛层错以及肖克莱部分位错容易消失，使得奥氏体孪晶容易消失。因此在高温显微镜观察中，可以看到孪晶的动态出现与消失现象。

奥氏体孪晶的出现对后续贝氏体相变有一定影响，它可以为贝氏体相变提供有效形核位置，但由于贝氏体板条长大无法穿越孪晶界，所以奥氏体孪晶同时也会限制贝氏体束的生长。图 4-30 为奥氏体孪晶界阻碍贝氏体生长示意图。很明显看到，A 和 B 处孪晶界约束了贝氏体的生长，因此贝氏体的生长除了受原始奥氏体晶界和已形成的贝氏体束制约外，还受到孪晶界的限制。

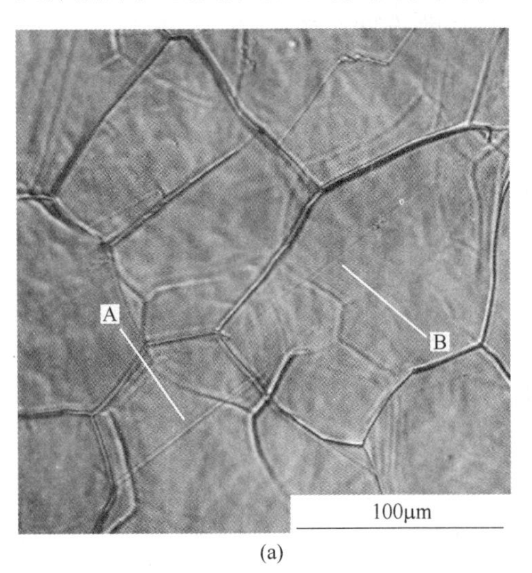

(a)

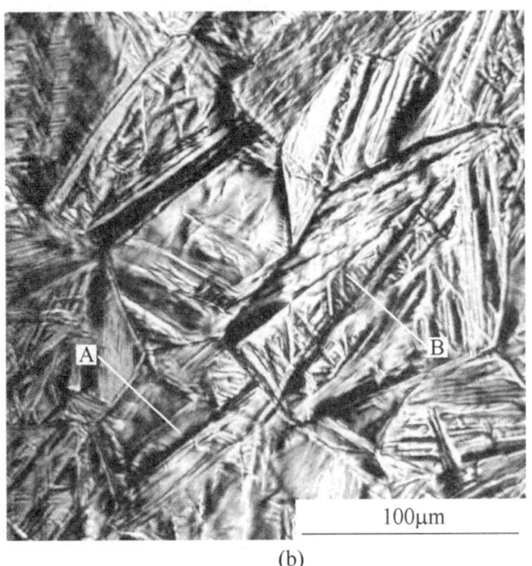

(b)

图 4-30　奥氏体孪晶对贝氏体生长的影响

4.2.4　小结

高温显微镜原位观察可以实时、动态观察奥氏体晶粒的长大、贝氏体生长等相变过程，是研究贝氏体相变行为的有效方法。本节通过高温显微镜观察到以下现象：

（1）通过高温显微镜可以看到奥氏体晶粒长大的三种方式：奥氏体晶界的迁移和扩张；多个晶粒合并成一个大晶粒；中间晶粒被周围晶粒分割和吞并，中间晶粒消失，周围晶粒长大。

（2）奥氏体孪晶的动态演变过程也可以通过高温显微镜观察到，随着奥氏体化进行，孪晶线随机出现与消失，贝氏体的长大受孪晶界限制，同时孪晶界可以为贝氏体提供形核点。

（3）通过高温显微镜观察到贝氏体可以出现在晶界、晶内、预先形成的贝氏体，以及奥氏体孪晶界处；此外，贝氏体在长大过程中由于取向不同，贝氏体板条之间会发生碰撞，产生“互锁”现象，形成互锁的贝氏体组织。

4.3 原始奥氏体晶粒尺寸对贝氏体相变及组织影响

4.3.1 相变动力学

通过高温显微镜可以直观地观察到原始奥氏体晶粒对贝氏体相变的影响。对Fe-0.4C-2.0Si-2.8Mn（wt.%）中碳贝氏体钢进行高温显微镜原位观察（图4-31），可以看出，在相同贝氏体相变时间下，1100℃奥氏体化后试样贝氏体数量多于1000℃奥氏体化试样，表明在1100℃奥氏体化条件下，试样具有更快的贝氏体相变速率。此外，1100℃奥氏体化试样具有更大的原始奥氏体晶粒，其形成的贝氏体束长度和宽度均明显增大。

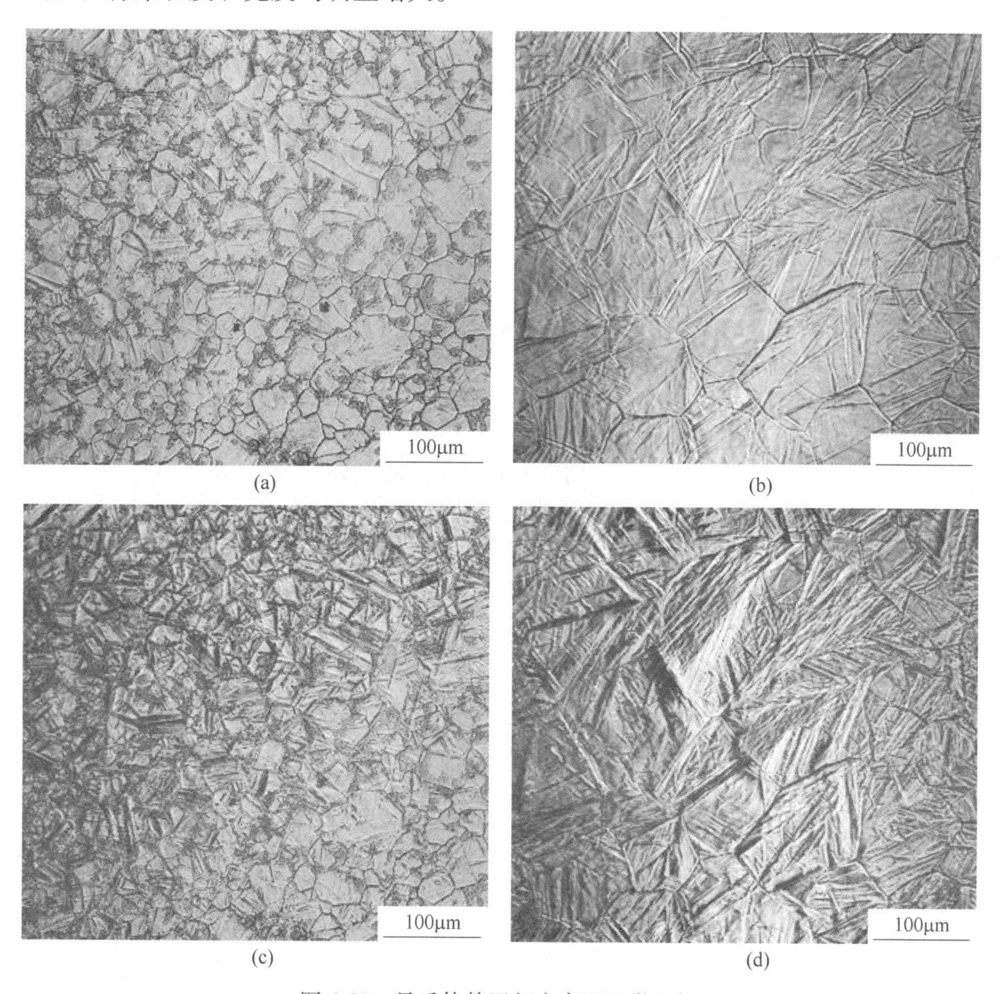

图 4-31 贝氏体等温相变高温显微组织
（a）1000℃奥氏体化，330℃保温 1min；（b）1100℃奥氏体化，330℃保温 1min；
（c）1000℃奥氏体化，330℃保温 15min；（d）1100℃奥氏体化，330℃保温 15min

高温显微镜原位观察侧重于组织动态变化观察，可以定性分析贝氏体相变。为了进一步定量分析贝氏体相变行为，需要结合膨胀分析法进行研究。图 4-32（a）为与高温显微镜工艺相同的热模拟实验期间记录的试样膨胀量（表征贝氏体转变量）变化。可以看出，1100℃奥氏体化后的试样膨胀量曲线始终在奥氏体化温度为 1000℃试样上方，即相同相变时间下，1100℃奥氏体化试样贝氏体转变量高于 1000℃奥氏体化试样。这表明升高奥氏体化温度可以加速贝氏体相变动力学，与高温显微镜观察结果是一致的。此外，膨胀量变化速率曲线（表征贝氏体相变速率）图 4-32（b）显示，奥氏体化温度为 1100℃时，贝氏体相变最大速度为 3.65×10^{-5}mm/s，出现在等温阶段 848s 时，奥氏体化温度为 1000℃时；贝氏体相变最大速度为 2.55×10^{-5}mm/s，出现在等温阶段 1696s 时，表明升高奥氏体化温度后，贝氏体相变过程中的最大相变速率增大，且达到最大速率的时间提前了。

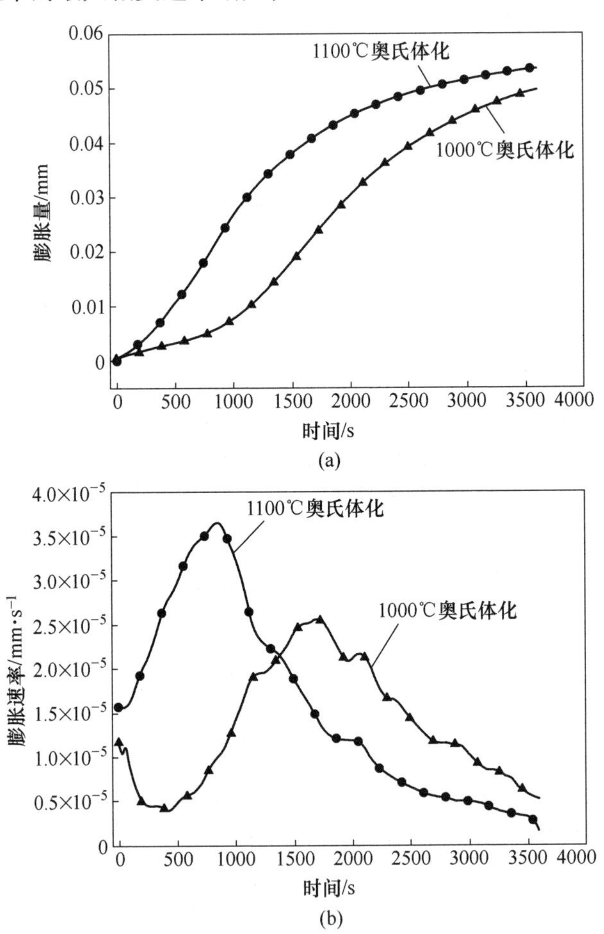

图 4-32　不同温度奥氏体化试样 330℃等温期间膨胀量和膨胀量变化速率

（a）膨胀量；（b）膨胀量变化速率

贝氏体相变动力学可以用 Avrami 等温相变方程来表述[12]：

$$f = 1 - \exp(-bt^n) \tag{4-5}$$

式中，f 为相变体积分数；t 为等温时间；b 为动力学参数；n 为动力学指数。

采用式（4-5）对标准化后的贝氏体相变动力学曲线（即采用等温期间的瞬时膨胀量除以最终膨胀量，得到贝氏体相变体积分数的相对值，见图 4-33）进行拟合，得到两种条件下贝氏体相变动力学方程：

$$f = 1 - \exp(-2.05296 \times 10^{-8} \times t^{2.31828}) \quad (T=1000℃) \tag{4-6}$$

$$f = 1 - \exp(-2.25359 \times 10^{-5} \times t^{1.48948}) \quad (T=1100℃) \tag{4-7}$$

可以看出，不同奥氏体化温度下，b 和 n 值明显不同，奥氏体化温度影响贝氏体相变动力学，提升奥氏体化温度可以加速贝氏体相变，缩短转变时间，这对于超级贝氏体钢热处理工艺制度制定起到指导作用。总之，高温显微镜原位观察和膨胀量分析结果均表明，对于该类型超级贝氏体钢，升高奥氏体化温度可以加速贝氏体相变动力学。

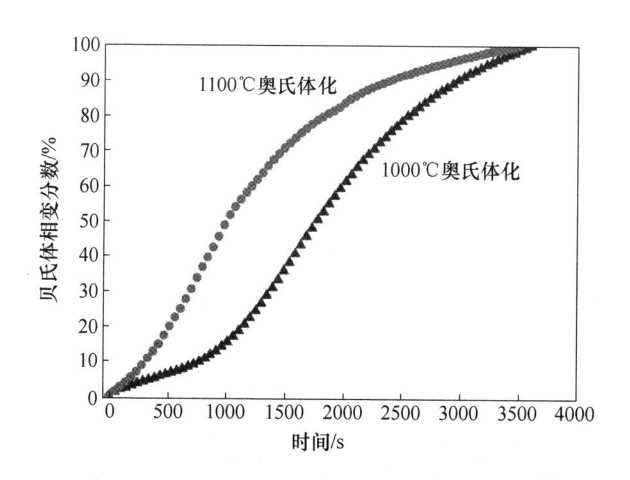

图 4-33 不同奥氏体化温度下贝氏体相变动力学曲线

奥氏体化温度不同，其原始奥氏体晶粒尺寸不同，原始奥氏体晶界通过影响贝氏体的形核位置、形核质点数量和生长速率，对贝氏体相变产生影响。从形核角度看，细小的奥氏体晶粒具有更大的晶界面积，可以为贝氏体相变提供更多形核点，从而加速贝氏体相变。从长大角度来看，原始奥氏体晶界对贝氏体长大具有阻碍作用，细小的奥氏体晶粒会阻碍贝氏体束的伸长；相反，较大的奥氏体晶粒为贝氏体束提供了更大生长空间，且束与束之间的碰撞减少，有利于贝氏体相变。因此，随着原始奥氏体晶粒尺寸的增加，贝氏体相变形核密度减少，但长大被促进，两者之间存在一个相互竞争的关系。Godet 等人[13]研究发现，由于小尺寸奥氏体晶粒具有更多形核点，所以减小原始奥氏体晶粒可以加速贝氏体相变动力学。相反，Yang 等人[14]发现，在一种低碳高硅贝氏体钢中（Fe-0.18C-1.4Si-1.9Mn-5.4Ni（wt.%）），增加原始奥氏体晶粒尺寸可以加速贝氏体相变，减少贝氏体转变时间。Matsuzaki 和 Bhadeshia[15]研究了原始奥氏体晶粒尺寸对两种不同类型贝氏体钢相变动力学的影响，结果表明，原始奥氏体晶粒尺寸对贝氏体相变的影响受贝氏体形貌控制，如果贝氏体束伸长速率较快，则束与束之间容易发生碰撞，此时较大的奥氏体晶粒可以减轻束与束之间的阻碍作用，从而加速贝氏体相变动力学；相反，如果贝氏体束伸长速率较慢，则相变初期束与束之间的碰撞很少，所以减少奥氏体晶粒尺寸可以增加形核点，从而加速贝氏体相变动力学。在本研究中，高温显微镜原位观察实验直观地观察到原始奥氏体晶粒尺寸对超级贝氏体钢相变动力学的加速作用，并结合膨胀分析法进行定量研究。结果表明，对于超级贝氏体钢，升高奥氏体化温度可以加速贝氏体相变，缩短贝氏体相变时间。因此，在超级贝氏体钢中，贝氏体长大过程对贝氏体相变动力学的影响更加显著。

4.3.2　显微组织

Fe-0.4C-2.0Si-2.8Mn（wt.%）中碳贝氏体钢经 1000℃ 和 1100℃ 奥氏体化，随后在 330℃ 等温贝氏体相变后试样室温组织如图 4-34 所示（B 为贝氏体）。可以看出，相比 1000℃ 奥氏体化后的试样，1100℃ 奥氏体化后的试样贝氏体板条束长度明显增长，这是由于贝氏体转变时，贝氏体束的生长被原始奥氏体晶界阻止，贝氏体尺寸受限于奥氏体晶粒尺寸，原始奥氏体晶粒越大，则贝氏体生长空间越大，因此奥氏体晶粒的最大直径决定了贝氏体束的最大长度。

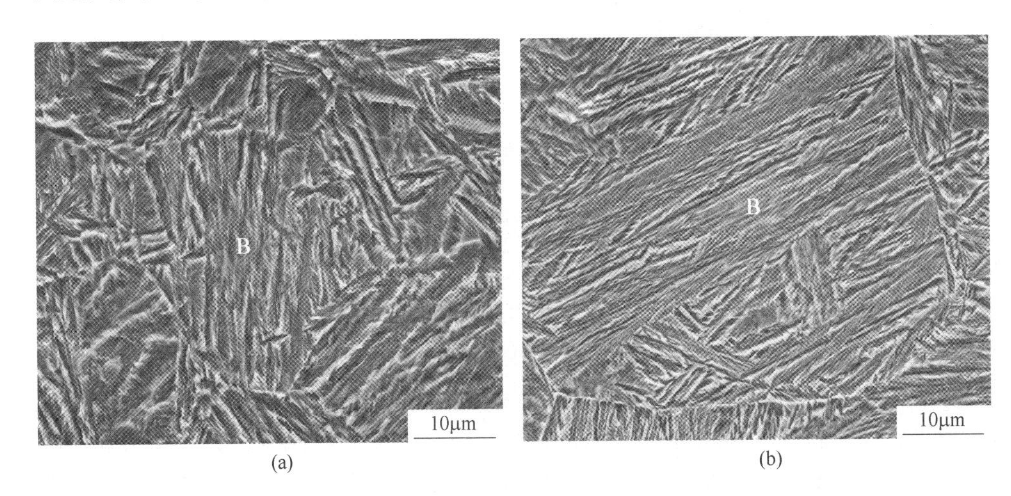

图 4-34　中碳贝氏体钢不同温度奥氏体化试样的室温 SEM 组织图
（a）1000℃ 奥氏体化；（b）1100℃ 奥氏体化

胡锋等人在 Fe-0.95C-0.91Si-1.30Mn-2.30Cr-0.99Mo-0.17Ti（wt.%）高碳超级贝氏体钢的研究中，得到了与中碳超级贝氏体钢类似的结果[16]。如图 4-35 和表 4-2 所示，随着原始奥氏体晶粒尺寸增大，贝氏体束长度增长、宽度增大，且块状残余奥氏体尺寸增大。然而，当原始奥氏体晶粒尺寸增大到一定程度时，贝氏体束和块状残余奥氏体尺寸随原始奥氏体晶粒尺寸变化不大，即存在一个临界

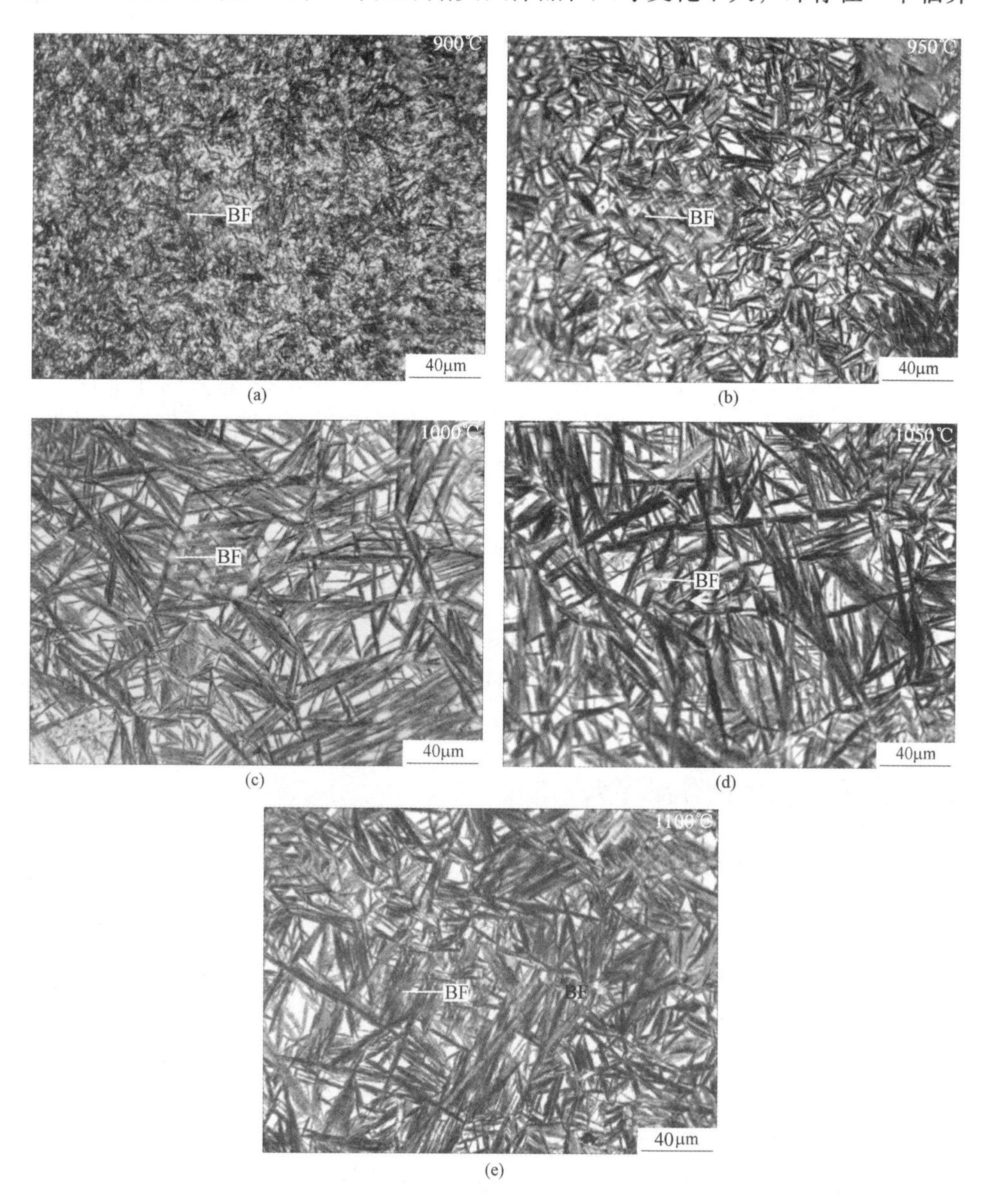

图 4-35 不同温度奥氏体化后在 300℃进行等温贝氏体相变的高碳超级贝氏体钢室温 OM 组织[16]
（a）900℃；（b）950℃；（c）1000℃；（d）1050℃；（e）1100℃

奥氏体晶粒尺寸；低于该尺寸时，原始奥氏体晶粒对贝氏体组织形貌影响较大，而高于该尺寸时，原始奥氏体晶粒的作用并不明显。

表 4-2　贝氏体束和块状残余奥氏体尺寸[16]

加热温度/℃	900	950	1000	1050	1100
贝氏体束宽度/μm	1.2±0.4	1.8±0.6	4.4±1.2	4.8±1.2	4.6±1.0
贝氏体束长度/μm	7.4±2.2	13.2±4.8	38.6±17.6	39.4±18.4	40.6±19.4
残余奥氏体尺寸/μm	1.4±0.2	2.4±0.4	3.0±0.6	3.2±0.6	3.0±0.6

注：测量贝氏体束宽度、长度和残余奥氏体尺寸时，采用 1000 倍光学显微图片统计 50 个贝氏体束、50 个块状残余奥氏体，求取平均值。

4.3.3　小结

（1）提高奥氏体化温度，原始奥氏体晶粒尺寸增大；虽然贝氏体形核点减少，但大尺寸奥氏体晶粒有利于贝氏体长大，整体相变动力学得到加速，表明对于超级贝氏体钢，贝氏体长大过程对相变动力学的影响更为显著。

（2）原始奥氏体晶粒尺寸与贝氏体和残余奥氏体形貌之间存在密切联系。随着奥氏体化温度升高，原始奥氏体晶粒尺寸增大，贝氏体的生长空间扩大，所以贝氏体束长度增加、宽度增大、块状残余奥氏体尺寸增大。但当原始奥氏体晶粒尺寸增加到一定程度时，其组织形貌变化不明显。

（3）高温显微镜可以直观地观察到贝氏体相变的动态变化，其与膨胀分析法相结合，可以弥补相互的不足，为深入研究钢的相变行为提供支持。

4.4　高强贝氏体钢等温淬火

4.4.1　等温时间的影响

等温淬火是制备高强贝氏体钢的常用工艺。对于低碳和中碳贝氏体钢，等温贝氏体相变结束后，剩余未转变的奥氏体不够稳定，在随后冷却过程中会转变为马氏体，最终室温组织由贝氏体+马氏体+残余奥氏体组成。对于合金元素含量较高的高碳贝氏体钢，等温贝氏体相变结束后，剩余未转变奥氏体十分稳定，即使冷却至室温也不会发生马氏体相变，所以最终室温组织由贝氏体+残余奥氏体组成。对一种中碳高强贝氏体钢进行不同时间（30~120min）的等温淬火，其室温组织如图 4-36 所示。随着等温时间的延长，贝氏体含量不断增加，马氏体+残余奥氏体含量减少，即使相变时间达 2h，仍有部分奥氏体未发生转变，存在转变不完全现象。

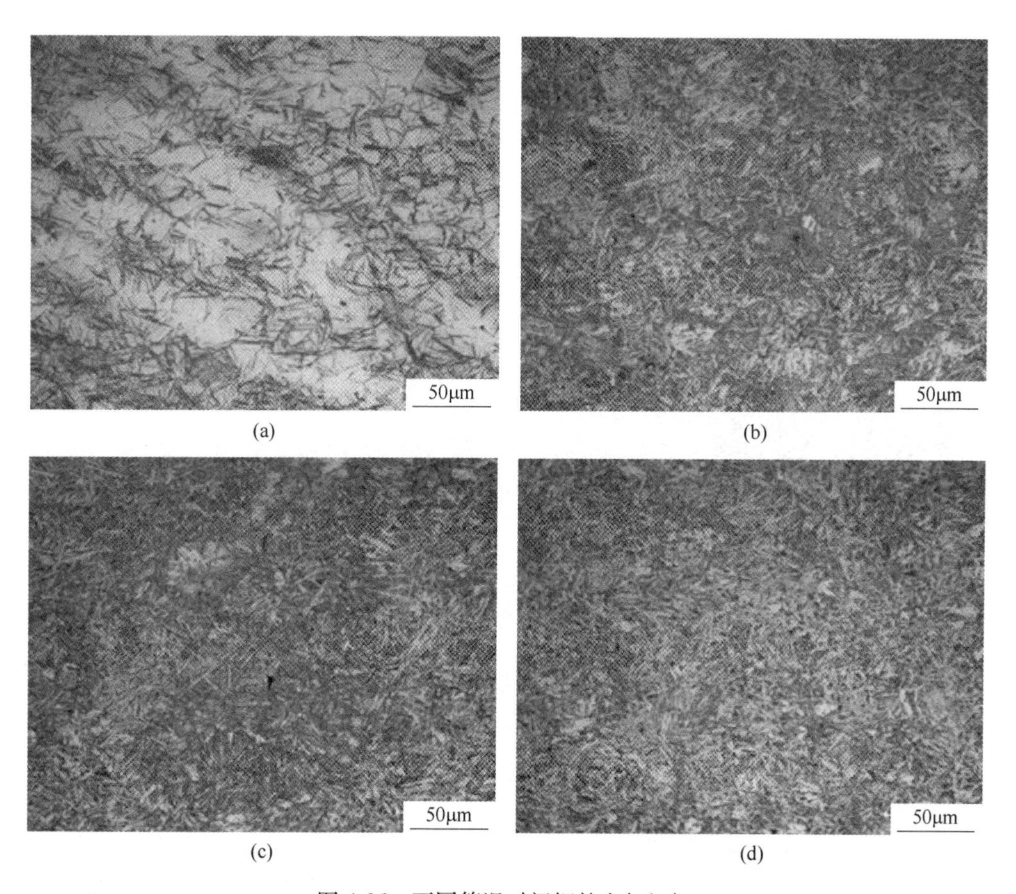

图 4-36 不同等温时间钢的金相组织
(a) 30min；(b) 60min；(c) 90min；(d) 120min

保温 30min 试样 TEM 形貌如图 4-37 所示。贝氏体铁素体呈板条状，且板条之间存在薄膜状残余奥氏体，如图 4-37（b）所示，而马氏体内残余奥氏体尺寸相对较大，呈团状分布，如图 4-37（c）所示。贝氏体板条间薄膜状的残余奥氏体具有较高的稳定性，对提高钢的塑性和韧性是有利的，但保温 30min 试样中薄膜状残余奥氏体含量很少。

图 4-38 为保温 90min 试样的 TEM 形貌。相比保温 30min 试样，保温 90min 试样中贝氏体含量明显增多，板条之间薄膜状残余奥氏体也随之增多，薄膜状残余奥氏体在拉伸过程中可通过 TRIP 效应提高钢的塑性和韧性。

不同等温时间试样的应力-应变曲线如图 4-39 所示，对应的拉伸性能见表 4-3。可以看出，随着等温时间的延长，材料的抗拉强度和屈服强度下降，但伸长率明显提高。300℃保温 30min 试样的强度最大，但伸长率和断面收缩率很低，这是因为保温 30min 试样贝氏体含量较少，而脆性马氏体含量很高（图 4-36

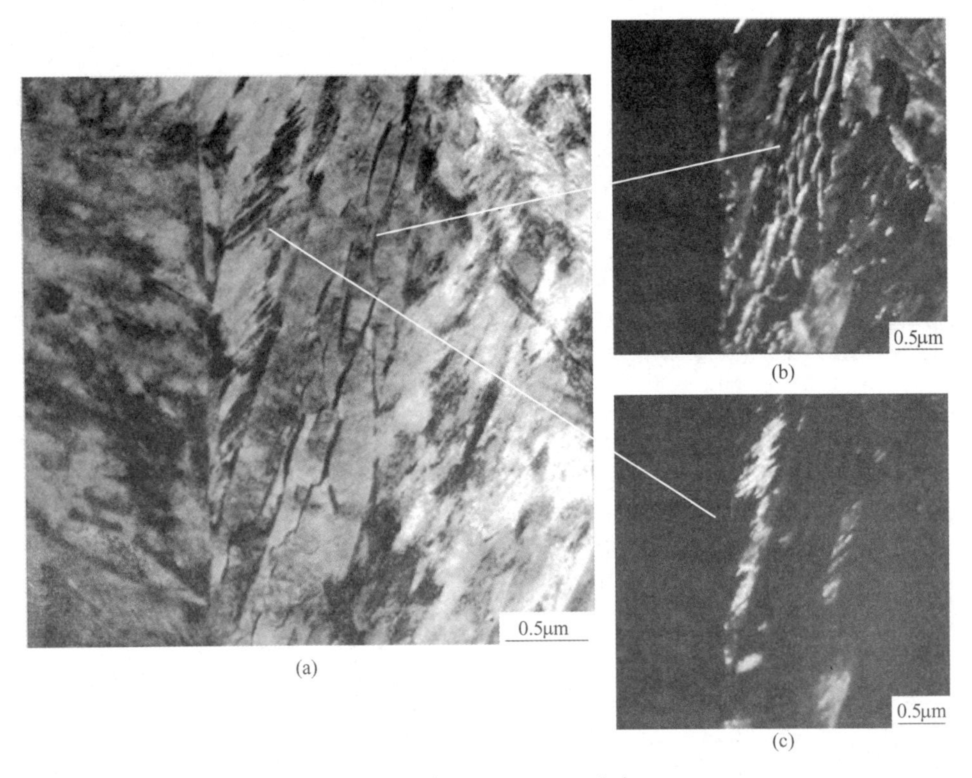

(a)　(b)　(c)

图 4-37　保温 30min TEM 组织

（a）明场像；（b）贝氏体板条间残余奥氏体暗场像；（c）马氏体内残余奥氏体暗场像

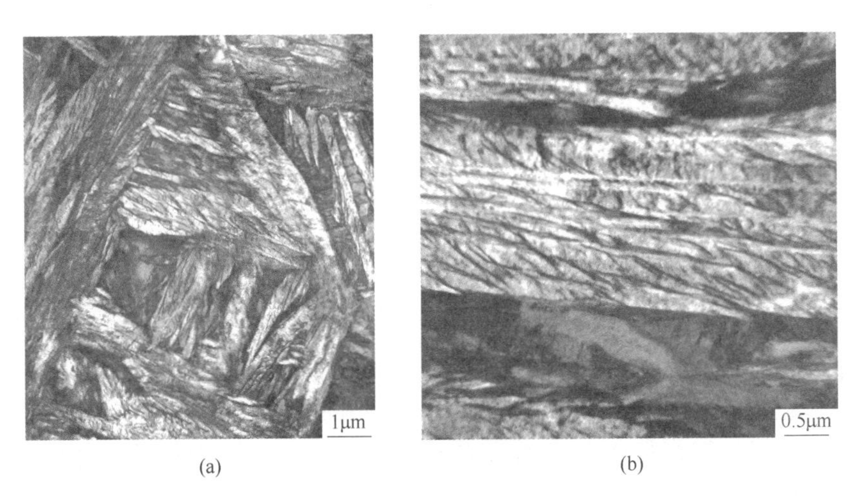

(a)　(b)

图 4-38　保温 90min TEM 组织

（a）整体形貌；（b）局部放大形貌

(a))。保温 90min 和 120min 试样伸长率明显提高，这是脆性马氏体含量减少，以及残余奥氏体含量增多引起的。

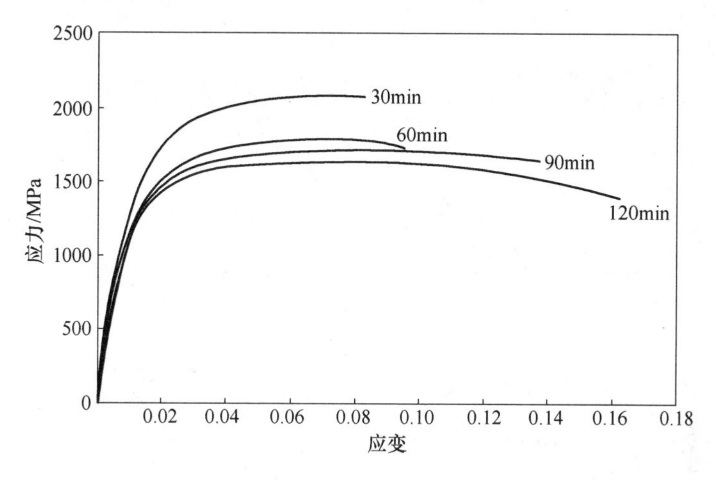

图 4-39 不同等温时间试样拉伸应力-应变曲线

表 4-3 不同等温时间试样拉伸性能

等温时间 /min	屈服强度 /MPa	抗拉强度 /MPa	断后伸长率 /%	断面收缩率 /%
30	1263	2078	7.93	9.84
60	1167	1785	9.82	22.15
90	1165	1716	13.52	33.10
120	1138	1639	16.55	46.81

通过图 4-40 拉伸试样断口形貌可以看出，保温 30min 试样的拉伸断口呈现出脆断的特征，断裂韧窝比较少，且比较平坦，断裂几乎都是沿着晶界发生的，所以材料断裂耗能较少。随着等温时间的增加，保温 90min 试样断口形貌中韧窝明显增多，呈现出韧性断裂的特征，这与其伸长率的增大是一致的。保温 120min 后材料的伸长率达到 16.55%，断面收缩率达到 46.81%，从断口形貌分析发现，断口几乎完全呈现韧性断裂断口的特征，且韧窝分布比较均匀。随着等温时间的延长，拉伸断口形貌发生明显变化，这与显微组织类型的转变密切相关。等温时间较短的试样中脆性马氏体较多，所以断口表现出脆性断裂的特点；而等温时间较长的试样中贝氏体含量明显增多，薄膜状残余奥氏体含量同样增多，所以拉伸断口表现出韧性断裂的特点。

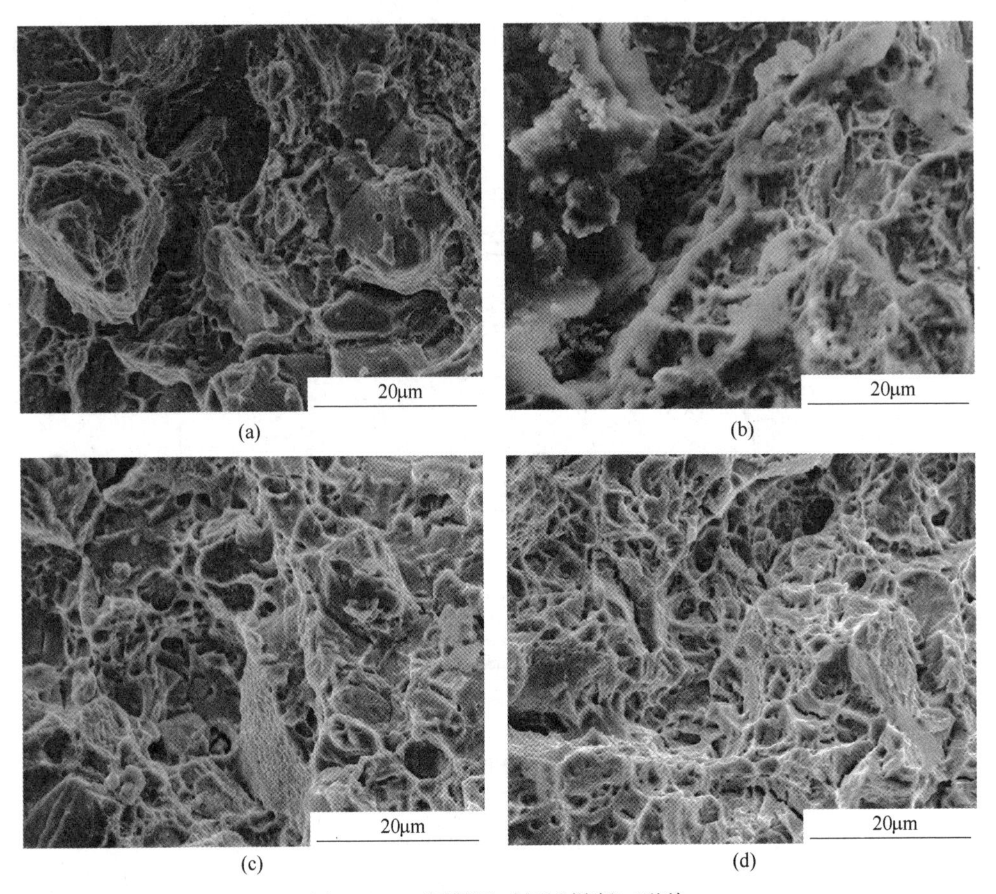

图 4-40　不同等温时间试样断口形貌
（a）30min；（b）60min；（c）90min；（d）120min

4.4.2　等温温度的影响

如前所述，贝氏体相变具有不完全转变现象，所以在某一温度相变时，只有部分母相奥氏体转变为贝氏体，存在贝氏体最大转变量，很多研究表明贝氏体最大转变量和相变动力学与其相变温度密切相关。如图 4-41（a）所示，对中碳高强超级贝氏体钢研究发现，随着相变温度的下降，贝氏体相变最大转变量增加，而相变速率先升高后下降，其动力学呈现典型的“C”曲线特点，在高碳贝氏体钢中发现了类似的规律，如图 4-41（b）所示。较低的相变温度可以获得更多贝氏体组织，这一现象可以用 T_0'曲线（图 2-6）来解释。贝氏体相变过程中，剩余未转变的奥氏体由于碳的富集而不断稳定，当其含碳量达到 T_0'曲线时，相变随之停止。由 T_0' 曲线可知，随着相变温度的降低，未转变奥氏体中可以容纳的碳含量升高，所以贝氏体相变程度增大，最大相变量增加。

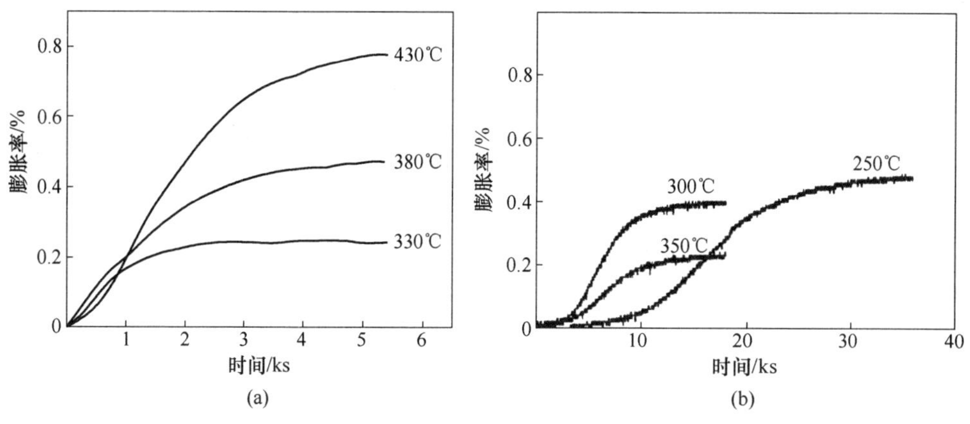

图 4-41 高强超级贝氏体钢等温相变过程中膨胀量变化[17]

（a）中碳贝氏体钢；（b）高碳贝氏体钢

显微组织观察（图 4-42）同样可以看出，高强贝氏体钢中各相比例与等温温度密切相关，降低相变温度可以增加贝氏体含量。此外，在较低的温度下进行等温淬火时，可以获得更加细小的贝氏体组织。这是因为贝氏体板条尺寸与母相奥氏体强度和相变驱动力等有关，随着相变温度降低，母相奥氏体屈服强度增大，有利于细化贝氏体组织[18]。

在对 Fe-0. 22C-1. 83Si-2. 02Mn-1. 00Cr-0. 23Mo（wt. %）低碳高强贝氏体钢进行 450~400℃ 等温淬火热处理时发现，随着相变温度降低，钢的抗拉强度由 450℃的 1263MPa 降低至 430℃的 1185MPa，再降低至 400℃的 1083MPa，而伸长率由 5. 7%明显增加至 18. 3%，钢的综合力学性能明显提升。强度的降低是马氏体含量减少造成的，而伸长率的明显提升与贝氏体含量增多、尺寸细化、残余奥氏体稳定性增强有关。如果进一步降低等温淬火温度，贝氏体组织得到进一步细化，其对强度的贡献弥补了马氏体含量的减少，所以贝氏体钢的强度可能再次升高，这在 Long 等人的研究中可以看出[19]。他们对一种 Fe-0. 34C-1. 52Mn-1. 48Si-0. 93Ni-1. 15Cr-0. 40Mo-0. 71Al（wt. %）中碳贝氏体钢进行等温淬火，发现等温淬火温度由 405℃降低至 315℃时，钢的抗拉强度和屈服强度先降低后增加，伸长率呈相反变化趋势，钢的综合力学性能不断提升。此外，对于合金含量较高的高碳贝氏体钢，其室温组织仅由贝氏体和残余奥氏体组成，不含马氏体，所以等温相变温度对力学性能的影响与低碳、中碳贝氏体钢是不同的。Garci′a-Mateo 和 Caballero 发现[20]，在 Fe-0. 80C-1. 59Si-2. 01Mn-0. 24Mo-1. 00Cr-1. 51Co（wt. %）高碳贝氏体钢中，相变温度由 300℃降低至 200℃时，钢的抗拉强度由 1770MPa 升高至 2180MPa，而伸长率由 29%明显降低至 4. 6%。这是因为随着相变温度的降低，硬相贝氏体含量增多、尺寸细化，而软相残余奥氏体含量明显减少，所以

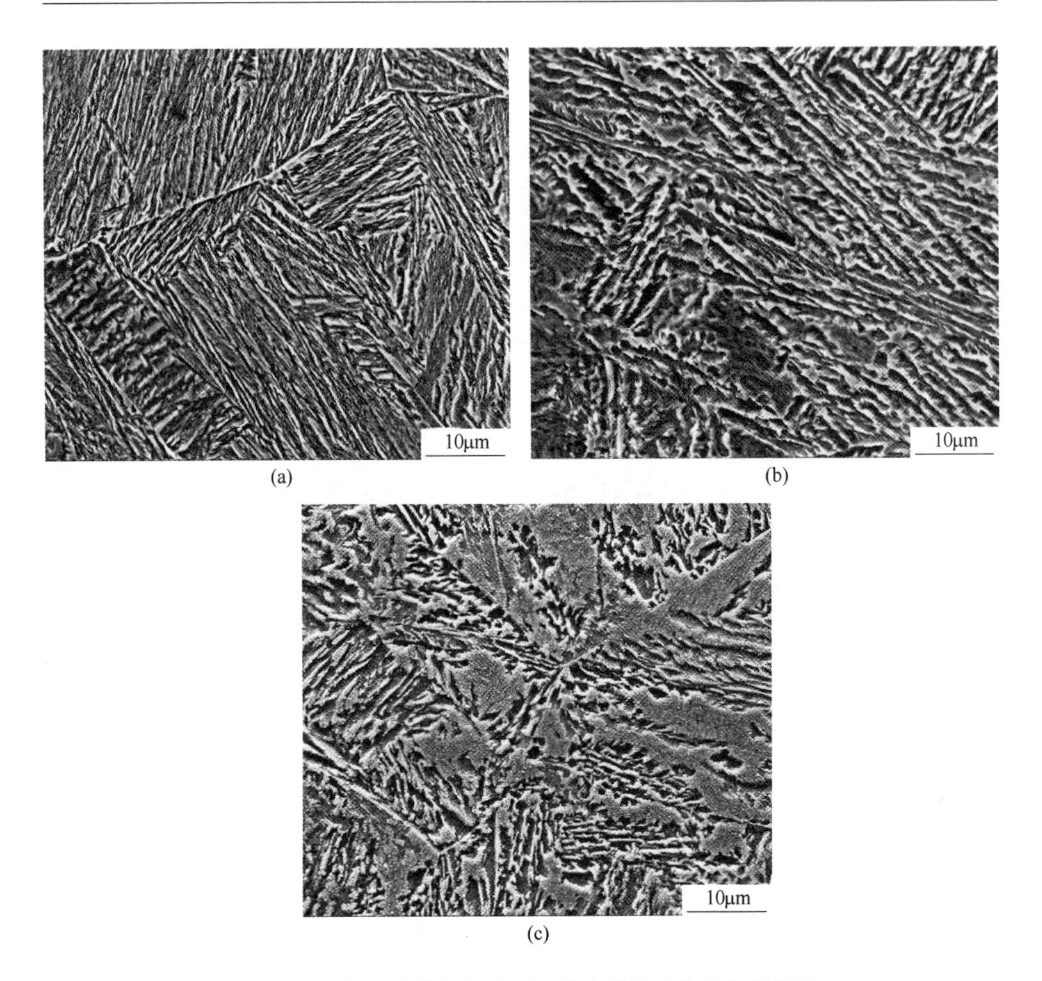

图 4-42　不同温度等温相变后中碳高强贝氏体钢室温组织
(a) 330℃；(b) 380℃；(c) 430℃

钢的强度升高，但 TRIP 效应由于残余奥氏体含量的减少而减弱，所以伸长率降低。他们在 Fe-0.79C-1.56Si-1.98Mn-0.24Mo-1.01Cr-1.51Co-1.01Al（wt.%）高碳贝氏体中也发现了类似的结果。

4.4.3　小结

等温淬火是制备高强贝氏体钢的常用方法，等温淬火温度和时间对高强贝氏体钢组织和性能有显著影响。随着等温时间的延长，钢中贝氏体组织含量增多，脆性马氏体含量减少，钢的综合力学性能得到改善。随着等温淬火温度的降低，钢中贝氏体含量逐渐增多，而相变速率先加快后减慢，呈现典型“C”曲线特征。对于合金元素较少的低碳和中碳贝氏体钢，其组织由贝氏体、马氏体和残余奥氏体组成，随着等温淬火温度降低，马氏体含量减少，贝氏体组织得到细化，钢的强度呈先降低后升高趋势，伸长率呈相反变化趋势，钢的综合力学性能提升。然而，对于合金元素较多的高碳贝氏体钢，其组织由贝氏体和残余奥氏体组成，不含脆性马氏体，降低等温淬火温度可以制备超高强贝氏体钢，但伸长率随之降低。

4.5 新型热处理工艺

超级贝氏体钢的超高强度主要来源之一是超细贝氏体板条，如前所述，降低相变温度可以有效细化贝氏体组织。为了降低贝氏体相变温度区间，细化贝氏体组织，常用的方法是提高碳和其他合金元素含量，从而降低 M_s 温度，使贝氏体相变可以在更低的温度区间进行。近年来，出现了一些新型热处理工艺，如 M_s 以下等温淬火法、多步等温淬火法等，同样可以有效细化贝氏体组织。

一般认为，贝氏体相变发生在 $B_s \sim M_s$ 之间的温度范围，但也有许多学者观察到 M_s 以下等温淬火时可以获得贝氏体组织[21~23]。M_s 以下等温淬火法和多步等温淬火法运用两种不同的机理来降低贝氏体相变温度，细化贝氏体和块状残余奥氏体、马氏体组织，从而改善钢的力学性能。如图 4-43（a）所示，M_s 以下等温淬火法是指在低于马氏体相变开始温度进行等温淬火，由于相变温度较低，可以起到细化组织的作用。根据贝氏体可以在 M_s 以下形成这一特点，当钢的温度降低至 M_s 以下时，首先发生马氏体相变，随后未转变的奥氏体在等温过程中发生贝氏体相变。与 M_s 以下等温淬火不同，多步等温淬火法利用贝氏体相变过程中的排碳现象来降低 M_s 温度，从而降低贝氏体相变温度区间，使贝氏体相变始终发生在未转变奥氏体对应的马氏体相变开始温度以上。如图 4-43（b）所示，多步等温淬火法是指将钢在多个不同温度进行等温淬火，第一步等温淬火温度略高于 M_s 温度，在此温度下获得部分贝氏体组织，由于贝氏体相变过程中的排碳现象，剩余未转变奥氏体含碳量增加，其对应的马氏体相变开始温度由 M_s 降低为 M'_s，这使得第二步贝氏体相变可以在更低的温度区间进行（$M_s \sim M'_s$），从而获得细小的贝氏体组织，以此类推，第三步贝氏体相变温度进一步降低。下面分别对 M_s 以下等温淬火法和多步等温淬火法进行介绍。

4.5.1 M_s 以下等温淬火热处理

4.5.1.1 M_s 以下贝氏体相变

许多实验观察到贝氏体相变可以在 M_s 以下温度进行[21~23]。Bohemen 等人[21]通过膨胀仪和金相法研究了一种 Fe-0.66C-0.69Mn（wt.%）钢在 M_s 温度以下等温处理时过冷奥氏体的分解过程，发现奥氏体在 M_s 温度以下等温时，膨胀量缓

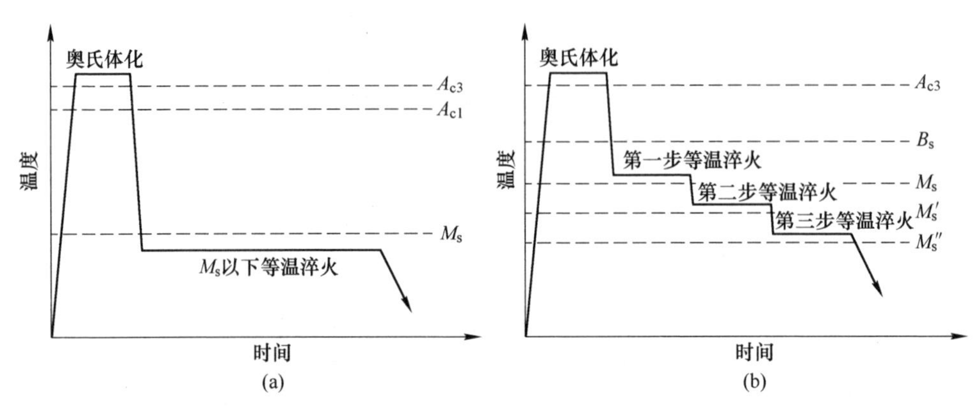

图 4-43　M_s以下等温淬火热处理工艺示意图（a）以及多步等温淬火热处理工艺示意图（b）

慢增加的趋势与奥氏体在 M_s 温度以上等温相变时的增长趋势极其相似。他们还在最终组织中观察到了贝氏体组织，所以从膨胀量和组织两方面验证了贝氏体的存在。Kolmskog 等人[22]通过 LSCM 和原位同步 X 射线衍射法直接动态观察到 Fe-0. 51C-2. 28Si-2. 05Mn（wt. %）钢 M_s 以下等温处理时贝氏体的生长。此外，Samanta 等人[23]分析了 Fe-0. 32C-0. 64Si-1. 78Mn-1. 75Al-1. 20Co（wt. %）钢在 M_s 温度以下保温时分解产物的相变动力学，并指出扩散控制长大模型 Zener-Hillert 模型太慢，无法匹配观察到的相变动力学，然而，具有切变机制的贝氏体相变动力学与观察到的等温产物相变动力学一致。因此，他们认为在 M_s 以下等温处理时，马氏体形成后的等温产物是贝氏体。总之，膨胀法、原位观察和理论计算均证明贝氏体相变可以在 M_s 以下温度进行。

M_s 以下温度等温淬火时，预先形成的马氏体组织对贝氏体相变起到加速作用，可由图 4-44 看出。图 4-44（a）为一种 Fe-0. 22C-1. 80Si-2. 00Mn-1. 00Cr-0. 25Mo-0. 50Al（wt. %）低碳贝氏体钢等温淬火期间试样的膨胀量。等温淬火温度包括 M_s 以上（430℃和 400℃）和 M_s 以下（350℃和 330℃）。与 M_s以上进行等温淬火不同，M_s 以下进行等温淬火时，试样的膨胀量存在明显的拐点（a 和 b 点），即相变类型发生了变化。在 a 和 b 点之前，发生马氏体相变，由于马氏体相变速率极快，所以膨胀量呈线性快速增加。随后等温过程中主要发生贝氏体相变，贝氏体相变速率远小于马氏体相变，所以膨胀量曲线变化速率减缓。图 4-44（b）给出了贝氏体相变期间试样膨胀量，图 4-44（c）为相应膨胀量变化速率。可以看出，M_s以下等温淬火试样贝氏体相变速率快于 M_s 以上等温淬火试样，即 M_s 以下等温淬火可以加速贝氏体相变动力学。这一加速作用与预先形成的马氏体密切相关，有三种可能的原因：首先，预先形成的马氏体产生了新的马氏体/奥氏体界面，为贝氏体相变提供额外形核点；其次，预先形成的马氏体产生了额外的位错，有助于加速贝氏体相变；最后，预先形成的马氏体在奥氏体内产生内应力，为贝氏体相变提供额外机械驱动力，从而增加相变总驱动力，加速贝氏体相变。关于应力对贝氏体相变的影响将在第6章详细介绍。此外，由于预先形成的马氏体消耗了部分奥氏体，所以 M_s 以下等温淬火过程中贝氏体相变量低于 M_s 以上等温淬火，且随着 M_s 以下等温淬火温度的降低，贝氏体相变量进一步减少，这与 M_s 以上贝氏体相变明显不同（图4-44（b））。

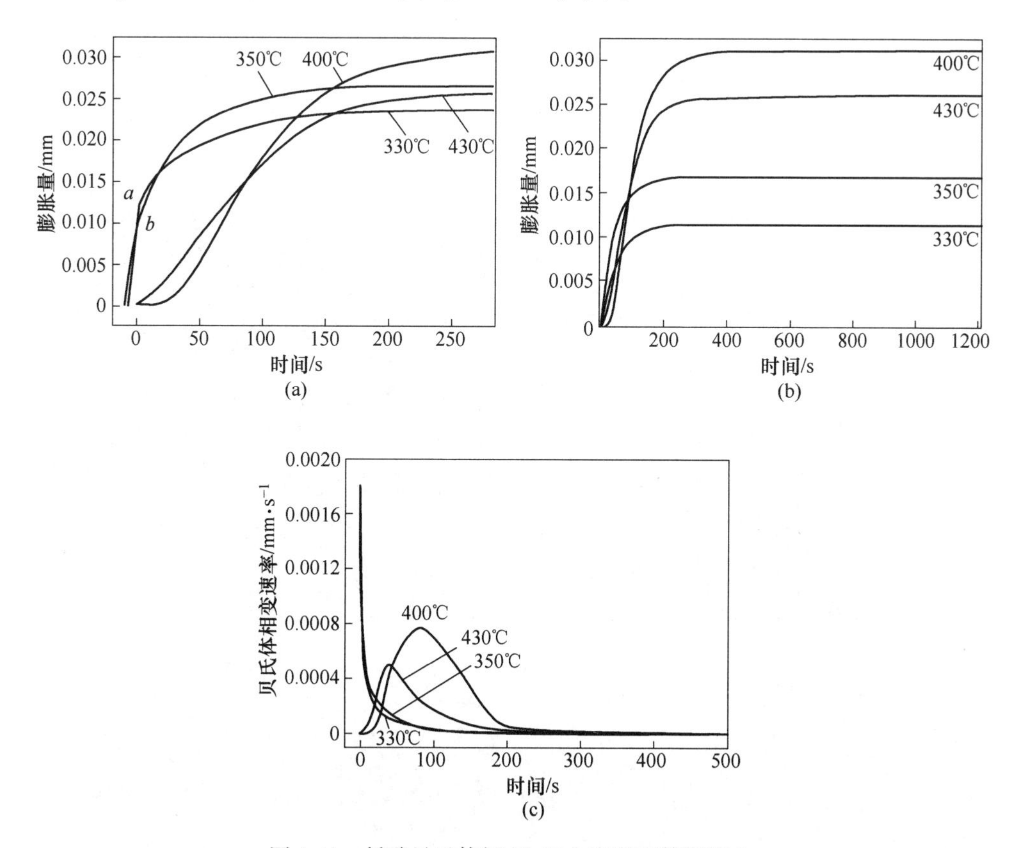

图4-44 低碳贝氏体钢 M_s 以上和以下等温淬火

（a）等温期间试样膨胀量；（b）贝氏体相变期间试样膨胀量；（c）膨胀量变化速率

4.5.1.2 组织与性能

不同温度等温淬火试样的室温组织如图4-45所示。430℃等温淬火时，贝氏体组织较粗大，且组织中存在大量块状马氏体和马氏体/残余奥氏体（马奥组织，MA），这种马氏体在贝氏体相变结束后形成，未经回火，所以可称为未回火马氏体（Fresh Martensite，FM）。当等温淬火温度降低到400℃时，贝氏体组织得到细化，块状 FM 和 MA 组织得到细化。当等温淬火温度降低至 M_s 以下，组织中出现了预先形成的马氏体，这种马氏体在随后等温过程中发生回火，所以可称为回火马氏体（Tempered Martensite，TM），其内部可以观察到回火过程中形成的碳化物。此外，由于相变温度的降低，贝氏体组织得到进一步细化。Zhao 等人对 Fe-0.15C-1.41Si-1.88Mn-1.88Cr-0.36Ni-0.34Mo（wt.%，以下简称 0.15C 钢）和 Fe-0.28C-0.82Si-2.14Mn-1.62Cr-0.33Ni-0.22Mo-1.21Al（wt.%，以下简称 0.28C 钢）两种低碳贝氏体钢的研究中，同样发现 M_s 以下等温淬火可以细化贝氏体组织[24]，通过 M_s 以下等温淬火热处理，0.15C 钢的贝氏体板条尺寸由 245nm 降低至 203nm，0.28C 钢的贝氏体板条尺寸由 185nm 降低至 142nm，且块状 MA 数量减少，尺寸细化。

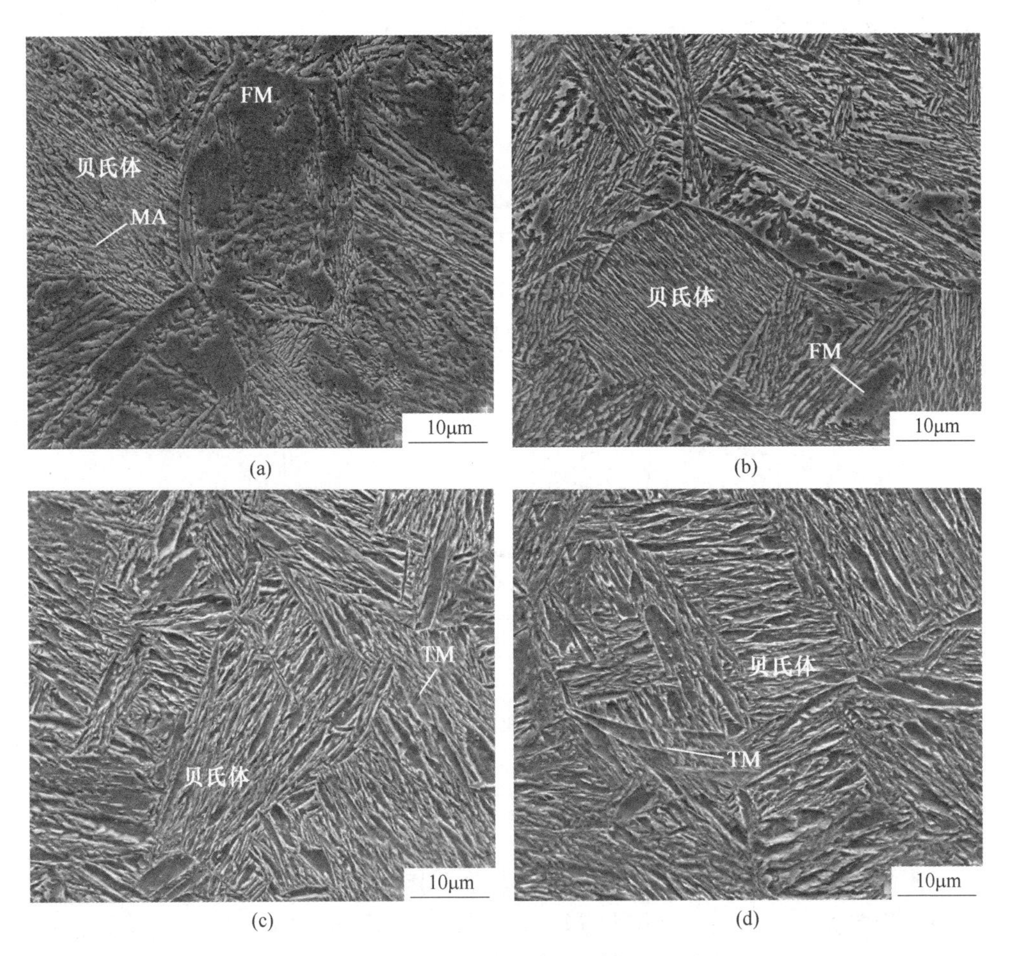

图 4-45　不同温度等温淬火试样室温组织

（a）430℃（M_s 以上）；（b）400℃（M_s以上）；（c）350℃（M_s 以下）；（d）330℃（M_s以下）

粗大的块状马氏体和 MA 对钢的韧性损害较大，所以 M_s 以下等温淬火对贝氏体以及块状马氏体或 MA 的细化作用对改善钢的冲击韧性是有利的。Zhao 等人发现，M_s 以下等温淬火可以显著提高钢的冲击韧性，0.15C 钢 U 型缺口冲击功由 67J/cm^{2}提升至 126J/cm^2，0.28C 钢的 U 型缺口冲击功由 83J/cm^{2}提升至 120J/cm^2。此外，拉伸结果表明，M_s 以下等温淬火可以提高钢的屈服强度，但抗拉强度和伸长率在不同钢种的变化规律是不一样的。对于 0.15C 钢，M_s 以下等温淬火对抗拉强度影响不大，但增加了伸长率；对于 0.28C 钢，M_s 以下等温淬火提高抗拉强度，但降低伸长率。Long 等人[19,25]发现在两种中碳钢中，在 M_s 以下 10~15℃等温淬火时，抗拉强度提高，但伸长率降低。此外，本书作者对 Fe-0.22C-1.80Si-2.00Mn-1.00Cr-0.25Mo-0.50Al（wt.%）低碳贝氏体钢的研究中发现，与 400℃（M_s 以上）等温淬火试样相比，330℃和 350℃（M_s 以下）等温淬火试样的抗拉强度和伸长率均降低。这是因为尽管 M_s以下等温淬火细化了钢的组织，但预先形成的马氏体在随后保温过程中形成了脆性碳化物，且残余奥氏体含量降低，TRIP 效应减弱，所以钢的综合性能降低。因此，M_s以下等温淬火对钢力学性能的影响受钢的成分、等温淬火温度等因素影响，对于某一成分钢种，M_s 以下等温淬火温度和时间的合理选择是改善钢力学性能的关键参数。

4.5.2 多步等温淬火热处理

多步等温淬火法一般包括两步或者三步等温淬火，下面以两步等温淬火为例进行介绍。在热模拟实验机上对 0.22C-1.82Si-2.04Mn-0.23Mo-1.02Cr-0.50Al（wt.%）低碳贝氏体钢进行两步等温淬火法热处理，研究两步法热处理工艺参数对贝氏体钢相变和组织性能的影响，热处理工艺如图 4-46 所示。1 号和 2 号试样进行单步等温淬火，1 号试样等温相变温度为 430℃（高于 M_s），2 号等温相变温度为 330℃（低于 M_s），保温时间均为 30min。3 号和 4 号试样进行两步等温淬火，3 号试样先在 430℃进行第一步等温淬火（保温 2min），随后在 330℃（介于 M_s和 M_s'之间）进行第二步等温淬火（保温 28min）。4 号试样将第一步等温淬火时间延长至 4min，第二步等温淬火时间相应缩短至 26min，保证总等温相变时间相等。

4.5.2.1 贝氏体相变行为

如图 4-47（a）所示，430℃进行等温淬火时发生贝氏体相变，试样膨胀量不断增加，而 330℃低于钢原始 M_s温度，如前所述，相变顺序为先形成马氏体（Z 到 A 之间），之后发生贝氏体相变。两步等温淬火热处理在两个不同的温度进行等温相变，所以试样在等温相变期间的膨胀量变化与单步等温淬火是不同的。如图 4-47（c）和（d）所示，第一步等温过程中，部分奥氏体转变为贝氏体，试

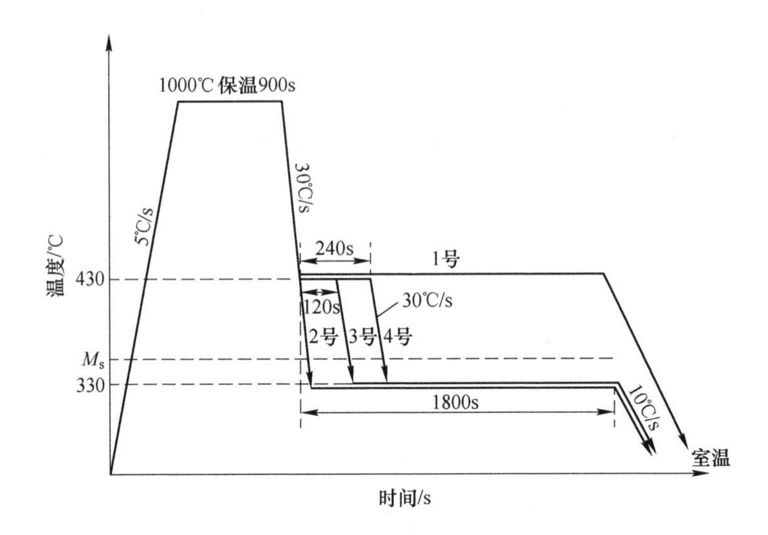

图 4-46　两步等温淬火热处理实验工艺

样膨胀量增加，随后降温过程中膨胀量减少，到达第二步等温淬火温度时，未转变的奥氏体继续发生贝氏体相变，所以膨胀量再次增加。虽然第二步相变温度低于钢原始 M_s温度，但由膨胀曲线可以看出，第二步等温过程中试样膨胀量并没有像马氏体相变一样爆发式的线性增加，而是缓慢地增加，即第二步等温过程中仍为贝氏体相变。这是由于第一步贝氏体相变后，由于排碳现象，未转变奥氏体含碳量增大，其对应的马氏体相变开始温度降低。对比图 4-47（a)(c）和（d）可知，3 号试样在第一步 430℃保温 2min，其贝氏体相变量（*P* 点）约占第一步最大相变量的 50%，而 4 号试样在第一步保温 4min，其贝氏体相变量（*Q* 点）约占第一步最大相变量的 95%，即贝氏体相变基本停止。3 号和 4 号试样第一步和第二步等温相变引起的总膨胀量分别为 26.2μm 和 25.1μm，大于 1 号试样在 430℃单步相变引起的膨胀量（23.4μm)，表明与单步等温淬火相比，两步等温淬火可以增加贝氏体转变量。如前所述，贝氏体相变量随等温温度降低而增大。单步相变和两步相变总时间相等，而两步相变热处理第二步相变温度更低，所以贝氏体总体相变量增多。

图 4-48（a）给出了 3 号和 4 号试样在第二步等温淬火中的膨胀量。可以看出，3 号试样在第二步等温淬火中贝氏体转变量明显高于 4 号试样，这是因为 4 号试样第一步等温时间较长，贝氏体相变量较多，消耗了更多的母相奥氏体，所以第二步等温贝氏体转变量相应减少。第二步等温温度较低，其获得的贝氏体组织比第一步更加细小，所以 3 号试样比 4 号试样获得更多细小贝氏体组织。此外，由相变速率曲线图 4-48（b）可以看出，3 号试样贝氏体相变速率明显快于 4 号试样，其最大相变速率约为 4 号试样 10 倍。这是因为贝氏体相变时未转变奥

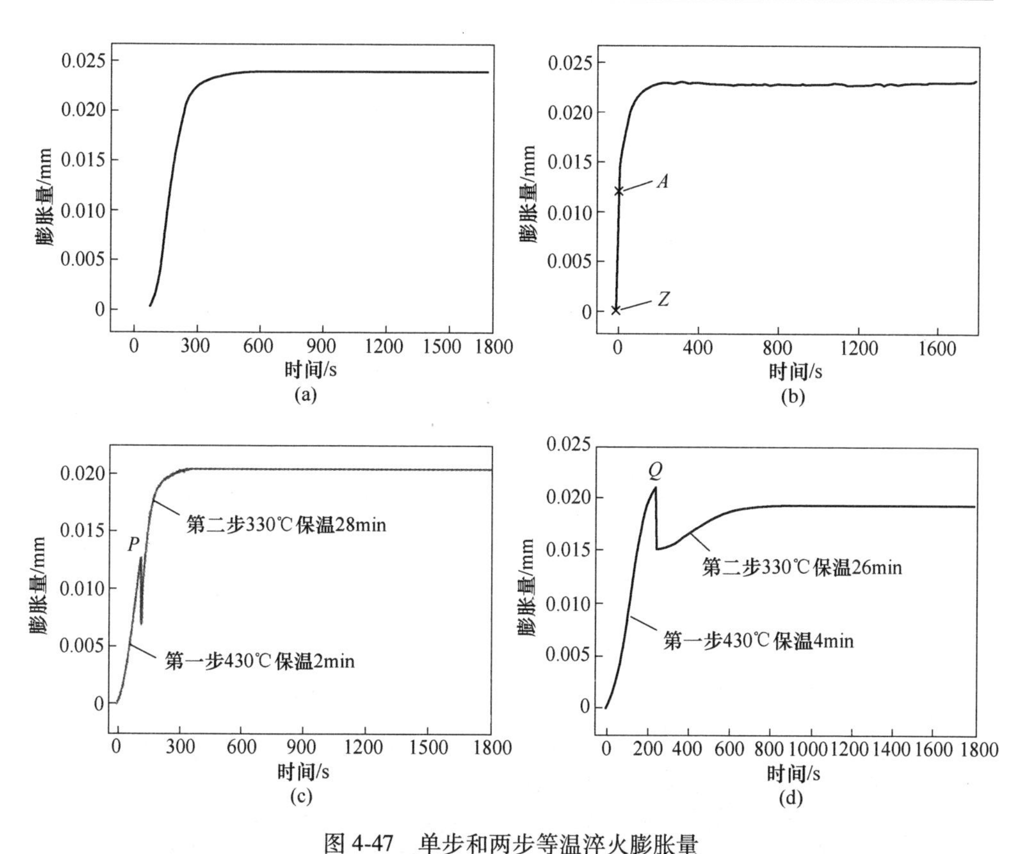

图 4-47 单步和两步等温淬火膨胀量

（a）430℃保温淬火；（b）330℃保温淬火；（c）430℃保温 2min+330℃保温 28min；（d）430℃保温 4min+330℃保温 26min

氏体中碳元素不断富集。与 3 号试样相比，4 号试样中第一步的贝氏体相变量较多，所以剩余未转变奥氏体中的碳含量较高，稳定性增强，相变速率减慢。

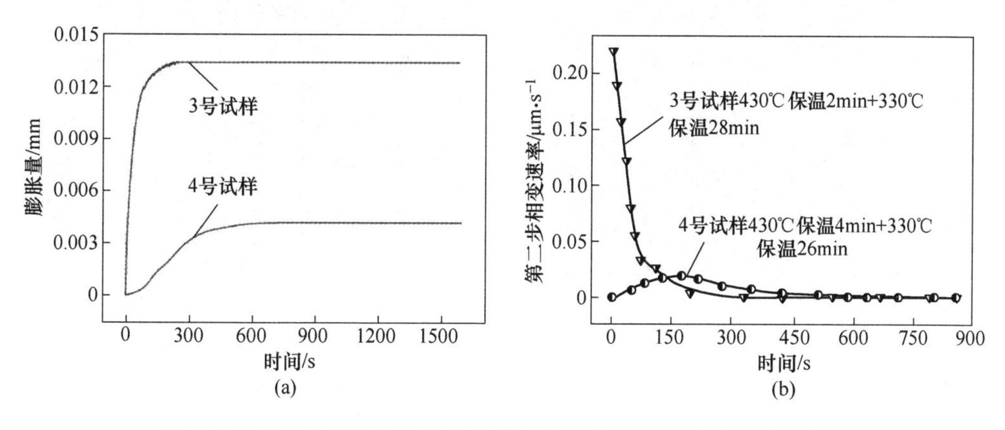

图 4-48 第二步等温淬火期间的贝氏体相变（a）和相变速率（b）

4.5.2.2　组织与性能

430℃单步等温淬火后显微组织如图 4-49（a）所示。等温贝氏体相变后，剩余未转变的奥氏体在冷却过程中部分转变为马氏体，所以室温组织由贝氏体、马氏体和残余奥氏体组成。330℃等温淬火试样在温度降低至 M_s 以下时，首先发生马氏体相变，随后在 330℃等温阶段发生贝氏体相变，所以室温组织同样由贝氏体、马氏体和残余奥氏体组成。如前所述，先形成的马氏体在等温过程中发生回火，形成 TM。与 430℃等温淬火试样相比，330℃等温淬火试样中贝氏体组织得到明显细化，但由于 TM 含量较多，消耗了较多母相奥氏体，所以贝氏体含量相应减少。

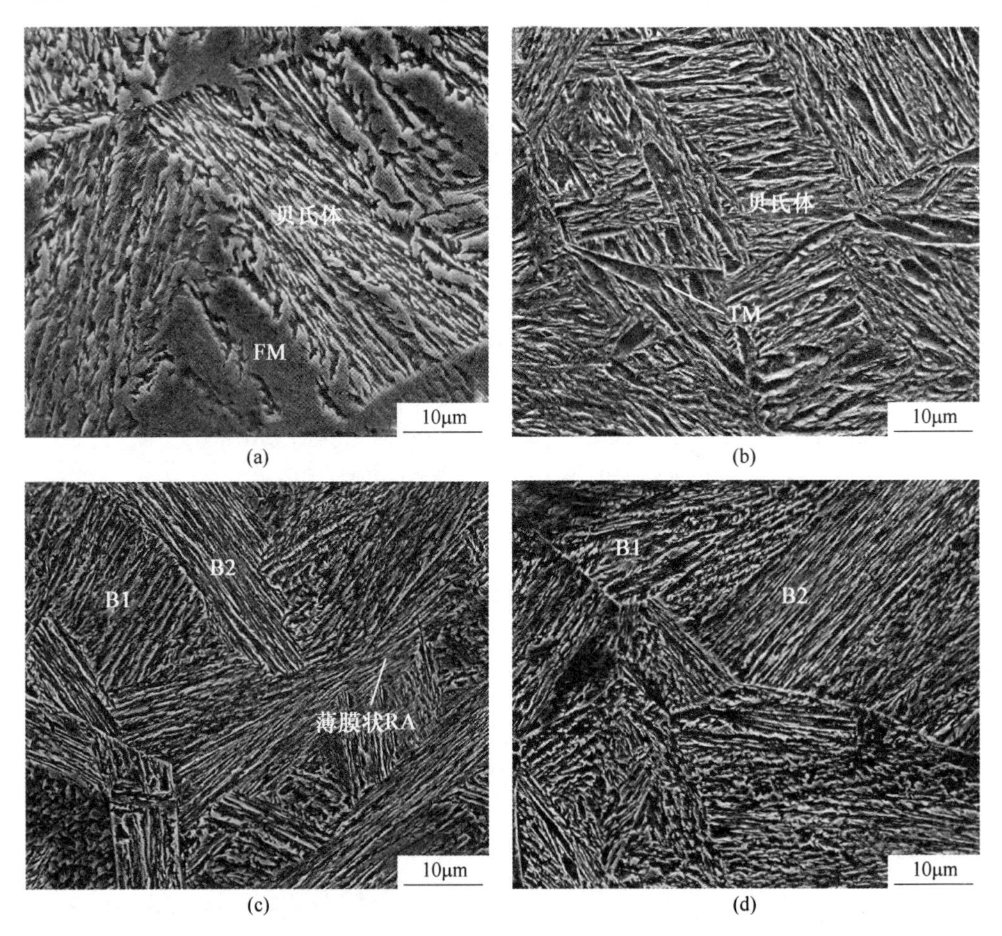

图 4-49　不同热处理工艺钢的显微组织

（a）1 号，430℃等温淬火；（b）2 号，330℃等温淬火；（c）3 号，430℃保温 2min+330℃保温 28min；（d）4 号，430℃保温 4min+330℃保温 26min

与单步等温淬火不同，两步等温淬火试样中块状马氏体和马奥组织含量明显减少，且组织中存在两种尺寸的贝氏体组织，如图 4-49（c）和（d）所示。尺寸较大的贝氏体（B1）在第一步等温淬火过程中形成，尺寸较小的贝氏体（B2）在第二步等温淬火过程中形成。与 4 号试样相比，3 号试样在第一步等温淬火温度下停留时间较短，所以其组织中粗大的 B1 含量较少，细小的 B2 含量较多，这有利于提高钢的力学性能。此外，XRD 实验表明，1 号与 2 号单步等温淬火试样残余奥氏体含量分别为 7.9%和 7.5%，而 3 号与 4 号两步等温淬火试样残余奥氏体含量升高至 12.7%和 11.4%。

表 4-4 给出了不同工艺热处理后试样的拉伸性能。与单步等温淬火试样 1 号相比，两步等温淬火试样 3 号和 4 号强度有所降低，但伸长率明显提升，所以钢的综合力学性能强塑积（强度与伸长率乘积）明显增加。两步等温淬火后，组织中块状未回火马氏体减少，取而代之的是细小的贝氏体组织，所以钢的强度有所降低，而伸长率得到明显改善。此外，两步等温淬火后，残余奥氏体含量增多，TRIP 效应增强，也是钢的伸长率增加的主要原因之一。3 号试样强度和伸长率均高于 4 号试样，表明缩短第一步等温淬火时间可以进一步提高钢的力学性能。这是因为两步等温淬火后，组织中含有两种不同尺寸的贝氏体，膨胀量结果（图 4-48）和显微组织（图 4-49）均表明，3 号试样含有更多细小的 B2 贝氏体，所以其表现出更加优异的力学性能。

表 4-4 试样不同热处理后的拉伸实验结果

试样	抗拉强度/MPa	屈服强度/MPa	总伸长率/%	强塑积/GPa · %
1 号	1123±24	865±41	13.9±0.80	15.61±1.23
2 号	933±31	748±47	15.0±1.12	13.99±1.80
3 号	1086±17	806±27	18.2±0.34	19.76±0.96
4 号	1031±22	786±29	17.5±0.52	18.04±0.85

4.5.3 小结

M_s 以下等温淬火法和多步等温淬火法等新型热处理工艺可为细化高强贝氏体钢组织，提高其力学性能提供新思路，本节对这两种热处理工艺进行了介绍。

（1）M_s 以下等温淬火可以加速贝氏体相变，细化贝氏体、块状马氏体和马奥组织。这种新型热处理工艺具有显著提高钢力学性能的潜力，现有研究证明了这一点，然而也有部分研究得到相反的结果，产生这一矛盾的原因可能在于钢的化学成分、等温淬火温度和时间等参数的差异。因此，对于某一成分钢种，M_s 以下等温淬火温度和时间的合理选择是改善钢力学性能的关键参数。

（2）多步等温淬火法通过多次相变来逐步降低贝氏体相变温度，减少块状马氏体和马奥组织含量，细化贝氏体组织，提高残余奥氏体含量，从而提高钢的力学性能。在多步等温淬火中，各步等温淬火温度和时间的选择是影响钢性能的主要参数，缩短第一步较高温度下的等温淬火时间有助于进一步细化组织，提高钢的力学性能。

参考文献

[1] 岳重祥，张立文，廖舒纶，等. GCr15 钢奥氏体晶粒长大规律研究 [J]. 材料热处理学报，2008，29 (1)：94-97.

[2] 钟云龙，刘国权，刘胜新，等. 新型油井管钢 33Mn2V 的奥氏体晶粒长大规律 [J]. 金属学报，2003，39 (7)：699-703.

[3] 陈永，王喜和，刘胜新，等. 微合金钢中奥氏体晶粒长大规律研究 [J]. 材料热处理，2007，36 (16)：4-6.

[4] Beck P A, Kremer J C, Demer L J, et al. Grain growth in high purity aluminum and in aluminum-magnesium alloy [J]. Transaction of American Institute of Mining, Metallurgical, and Petroleum Engineers, 1948, 175: 372-400.

[5] Kang M K, Zhu M, Zhang M X. Mechanism of bainite nucleation in steel, iron and copper alloys [J]. Journal of Materials Science and Technology, 2005, 21 (4): 437-444.

[6] Quidort D, Bréchet Y J M. The role of carbon on the kinetics of bainite transformation in steels [J]. Scripta Materialia, 2002, 47: 151-156.

[7] Fullman R L. Fischer J C. Formation of annealing twins during grain growth [J]. Journal of Applied Physics, 1951, 22: 1350-1355.

[8] Gleiter H. The formation of annealing twins [J]. Acta Metallurgica, 1969, 17 (12): 1421-1428.

[9] Gindraux G, Form W J. New concept of annealing-twin formation in face-centered cubic metals [J]. Journal of the Japan Institute of Metals, 1973, 101: 85-92.

[10] Dash S, Brown N. An investigation of the origin and growth of annealing twins [J]. Acta Metallurgica, 1963, 11: 1067-1075.

[11] Meyers M A, Murr L E. A model for the formation of annealing twins in fcc metals and alloys [J]. Acta Metallurgica, 1978, 26 (6): 951-962.

[12] Avrami M. Kinetics of phase change Ⅰ [J]. Journal of Chemical Physics, 1939, 7: 1103-1112.

[13] Godet S, Harlet P, Delannay F, et al. Critical assessment of the bainite transformation of finely grained and deformed austenite [J]. Materials Science Forum, 2003, 426-432: 1433-1438.

[14] Yang H S. Design of low-carbon, low-temperature bainite [D]. Korea: Pohang University of Science and Technology, 2011.

[15] Matsuzaki A, Bhadeshia H K D H. Effect of austenite grain size and bainite morphology on over-

all kinetics of bainite transformation in steels [J]. Materials Science and Technology, 1999, 15 (5): 518-522.

[16] 胡锋. 纳米结构双相钢中残留奥氏体微结构调控及其对力学性能的影响 [D]. 武汉: 武汉科技大学, 2014.

[17] Hase K, Garcia-Mateo C, Bhadeshia H K D H. Bainite formation influenced by large stress [J]. Materials Science and Technology, 2004, 20: 1499-1505.

[18] Bhadeshia H K D H. Bainite in Steels [M]. 3rd edition. London: Institute of Materials, Minerals & Mining, 2015.

[19] Long X Y, Kang J, Lv B, et al. Carbide-free bainite in medium carbon steel [J]. Materials and Design, 2014, 64: 237-245.

[20] Garci'a-Mateo C, Caballero F G. The role of retained austenite on tensile properties of steels with bainitic microstructures [J]. Materials Transactions, 2005, 46: 1839-1846.

[21] Bohemen S M C V, Santofimia M J, Sietsma J. Experimental evidence for bainite formation below M_s in Fe-0. 66C [J]. Scripta Materialia, 2008, 58: 488-491.

[22] Kolmskog P, Borgenstam A, Hillert M, et al. Direct observation that bainite can grow below M_s [J]. Metallurgical and Materials Transactions A, 2012, 43: 4984-4988.

[23] Samanta S, Biswas P, Giri S, et al. Formation of bainite below the M_s temperature: Kinetics and crystallography [J]. Acta Materialia, 2016, 105: 390-403.

[24] Zhao L, Qian L, Meng J. et al. Below-M_s austempering to obtain refined bainitic structure and enhanced mechanical properties in low-C high-Si/Al steels [J]. Scripta Materialia, 2016, 112: 96-100.

[25] Long X Y, Zhang F, Kang J, et al. Low-temperature bainite in low-carbonsteel [J]. Materials Science and Engineering A, 2014, 594: 344-351.

5 变形对贝氏体相变和组织影响

奥氏体预变形可改变母相奥氏体状态，从而影响钢的相变、组织和性能。研究表明，奥氏体预变形可以促进铁素体和珠光体转变、细化组织，原因是变形产生大量位错，可以为相变提供有利形核位置。对于马氏体转变，变形则起到抑制作用，原因是变形产生的位错缺陷阻碍马氏体切变；但对于贝氏体相变，到目前为止，奥氏体预变形的作用还未完全清楚。对于奥氏体变形对贝氏体相变的影响存在三种不同的观点：（1）第一种观点是变形抑制贝氏体相变。英国剑桥大学 Shipway 等人[1]总结了奥氏体预变形对贝氏体相变的影响，认为母相与新相界面移动受到位错林阻碍，因此贝氏体相变被抑制。Larn 等人[2]研究了高温变形对随后贝氏体相变的影响，发现变形后的奥氏体在发生贝氏体相变整个过程中受到抑制，且最终的贝氏体体积分数明显减少。（2）第二种观点是奥氏体预变形促进贝氏体转变速率，但最终的贝氏体量减少。Tsuzaki 等人[3]研究发现，和未变形的奥氏体相变相比，奥氏体预变形加快了贝氏体转变速率，但最终的贝氏体体积分数减少。这一观点也得到了其他研究证实[4~8]，即变形后的奥氏体在随后等温处理过程中，贝氏体转变初始速率加快，但总量降低。（3）第三种观点是由 Gong 等人提出来的，认为变形不仅促进贝氏体相变速率，而且增加贝氏体最终转变量。近年来，Gong 等人[9,10]研究发现，300℃奥氏体预变形（15%，25%）可以促进整个过程的贝氏体相变，改变最终贝氏体组织的形貌，而 500℃变形对贝氏体相变则没有影响；原因是不同的变形温度导致贝氏体相变时母相奥氏体的位错结构不同，300℃变形产生的有利位错取向，促进了优先取向贝氏体的形核和长大，而高温 500℃变形产生的位错在随后冷却过程中回复，不影响后续贝氏体相变；其实验结果还发现，低温变形下的贝氏体呈现择优取向，而高温变形取向选择不明显。

综上所述，变形对贝氏体相变的影响规律还存在三种不同的观点：变形抑制贝氏体相变；变形加速贝氏体初始相变速率，但阻碍后续贝氏体长大；变形促进贝氏体相变整个过程，包括形核和长大过程。不难发现，奥氏体预变形对贝氏体相变及组织的影响规律还未完全阐明，不同的变形条件包括变形温度和变形量，对贝氏体转变速度和最终转变量都有影响，应该综合考虑，有待进一步深入研究，变形条件下超级贝氏体相变动力学模型亟待建立。本章重点研究变形条件下贝氏体相变动力学及力学稳定化，探索变形调控超细高强贝氏体钢微观组织机理。

5.1 奥氏体预变形对贝氏体相变动力学和组织影响

5.1.1 变形热处理工艺

选取 Fe-0.4C-2.0Si-2.8Mn（wt.%）作为实验材料，在热模拟试验机上进行实验。热模拟实验工艺如图 5-1 所示，主要分为高温变形和低温变形两种工艺路线。第一种工艺线路，将实验钢以 10℃/s 加热到 860℃ 奥氏体化 15min，然后以 10℃/s 快速冷却至变形温度 300℃，分别变形 25% 和 50%，之后在 300℃ 保温 90min，等温完成后以 30℃/s 快冷至室温；第二种工艺路线，将试验钢以 10℃/s 加热到 860℃ 奥氏体化 15min，分别变形 25% 和 50%，然后以 10℃/s 快速冷却至 300℃ 保温 90min，等温完成后以 30℃/s 快冷至室温。同时，为了比较变形与无变形实验结果，还设置了一组未变形的实验工艺。

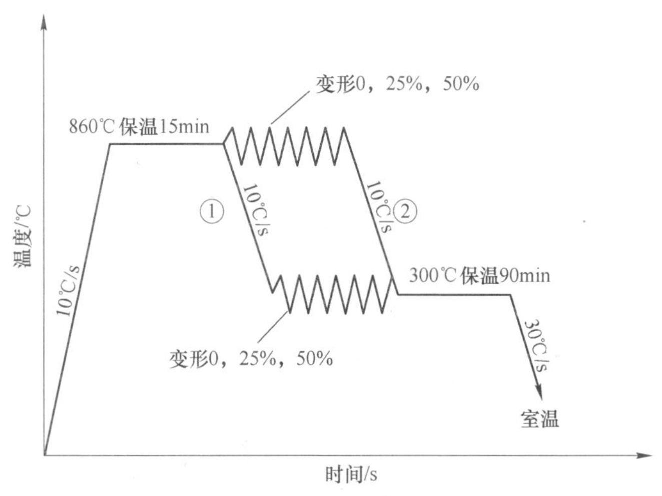

图 5-1 奥氏体预变形实验工艺

5.1.2 高温变形对贝氏体相变和组织影响

图 5-2 为热模拟实验高温 860℃ 变形的试样在 300℃ 等温期间的膨胀量变化及相变速度曲线，零点选取为等温开始点。由于变形后试样直径变大，会增加试样总的膨胀量，因此对膨胀量进行了标准化，标准化公式为 $(D_i-D_0)/D_0$，D_i 为等温期间任意时刻试样实测直径，D_0 为 300℃ 变形后和等温前试样等效直径。等温期间膨胀量之所以会上升，主要归因于晶体结构的改变，面心立方结构（fcc）奥氏体转变为体心立方结构（bcc）贝氏体铁素体，致密度降低，体积膨胀，但同时，膨胀量也会受贝氏体取向和相变塑性的影响。

从图 5-2（a）可以看出，无变形试样膨胀量最大，施加 25% 的应变量后，最终贝氏体转变量减少，继续增加变形量到 50%，贝氏体相变进一步被阻碍，最终贝氏转变量最少。图 5-2（b）为贝氏体相变速度曲线。可以看出，高温变形后的试样内部等温贝氏体相变最大速度降低，而且出现时间更晚，使得最终贝氏体量减少，相变速度曲线反映的结果可以归因于变形奥氏体中贝氏体相变发生了机械稳定化。

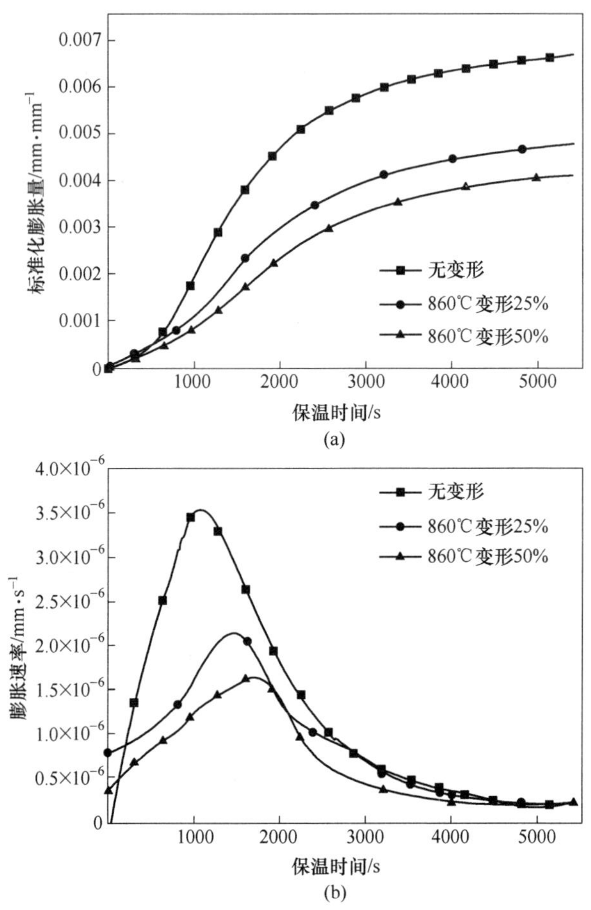

图 5-2　高温变形对贝氏体相变影响

（a）300℃等温期间膨胀量变化；（b）相变速度

图 5-3 给出了高温变形试样室温 SEM 组织。与无变形试样相比，变形后试样内部贝氏体束形貌更细小，随着应变量增大，贝氏体细化程度增加。组织检测结果与机械稳定化理论是一致的，变形程度增加，位错缺陷累积更多，严重阻碍贝氏体束长大。

5.1.3　低温变形对贝氏体相变和组织影响

图 5-4 为热模拟实验低温 300℃变形的试样在等温贝氏体相变期间的膨胀量

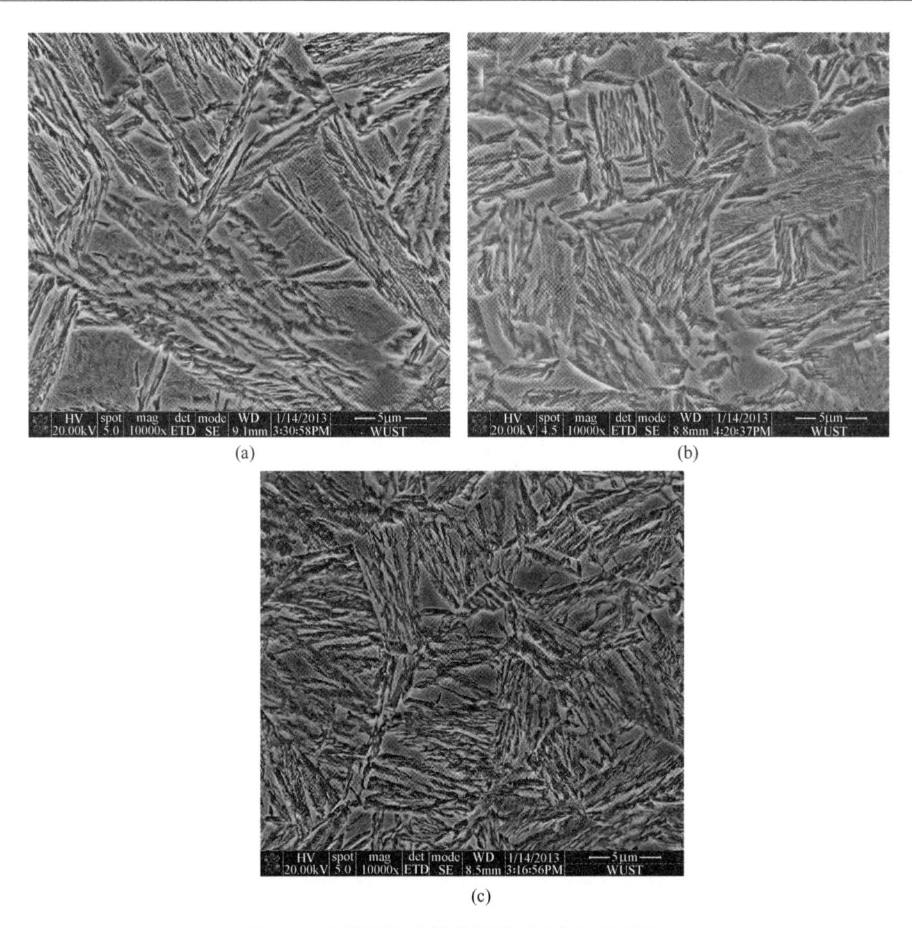

图 5-3 不同变形条件试样室温 SEM 组织

（a）无变形；（b）860℃变形 25%；（c）860℃变形 50%

变化及相变速度曲线。比较图 5-4（a）膨胀量曲线可知，300℃变形 25%的试样等温完成以后膨胀量明显比无变形试样多，说明有更多的奥氏体转变成贝氏体。值得注意的是，低温小变形试样膨胀量的增加受相变、取向、相变塑性的综合影响，Gong 等人[9,10]的研究报告显示，300℃奥氏体预变形会导致贝氏体取向选择。此外，Miyamoto 等人[11]和 Pereloma 等人[12]也发现变形促进贝氏体取向选择。由于剪切应变会伴随贝氏体相变产生，较强的取向选择会导致膨胀量的不均匀性，从而影响贝氏体相变膨胀量的测定。然而，仍然可以通过对膨胀量曲线进行相对标准化，定性分析变形对贝氏体相变动力学的影响规律。具体标准化方法为，确定等温 90min 时的膨胀量代表各自贝氏体最大转变量，然后用瞬时膨胀量除以最大膨胀量，即可得到不同试样贝氏体转变相对体积分数随等温时间变化情况，结果如图 5-5 所示。可以看出，300℃变形 25%明显加速贝氏体相变，说明低温小变形促进贝氏体相变动力学，使最终贝氏体转变量也明显增多。

从图 5-4（a）的结果还可以看到，继续增加变形量到 50%，最终膨胀量明显减少，说明贝氏体转变量减少；这表明低温变形，当应变较大时，奥氏体可能发生了机械稳定化。即使 50%变形试样内部也可能存在取向选择，但结果仍显示大变形引起机械稳定化，使得贝氏体转变量明显减少。一些文献[4~8,13,14]指出，变形加速初始贝氏体相变速度，但减少贝氏体最终转变量，这与本书 300℃ 变形 50%的结果是一致的，说明奥氏体预变形对贝氏体相变的影响同时取决于变形温度和变形程度。

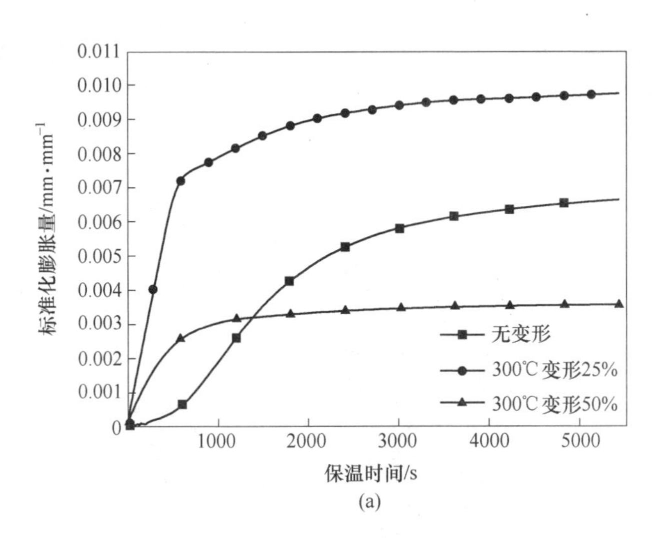

(a)

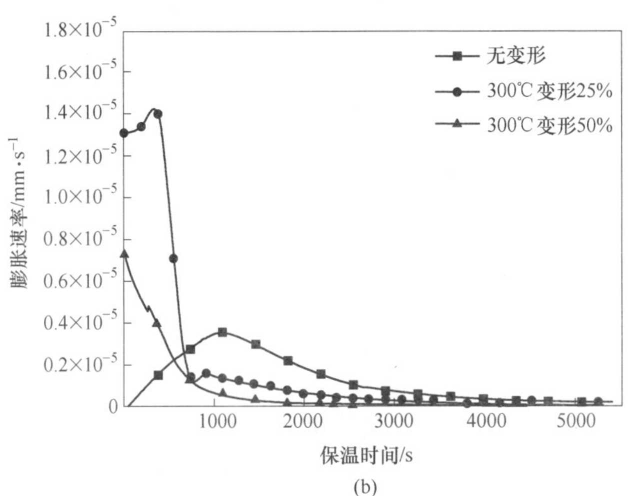

(b)

图 5-4　低温变形对贝氏体相变影响

（a）300℃ 等温期间膨胀量变化；（b）相变速度

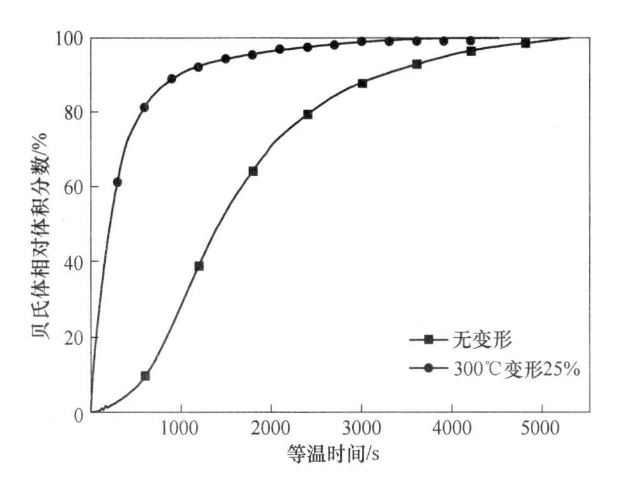

图 5-5　300℃变形 25%试样膨胀量标准化后与无变形试样膨胀量曲线比较

图 5-6 为 300℃不同变形程度试样等温完成后的室温 SEM 组织。可以看出，变形 25%的试样内部贝氏体束更细小，且贝氏体数量相对于无变形试样明显增加。变形奥氏体含有更多的缺陷和畸变能，为贝氏体形核提供了有利条件，因此变形奥氏体中贝氏体可以同时在多处位置形核，使最终贝氏体形貌更细小，如图 5-6（b）所示。相反，当变形量增加到 50%时，贝氏体转变量明显减少，甚至比无变形试样还要少，大应变下的奥氏体含有大量高密度位错林，会引起奥氏体机械稳定化，贝氏体束在长大过程中严重受阻。此外，前面原位观察研究结果表明，贝氏体束可以在晶界、晶内、孪晶界和预先形成的贝氏体板条上形核并长大，50%变形产生了大量位错缺陷，也为贝氏体相变提供了很多有利形核位置。这两个因素的共同作用使得 50%变形后的试样内部贝氏体束呈现破碎状，如图 5-6（c)所示。

5.1.4　变形对残余奥氏体影响

为了研究变形对残余奥氏体的影响，等温热模拟实验完成后，对低温变形试样测定了残余奥氏体（RA）含量。图 5-7 为 XRD 实验衍射数据图。通过计算，300℃无变形、变形 25%和变形 50%试样室温组织中含有 RA 体积分数分别约为 8%、26%和 15%。对于贝氏体相变动力学，低温（300℃）小应变（25%）可以加速贝氏体相变，且获得更多的贝氏体转变量；同时，XRD 结果显示 25%应变试样内部含有最多的 RA，综合贝氏体量和 RA 含量可知，25%应变试样内部只获得了少量马氏体。相比无变形试样，300℃变形 50%试样含有更多 RA，表明应变可以使奥氏体发生机械稳定化。同时，相比变形 25%试样，由于 50%试样内部贝氏体转变少，等温完以后，残余奥氏体含碳量低，因此更多残余奥氏体转变成马

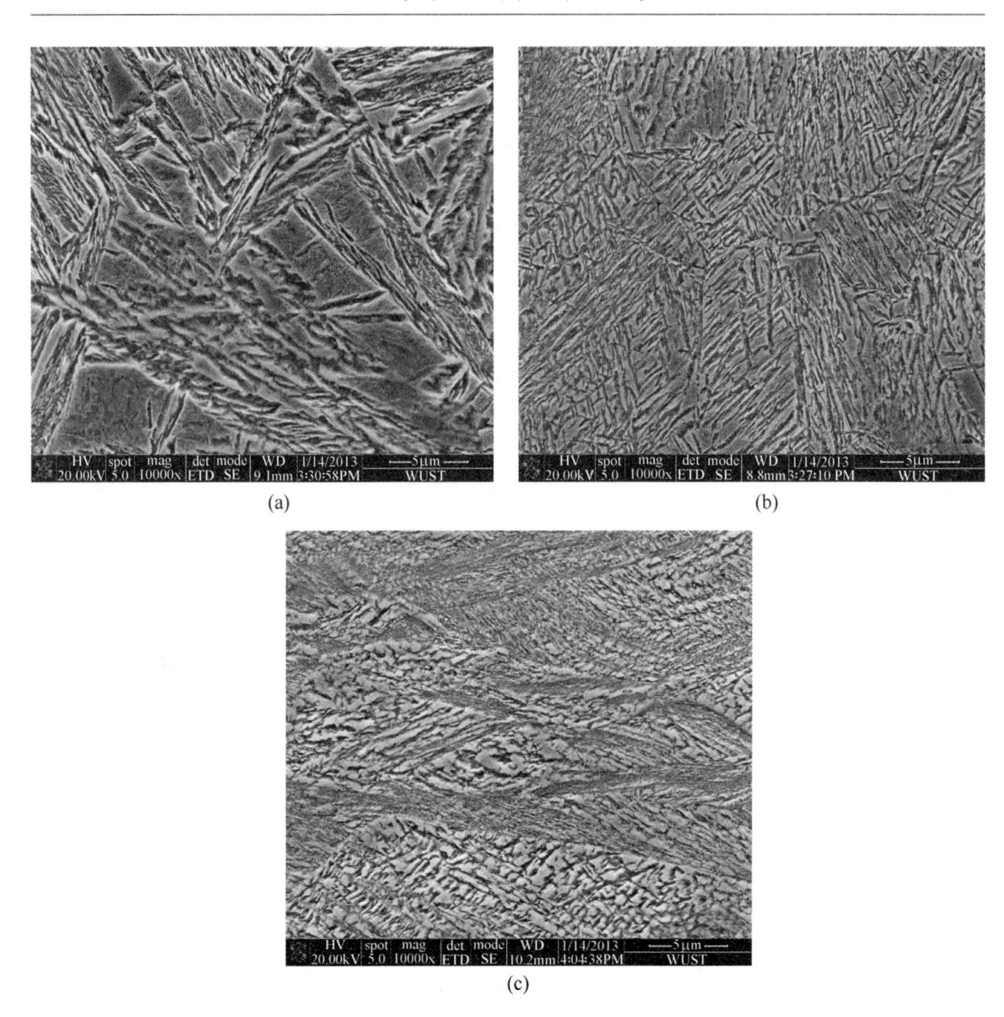

图 5-6　不同变形条件试样室温 SEM 组织

（a）无变形；（b）300℃变形 25%；（c）300℃变形 50%

氏体。含碳量高的奥氏体化学稳定性强，变形量大的奥氏体机械稳定性强，两者共同作用，决定最终室温组织 RA 含量。

5.1.5　等温相变期间温度及应力影响

外加应力可以加速贝氏体相变动力学[15~18]，下一章将进行详细介绍。因此有必要对试样在等温期间受到的外加应力进行分析，以避免其干扰变形对贝氏体相变的影响结果。热模拟实验过程中，为了保持试样夹持和稳定，必须施加一个小的外加应力。图 5-8 为无变形试样和变形试样在等温期间外加应力变化曲线。奥氏体在 300℃ 屈服强度约为 180MPa，而等温期间试样最大外加应力仅为 17.8MPa，说明外加应力对等温贝氏体相变的影响可以忽略。此外，如果等温期

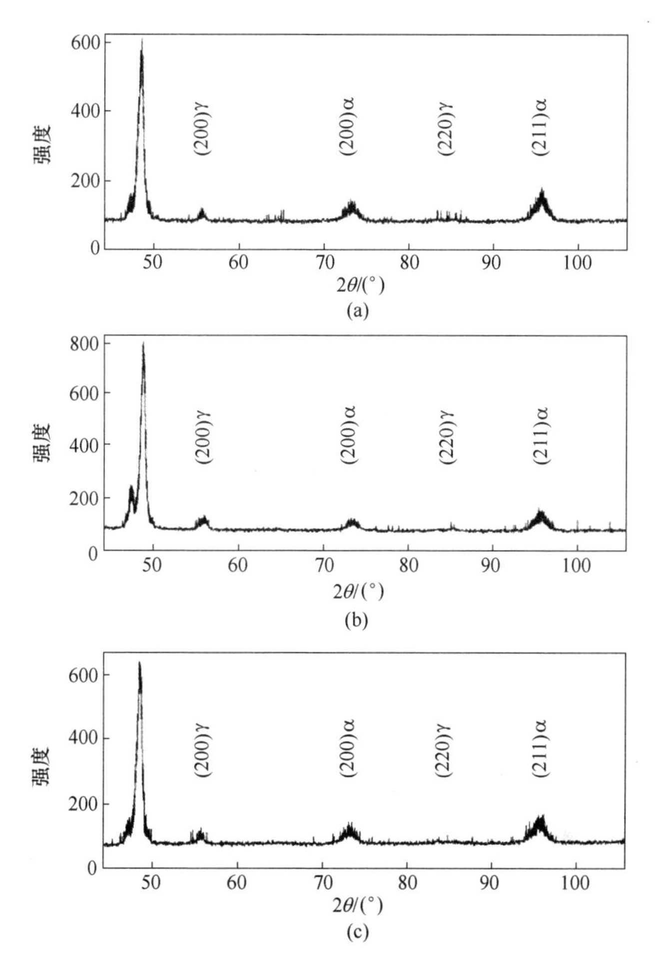

图 5-7 XRD 实验结果

（a）无变形；（b）300℃变形 25%；（c）300℃变形 50%

间试样温度波动很大也会影响最终膨胀量的测定，从图 5-9 中可以看出，所有试样等温期间温度波动为±0. 5℃，因此也可以排除温度对膨胀量的影响。

5.1.6 分析和讨论

5.1.6.1 变形对贝氏体相变影响

在本节研究中，860℃变形 25%会阻碍贝氏体相变，继续增加应变到 50%，进一步阻碍贝氏体相变。有研究[19,20]指出，奥氏体预变形阻碍贝氏体相变，是因为变形产生了机械稳定化作用。英国剑桥大学 Bhadeshia 等人[7]根据相变界面结构解释了机械稳定化，切变型相变主要依靠滑移面的整体移动进行，会受到位

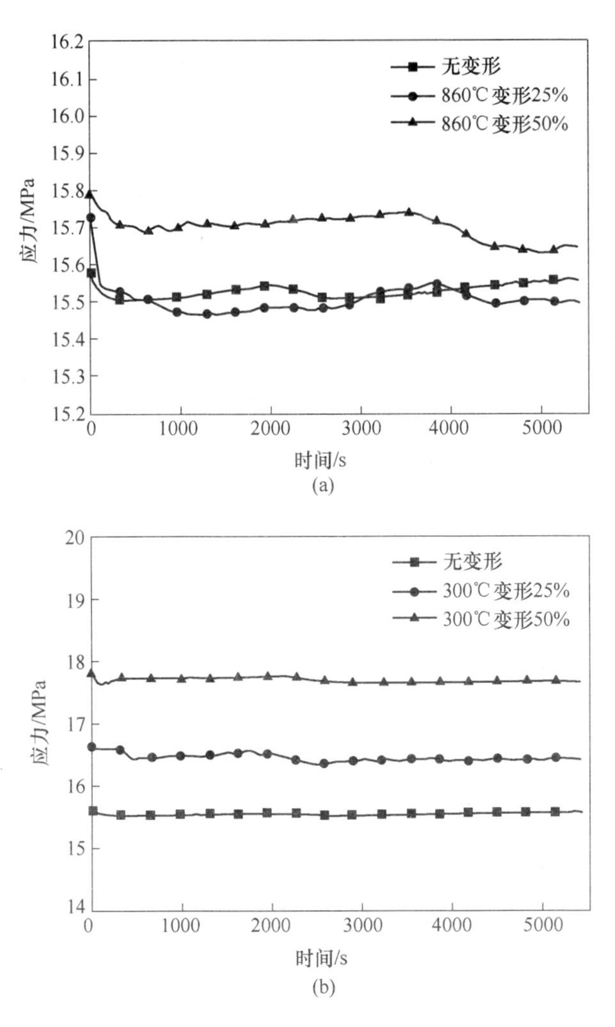

图 5-8　不同变形条件试样等温期间外加应力曲线

（a）高温变形；（b）低温变形

错缺陷的抵抗，因此变形就会阻碍奥氏体的分解。大多数工作主要集中在马氏体相变过程中奥氏体稳定化，对于贝氏体相变稳定化研究不多，一些研究表明贝氏体的生长会受到变形奥氏体中位错缺陷的阻碍。

低温 300℃变形 50%也会阻碍贝氏体相变，虽然变形可以产生大量位错，为贝氏体形核提供有利条件，但贝氏体长大以切变方式长大，则会受到位错林的阻碍，贝氏体相变包括形核和长大，且相变量主要依靠长大，因此变形 50%即使加速初始贝氏体相变，但最终贝氏体转变量减少。Shipway 等人[21]报道，变形奥氏体内部贝氏体一旦形核，长大就受到阻碍，使每个形核点对于贝氏体转变量的贡献大大降低。Singh 和 Bhadeshia[6,7]认为奥氏体预变形具有不均匀性，变形轻微

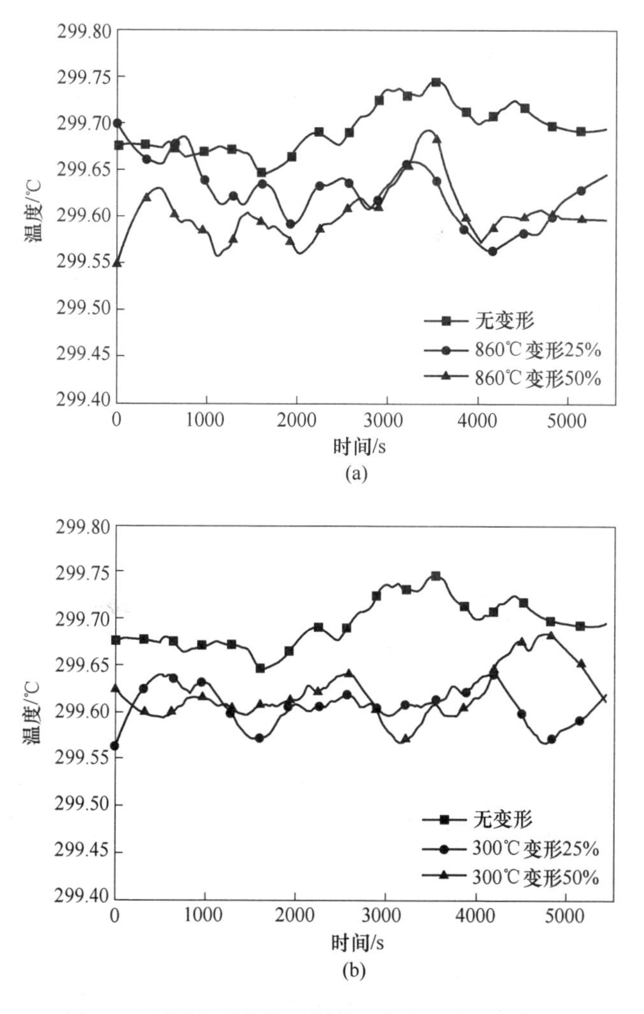

图 5-9 不同变形条件试样等温期间温度波动曲线

（a）高温变形；（b）低温变形

的地方贝氏体相变被促进，而变形严重的地方贝氏体相变就会被抑制，大变形奥氏体整体相变之所以被阻碍，是因为相比无变形试样，每个形核点的相变量由于奥氏体机械稳定化而减少，导致了最终贝氏体总量降低。图 5-4（a）结果显示，低温变形 50%试样初始贝氏体相变动力学被促进，这是因为变形产生了大量形核，然而，从图 5-4（b）可以看出其相变速度一直在降低，原因归结于贝氏体长大受到限制，使得最终贝氏体转变量降低。这一结果与现有的关于变形阻碍贝氏体相变的解释是一致的。

值得关注的是，低温 300℃变形 25%促进等温贝氏体相变，与无变形试样对比，小变形试样含有更多位错，促进了形核；同时由于小变形引起的机械稳定化作用较小，因此贝氏体相变在很短一段时间内被促进，如图 5-4（b）所示，贝氏体相变速度刚开始就达到最大值，而后不断降低。相变初始阶段，较多的形核加上较弱的机械稳定化作用，使得贝氏体体积分数在初始阶段就快速上升，最终贝氏体转变量超过无变形试样。本节的结果显示贝氏体相变速度随应变量并不是单调变化的，因此可以通过控制变形条件来缩短超级贝氏体钢相变时间。低温小变形同时增加贝氏体量和残余奥氏体量，减少马氏体量，这对于贝氏体钢综合性能的提升是有利的。此外，本节结果还证实了 Chatterjee 等人[22]推论，他们提出当应变大于某一临界值时，贝氏体相变就会被阻碍；但本研究表明临界应变是与变形温度有很大关系的，高温变形总是抑制贝氏体相变，没有出现临界现象，而低温变形才有可能会出现临界应变。对于高温变形，在冷却过程中会发生回复，从而使变形促进形核作用会大大降低，但变形产生的亚晶界、晶界等缺陷仍然保存下来，阻碍贝氏体相变。

5.1.6.2　变形奥氏体条件下贝氏体相变动力学

奥氏体预变形会影响贝氏体相变动力学，贝氏体转变具有不完全性，从图 5-2 和图 5-4 的膨胀量曲线可以看出试样在等温 90min 后，贝氏体相变基本完成。为了研究变形对贝氏体相变动力学的影响规律，选取高低温变形 25%和无变形试样，将标准化后的瞬时膨胀量除以各自最大膨胀量，得到三组试样在等温期间贝氏体转变相对体积分数随时间的变化曲线，结果如图 5-10 所示。可以看出，300℃变形 25%明显加速了贝氏体相变，贝氏体相变完成 90%只用了约 950s，而此时无变形试样贝氏体相变只完成了约 26%，860℃变形 25%试样贝氏体相变也只完成了约 21%，说明高温变形 25%反而阻碍了贝氏体相变。

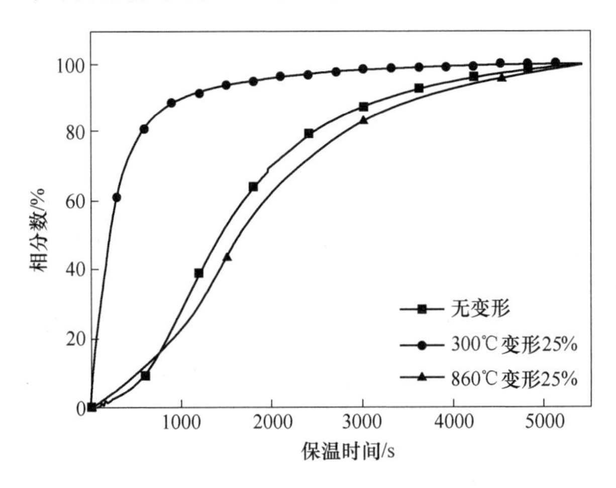

图 5-10　不同变形条件试样贝氏体相变体积分数随时间变化曲线

以往文献中很少涉及奥氏体预变形条件下贝氏体相变的相变动力学模型，未变形条件下的贝氏体相变动力学可以用 Avrami 等温相变式（4-5）来表述，三组试样贝氏体相变动力学方程可表示为：

$$f = 1 - \exp(-1.529 \times 10^{-7} \cdot t^{1.669}) \quad \text{（无变形试样）} \tag{5-1}$$

$$f = 1 - \exp(-1.073 \times 10^{-2} \cdot t^{0.778}) \quad \text{（300℃变形 25\%）} \tag{5-2}$$

$$f = 1 - \exp(-3.436 \times 10^{-6} \cdot t^{1.645}) \quad \text{（860℃变形 25\%）} \tag{5-3}$$

可以看到，300℃变形 25%试样的 b 和 n 值与无变形和高温变形试样明显不同。徐祖耀等人[17]认为，外加应力作用下贝氏体相变符合经修正后的 Avrami 方程：

$$f = 1 - \exp[-b(\sigma)t^{n(\sigma)}] \tag{5-4}$$

$$b(\sigma) = b(0)(1 + A\sigma^{B}) \tag{5-5}$$

式中，σ 为有效应力；$b(\sigma)$，$n(\sigma)$ 分别为以 σ 为函数的动力学常数和指数；A，B 为常数；$b(0)$ 为 $\sigma = 0$ 时的常数项。

根据式（5-1）~式（5-3），考虑奥氏体预变形对贝氏体相变动力学的影响，拟修正 Avrami 方程为：

$$f = 1 - \exp[-b(\varepsilon, T)\, t^{n(\varepsilon, T)}] \tag{5-6}$$

式中，将原 Avrami 方程中的常数项 b 和指数项 n 修正为与应变 ε 和变形温度 T 有关的函数 $b(\varepsilon, T)$ 和 $n(\varepsilon, T)$，本研究为系统建立变形条件下贝氏体相变动力学模型提供了指导依据。

5.1.7 小结

采用金相法和膨胀量法相结合，研究了奥氏体预变形对贝氏体相变和组织的影响，结果表明奥氏体预变形对贝氏体相变的影响取决于变形温度和变形程度。高温变形总是阻碍贝氏体相变，且随变形量的增大阻碍增强，最终贝氏体转变量都要小于无变形。低温大变形加速初始贝氏体相变，但减少最终贝氏体转变量，而低温小变形促进贝氏体相变，这为缩短无碳化物贝氏体钢的生产时间提供了有效依据。低温变形对贝氏体相变的作用可能存在临界应变，当变形量低于临界应变时，贝氏体和残余奥氏体总量增加，反之则减少。此外，初步建立了变形条件下的贝氏体相变动力学方程。

5.2 促进贝氏体相变峰值应变

前已述及，低温小变形促进等温贝氏体相变，而低温大变形则抑制等温贝氏体相变，因此可以推论低温小变形对贝氏体相变的促进作用是随变形程度不同而变化的，本节研究主要是探寻低温小变形对贝氏体相变的促进作用随变形程度的变化规律。

5.2.1　工艺设计

实验钢仍为 Fe-0.4C-2.0Si-2.8Mn(wt.%)，在热模拟试验机上进行热模拟实验，工艺如图 5-11 所示。将所有圆柱形试验钢以 10℃/s 加热到 900℃奥氏体化 15min，然后以 10℃/s 快速冷却至变形温度 300℃，分别变形 5%、10%、20%、30%和 40%，之后在 300℃保温 90min，保温完成以后空冷至室温。此外设定一组无变形实验，作为对比基准。

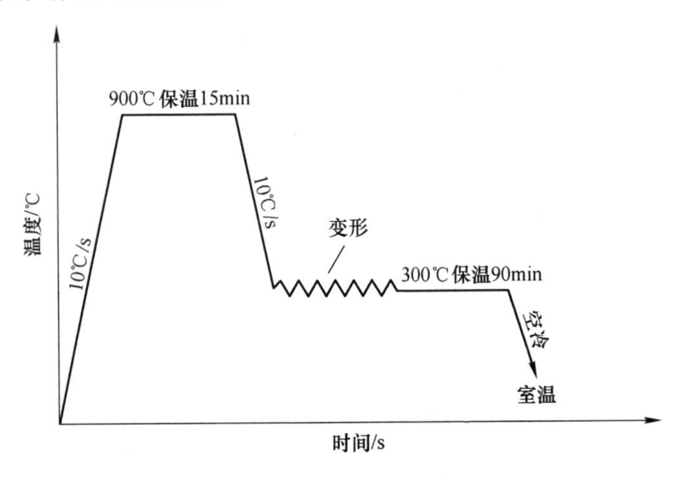

图 5-11　变形实验工艺

5.2.2　显微组织

热模拟实验完成以后的室温 SEM 组织如图 5-12 所示，无变形和变形试样组织都包含贝氏体（B）、残余奥氏体（RA）和马氏体（M）。如图 5-12（a）中指示线所示，板条贝氏体束形貌明显区别于块状马氏体组织，残余奥氏体主要以两种形貌存在，即块状 RA 和分布于贝氏体板条之间的薄膜状 RA。无变形试样中的贝氏体束沿不同方向随机生长，形成无规则取向，同时将块状马氏体组织分隔开，而变形试样的贝氏体组织取向呈现一定规律，如图 5-12（c）和（f）中椭圆形区域内贝氏体沿同一方向生长。Gong 等人[10]解释这一现象为贝氏体变体选择，低温变形产生了典型位错组织，使贝氏体相变呈现取向选择。从 SEM 组织还可以看出，变形后的试样，贝氏体束变得更细小，且随着变形程度增加，细化程度增大。变形可以产生大量位错和亚晶，为贝氏体相变提供更多形核，因此获得更细小的贝氏体形貌特征；同时，贝氏体生长受到位错和晶界阻碍，因此形成的贝氏体束短小。需要指出的是，变形试样中也有可能出现细长贝氏体束，如图 5-12（c）中椭圆区域所示，贝氏体取向选择和自由生长空间的综合作用，使得贝氏体束变长。

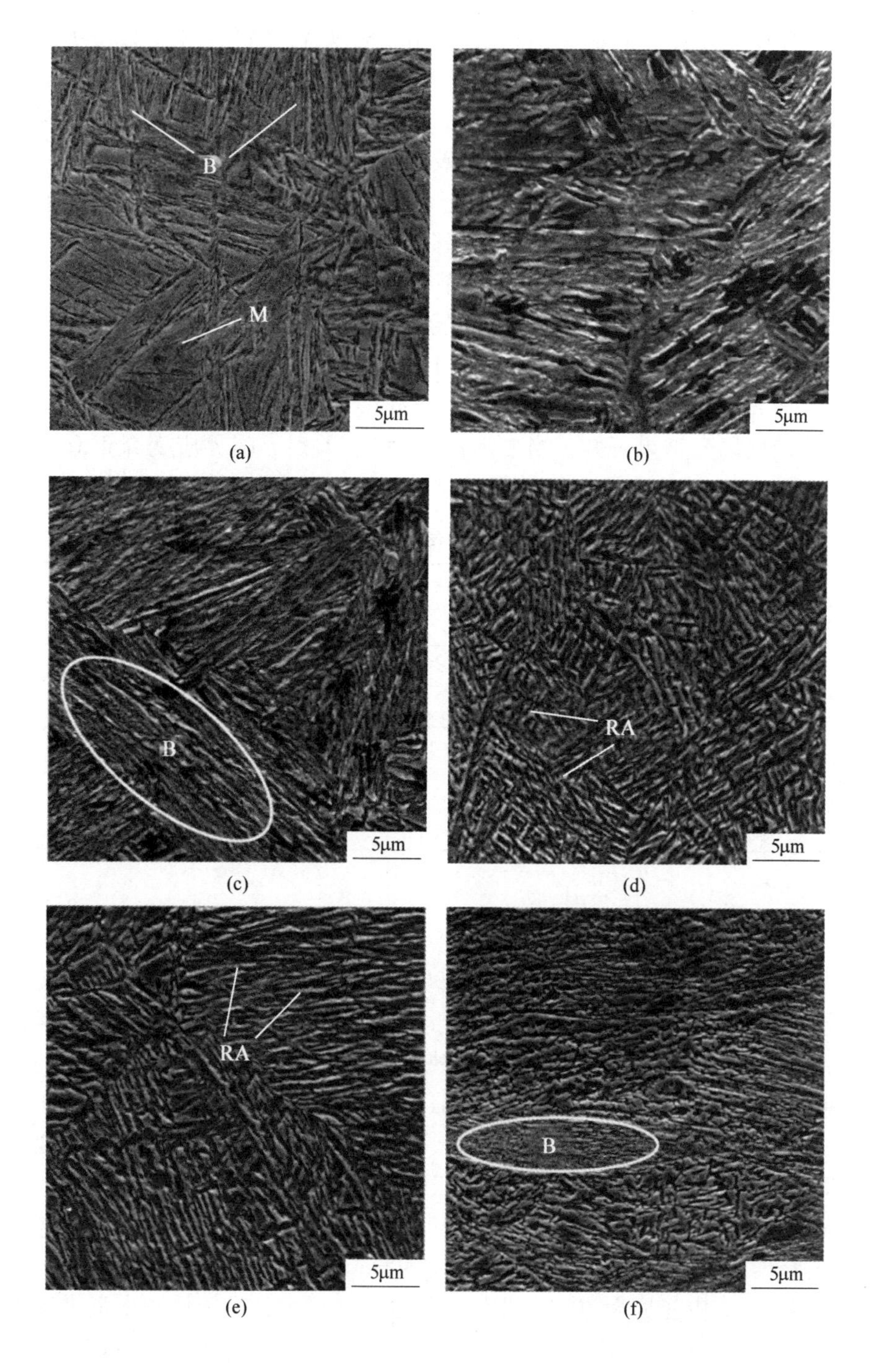

图 5-12 不同变形程度试样 300℃保温 90min 后的室温 SEM 组织

（a）无变形；（b）变形 5%；（c）变形 10%；（d）变形 20%；（e）变形 30%；（f）变形 40%

贝氏体相变具有不完全转变特征，等温完成以后，仍有一部分残余奥氏体保存下来，在随后的冷却过程中发生马氏体相变，因此可以看到部分无变形试样含有块状马氏体组织。但变形后的试样，大块马氏体组织基本消失，原因可能有两种，一是因为母相奥氏体本身因为变形破碎，二是贝氏体长大沿不同方向可能将母相残余奥氏体分割成若干小区域。基于变形后的组织，大块残余奥氏体被分割成小块，其中一部分转变成马氏体，一部分则保留下来成为残余奥氏体。

表 5-1 给出了热模拟实验后组织定量检测结果。贝氏体的体积分数根据 SEM 组织统计得到，残余奥氏体采用 X 射线检测。可以看出，所有变形试样贝氏体含量均比无变形试样多，这说明当变形小于 40%时，300℃小变形总是促进贝氏体转变量，而 5.1 节结果显示当变形量为 50%时，贝氏体转变量小于无变形试样。因此结合前面研究结果可知，当变形温度为 300℃时，临界应变介于 0.4～0.5 之间。

表 5-1　不同变形试样各相组织比例

变形量/%	B/%	M/%	RA/%
无变形	49.8±2.1	42.3±1.9	7.9±0.9
5	58.6±2.5	24.6±1.5	14.0±1.3
10	71.9±3.0	10.7±1.2	17.4±1.3
20	64.3±2.9	8.6±1.0	27.1±1.8
30	60.5±2.5	11.3±1.1	28.2±1.9
40	54.7±2.1	29.8±1.5	15.5±1.2

5.2.3　膨胀量分析

图 5-13 给出了所有试样 300℃保温 90min 期间膨胀量和贝氏体相变速度随时间变化曲线。由于等温期间试样仅受很小的外加应力，其影响可以忽略，且温度基本保持恒定，因此膨胀量变化可以反映贝氏体相变量。图 5-13（a）中的所有膨胀量数据都经过标准化，即用瞬时膨胀量除以试样等温前的等效直径，很明显无变形试样等温期间贝氏体转变量最少，所有变形试样膨胀量曲线比无变形的高，即贝氏体转变量更多。

从图 5-13（b）相变速度图可以看出，变形加速了贝氏体相变，随着应变量从 5%逐渐增加到 30%，加速效果越来越明显，贝氏体最大相变速度约为 2.4×10^{-5}mm/s，对应应变量为 10%。此外，随着应变增大，贝氏体相变最大速度出现更早。低温下的贝氏体相变主要以亚单元形核长大机制进行，相变速度主要取决于形核，形核速度加快会明显促进相变速度，300℃变形试样拥有更多形核点，因此随着变形量增大，初始贝氏体相变速度增加。然而，当变形量增大到 40%

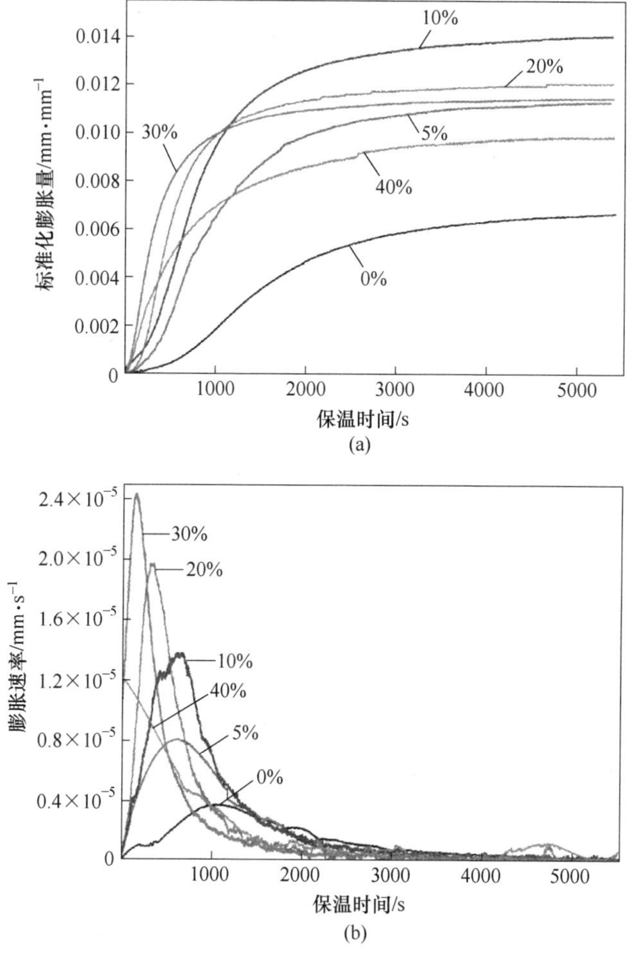

图 5-13 等温期间贝氏体相变膨胀量曲线（a）以及贝氏体相变速度曲线（b）

时，贝氏体相变速度又减少到 1.2×10^{-5}mm/s，这说明贝氏体相变速度不仅取决于形核速度，同时受到长大的影响。根据奥氏体机械稳定化理论，当变形量增大到一定值时，会引起奥氏体稳定化，阻碍母相奥氏体继续向贝氏体转变，变形量越大，每个形核点长大的空间越小，长大受到的阻力越大，因此单个相变量也会大大减少。Gong 等人[10]的结果也与本节研究结果一致，当应变量从 15%增加到 25%时，贝氏体相变动力学进一步加速，但在其报道中，没有大于 25%的变形量，因此没有澄清贝氏体转变量随低温小变形的变化情况。

5.2.4 分析和讨论

为了清楚展现低温小变形对贝氏体相变促进作用随变形量的变化趋势，图

5-14 给出了不同变形试样最终膨胀量随变形量变化关系，其中应变量为 0.5 的膨胀量数据为 5.1 节的数据。可以看出，最大膨胀量（约 0.014mm/mm）对应最大贝氏体转变量（71.9%）出现在应变量为 0.1 时，继续增大应变量，膨胀量减小。这说明贝氏体转变量随低温变形量是非线性变化的，低温小变形对贝氏体转变的促进作用并不是一直增强，这与变形量增大到一定值以后贝氏体相变被抑制是统一的。奥氏体预变形对贝氏体相变具有双重作用，即增强形核作用和抑制长大作用，前者对贝氏体相变起到积极效应，后者则起到消极效果，两者共同作用决定最终贝氏体转变量。与无变形奥氏体相比，应变为 0.1 的变形奥氏体为贝氏体提供更多的形核点，且很小的变形对贝氏体长大的阻碍作用非常小，两者综合作用使贝氏体相变速度加快，而且最终贝氏体转变量增加。尽管当变形量从 10%增大到 20%和 30%会进一步加速初始贝氏体相变，但长大受阻也同时加重，使最终贝氏体转变量相对 10%变形量减少。当变形量继续增大至 40%时，变形位错机械稳定化作用加剧，不仅宏观速度相对降低，而且最终转变量也减少，但仍然多于无变形试样。然而，当应变量增大至 50%时，贝氏体转变量低于无变形试样，这说明当应变量从 40%增大至 50%时，贝氏体相变由于长大受阻加剧，变形的促进作用消失并逐渐转化为阻碍作用。因此当变形温度为 300℃时，临界应变介于 0.4 与 0.5 之间，这与前一节中关于临界应变的结果是一致的。

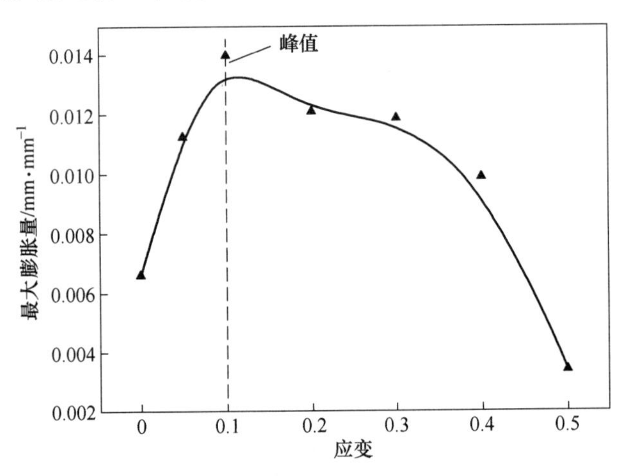

图 5-14　贝氏体最大转变量随应变量变化关系

目前大多数研究主要集中在讨论奥氏体变形是否促进低温贝氏体相变的问题上，很少关注低温变形对贝氏体相变的促进效果随应变程度增大的变化趋势。本节研究工作表明，低温变形对贝氏体相变的促进作用存在一个最大值，对应最大贝氏体转变量的应变可定义为峰值应变（Peak Value Strain，PVS）。如图 5-14 指示线所指，当变形温度为 300℃、变形量为 10%时，获得最大贝氏体相变量。因此，可以推断，当变形量小于峰值应变时，最终贝氏体体积分数随应变量的增加而增大；当变形量大于峰值应变时，最终贝氏体体积分数随应变量的增加而减小。此外，当应变量增大到一定值（定义为临界应变）时，贝氏体体积分数减少到与无变形相同，继续增加变形量，贝氏体量甚至比无变形更少。当变形量为50%时，贝氏体相变发生严重机械稳定化，贝氏体数量少于无变形试样。

5.2.5 小结

在5.1节研究基础上，本节继续研究了低温变形对贝氏体相变的促进作用。结果表明，低温变形对贝氏体相变的促进效果随应变量呈非线性变化，存在一个应变使贝氏体体积分数达到最大，贝氏体相变可以通过奥氏体预变形促进，但促进效果会因机械稳定化作用增强而减弱，变形奥氏体最终贝氏体转变量取决于加速形核与长大受阻两方面综合作用。本节提出峰值应变这一概念，当变形量小于峰值应变时，最终贝氏体体积分数随应变量的增加而增大；当变形量大于峰值应变时，最终贝氏体体积分数随应变量的增加而减小。此外，进一步证明了临界应变的存在，当变形温度为300℃时，临界应变介于0.4与0.5之间。

5.3 峰值应变与变形温度关系

5.2节研究结果表明，低温变形促进等温贝氏体相变，其促进效果存在一个最大值，对应一个峰值应变；结合5.1节研究结果，不难得出峰值应变随变形温度变化而不同。因此，本节主要研究变形温度对峰值应变的影响规律。

5.3.1 实验工艺

实验钢仍为Fe-0.4C-2.0Si-2.8Mn(wt.%)，在热模拟试验机上进行热模拟实验，工艺如图5-15所示，将所有圆柱形试验钢以10℃/s加热到900℃奥氏体化15min，然后以10℃/s分别快速冷却至变形温度300℃、350℃和400℃，分别变形5%、10%、20%、30%和40%，之后以10℃/s快速冷却至300℃保温90min，等温完成以后空冷至室温。此外设定一组无变形实验，作为对比基准。需要指出的是，所有变形工艺最后贝氏体等温相变温度相同。

5.3.2 膨胀量分析

热模拟实验记录了试样整个过程膨胀量变化曲线，图5-16给出了350℃和400℃变形40%全过程膨胀量变化曲线。从图5-16（a）和（b）可以看出，$A(A')$点膨胀量迅速增加，这是因为变形作用导致圆柱形试样快速增加，试样温度从$A(A')$点（变形温度）冷却到$B(B')$点300℃，膨胀量由于热胀冷缩呈线性减少。此外，图5-16（c）给出了膨胀量随温度变化曲线，试样从变形温度冷却

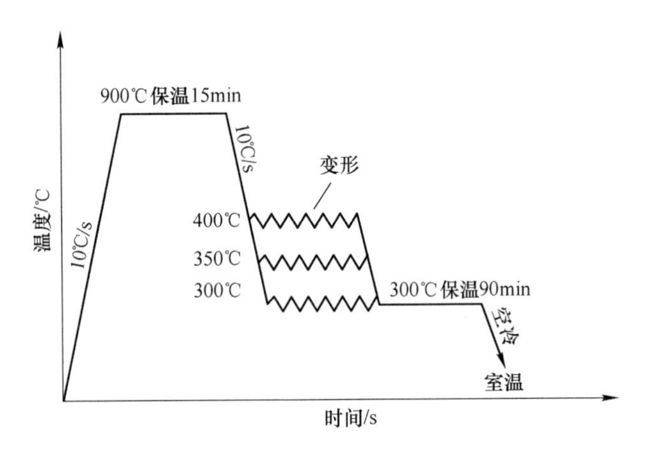

图 5-15　变形实验工艺

到等温温度 300℃过程中，膨胀量线性减少，说明在这期间几乎没有贝氏体相变发生。一般当温度降低到贝氏体转变温度以下时，就会产生贝氏体，但图 5-16（c）中膨胀量数据显示这一影响基本可以忽略，$B(B')$ 点以后的膨胀量反映了 300℃等温期间贝氏体转变量。

为了阐明变形过程中施加应力与目标应变关系，图 5-17 给出了三个不同温度下变形应力应变曲线。可以观察到，随变形温度的升高，同一应变需要的应力增加，这是因为不同温度下奥氏体软化程度不同引起的；同时，即使变形温度达到 400℃，图中应力应变曲线显示没有发生再结晶。

图 5-18 给出了不同变形试样等温期间最大膨胀量随应变量变化关系。为了方便对比，对图 5-18（a）中的膨胀量数据进行标准化，标准化公式采用 $(D_i - D_0)/D_0$，其中 D_i 为等温完成后最大膨胀量值，D_0 为变形完成以后的试样等效直径，得到的结果即为单位长度试样膨胀量变化值，反映等温期间贝氏体转变量。可以看出，不同变形温度条件下，随着应变量增大，贝氏体转变量都是先增加后减小，小应变对贝氏体相变的促进作用是非线性变化的，贝氏体转变量存在一个最大值。此外，不同变形温度，峰值相变量对应的应变不同，如图 5-18（a）虚线所示。对比无变形试样，三个温度所有变形试样贝氏体转变量都增加了。需要指出的是，当 300℃变形 50%时，贝氏体转变量要少于无变形试样。

5.2 节已经定义对应贝氏体最大量的应变为峰值应变（PVS），图 5-18（b）给出了峰值应变随变形温度变化关系和相应的贝氏体转变量变化曲线。很明显可以看出，峰值应变随变形温度的增加而增大，但贝氏体转变量减少，这说明变形对贝氏体相变的促进作用随变形温度的增加而减弱。根据图中峰值应变下最大膨胀量变化趋势可以推断，当变形温度高于某一临界值时，变形对贝氏体相变的促进作用将消失，甚至变成阻碍作用。关于峰值应变随温度增大的解释，当变形温

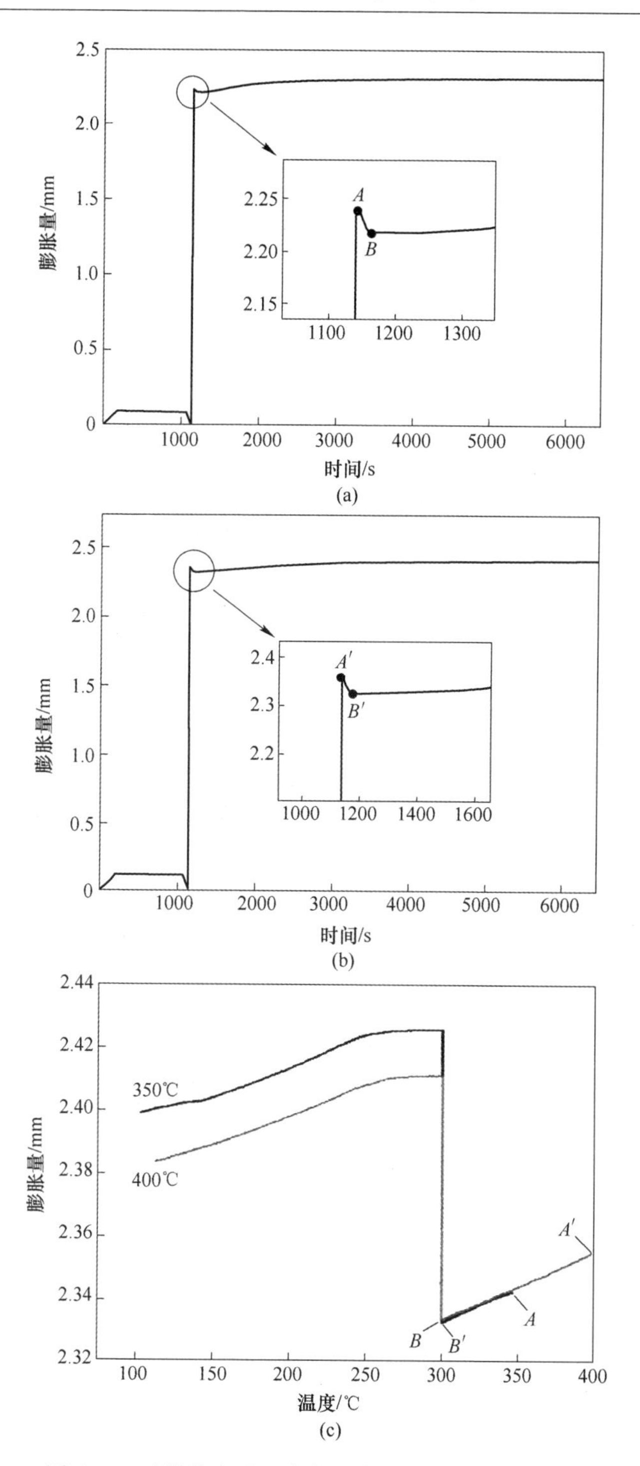

图 5-16 试样整个过程膨胀量随时间或温度变化曲线

(a) 350℃变形 40%；(b) 400℃变形 40%；(c) 350℃和 400℃变形 40%

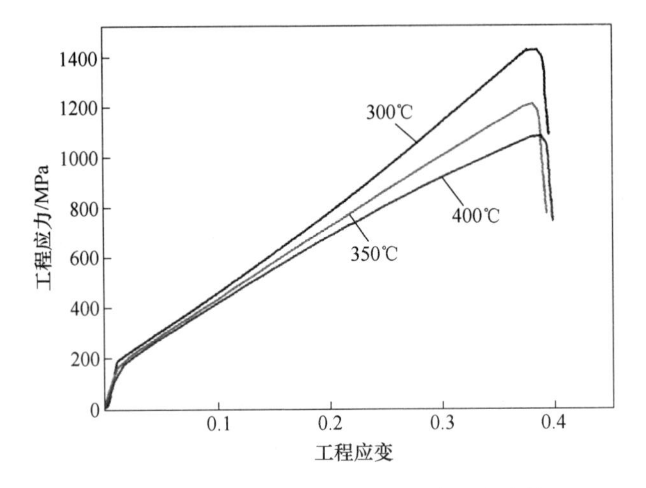

图 5-17　不同变形温度的工程应力应变曲线

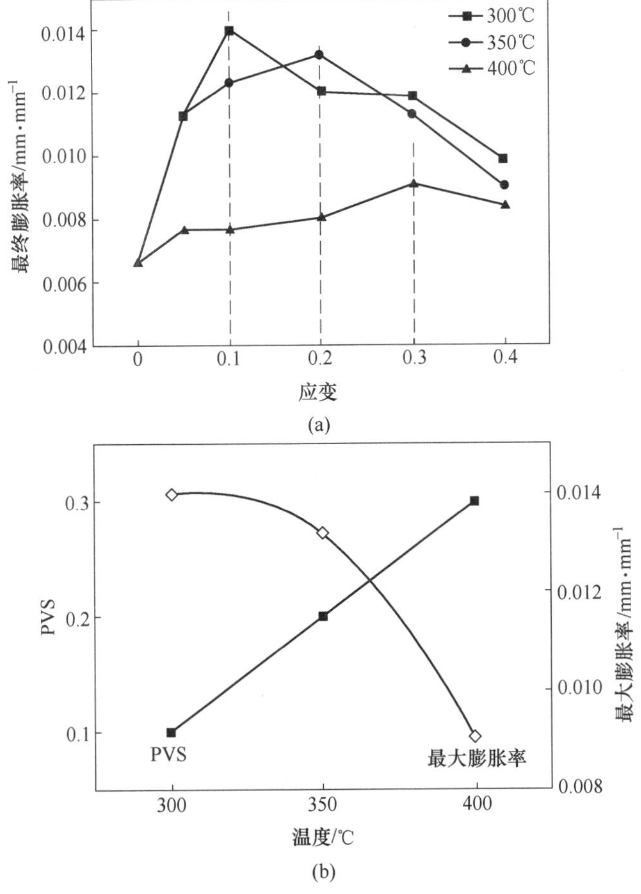

图 5-18　标准化后的等温期间贝氏体相变膨胀量曲线（a）以及峰值应变 PVS 随变形温度变化关系和对应最大膨胀量（b）

度高于等温相变温度时，变形产生的畸变能和位错等缺陷在冷却过程中，由于回复作用会消失一部分[23]。从这点来说，350℃或者400℃变形时，就需要更大的应变量来弥补这部分损失，因此峰值应变会相应增大。

5.3.3 显微组织

图5-19为无变形试样和峰值应变试样SEM组织照片。组织均为板条状贝氏体束，如图中指示线所示。与无变形试样相比（图5-19（a）），300℃变形10%试样（图5-19（b））含有更多贝氏体，图5-19（c）和（d）中的贝氏体束长度方向上的尺寸减小，不同温度下峰值应变对应的组织形貌变化十分明显。贝氏体

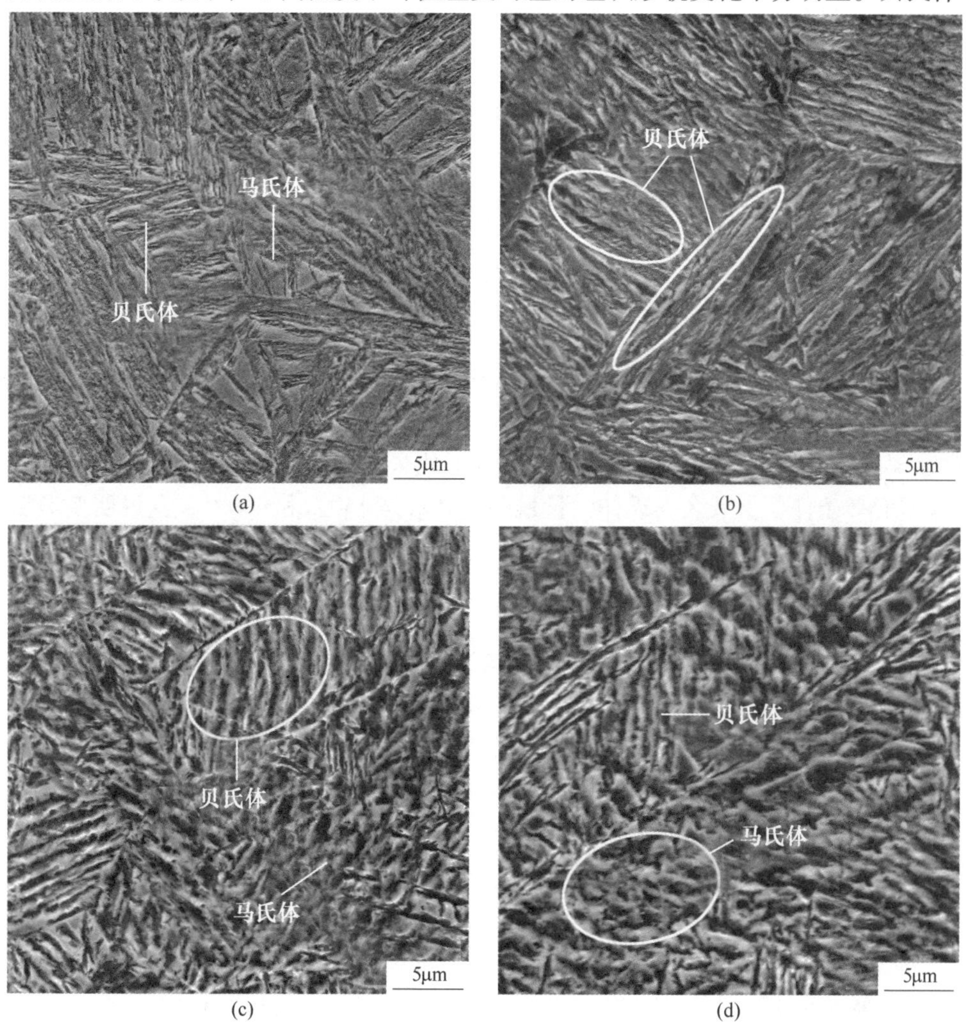

图5-19 不同变形温度对应峰值应变试样SEM组织

（a）无变形试样；（b）300℃变形10%；（c）350℃变形20%；（d）400℃变形30%

长大会受到位错、晶界和亚晶界等缺陷的阻碍，因此变形后贝氏体束变短。通过SEM组织很难判定350℃变形20%和试样400℃变形30%试样贝氏体数量，但结合膨胀量曲线可以明确知道两者贝氏体相变量都比无变形的多。除了贝氏体外，部分组织中还出现马氏体，这是因为贝氏体转变具有不完全效应，当等温完成后，仍有部分残余奥氏体保存下来，在随后冷却过程中继续发生马氏体相变。马氏体的数量取决于贝氏体相变量及残余奥氏体的稳定性，图5-19（b）中马氏体数量很少，是因为大部分母相奥氏体发生了贝氏体转变。

为了明确不同变形条件对残余奥氏体的影响，采用XRD实验对等温完以后的试样进行残余奥氏体测定，结果如图5-20所示，所有变形试样组织中的残余奥氏体数量均比无变形试样的多。300℃变形试样中，随着应变量增大，残余奥氏体数量快速增加，然而当变形温度升高到350℃和400℃时，残余奥氏体增加速度减慢。此外，总体上来看，随着变形温度升高，残余奥氏体含量整体呈降低趋势，图5-20中虚线表明，随着峰值应变升高，残余奥氏体数量减少。前已述及，300℃峰值应变试样组织中含有最大量贝氏体，因此只有当马氏体数量很少时，才有可能获得更多的残余奥氏体。贝氏体相变过程通常伴随排碳现象[24]，新相贝氏体中多余的碳在等温过程中逐渐扩散到周围残余奥氏体中，提升残余奥氏体（未转变的母相奥氏体）稳定性，因此贝氏体转变越多；残余奥氏体内部含碳量越高，对随后的马氏体相变阻碍作用越明显，马氏体相变同时受变形影响，碳含量和变形程度两个因素共同决定马氏体转变数量，从而决定室温组织的残余奥氏体含量。通过比较不同变形温度下残余奥氏体数量平均值，可以看出，300℃变形条件下，残余奥氏体数量最多，其次是350℃和400℃，这说明变形温度越低，越有利于残余奥氏体数量增加，低温变形有助于奥氏体稳定化。

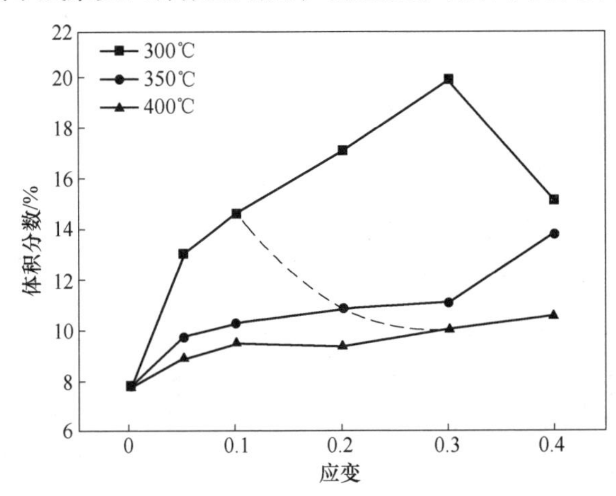

图5-20　不同变形温度与变形程度组合下残余奥氏体体积分数

5.3.4 分析和讨论

5.3.4.1 峰值应变 PVS

前面的研究表明，奥氏体预变形促进形核，但阻碍贝氏体束长大。相比未变形奥氏体，低温小变形奥氏体提供了更多贝氏体相变形核点，同时由于应变量小，仅产生了轻微的抑制作用，两者综合作用结果使小变形试样获得更多贝氏体转变。然而，随着应变量增大，变形产生的阻碍作用快速增加，使贝氏体相变量减少。因此，当变形温度一定时，最终贝氏体数量与变形量的关系可以用下式表述：

$$F \propto N/G \tag{5-7}$$

式中，F 为贝氏体最终转变量；N 为变形奥氏体内部形核的促进作用，属于积极因子；G 为变形对贝氏体长大阻碍作用，属于消极因子。

图 5-21 给出了两个因子随应变量的变化曲线。N 和 G 同时随应变量增大而增大，但 N 的增速逐渐减小，而 G 的增速逐渐增大。这是因为变形虽然产生了大量形核位置，有利于促进贝氏体相变，但形核积极作用的贡献值会受晶粒尺寸和位错缺陷密度的制约，并非所有的贝氏体胚核都能充分长大。N 对于贝氏体相变量的贡献与贝氏体生长空间有关，当变形量较大时，虽然会产生更多的有利形核点，但贝氏体形核后几乎没有长大空间，因此贝氏体相变量也会很少，这也是形核的促进作用 N 增速随应变量较小的原因；相反，变形产生的机械稳定化会随着应变增大变得越来越严重，G 的增速也相应增加。

N 和 G 的比率决定最终贝氏体相变量，如图 5-21 所示，当 N/G 达到最大值时，贝氏体相变量也达到峰值，对应的应变量即为峰值应变（PVS）。当应变量小于 PVS 时，N 的积极效应还能充分发挥，其增速仍然大于 G 的增速，因此贝氏体量随应变量增加而增多；当应变量大于 PVS 后，G 的消极作用迅速上升，且增速超过 N，因此贝氏体量又开始减少。从某种意义上来说，N 和 G 的匹配程度决定了 PVS 的出现。

根据 N 和 G 曲线的变化趋势可以推测，当应变量增加到 ε_0时（图 5-21），积极因子 N 带来的促进作用刚好与消极因子 G 产生的抑制作用抵消，贝氏体转变量回到与无变形试样贝氏体量一样。Shipway 等人[16]曾经认为变形奥氏体由于机械稳定化作用，最大贝氏体相变量会减少，但当变形量达到某一临界值时，变形引起的形核促进作用会弥补长大受阻带来的损失，贝氏体量会重新回到无变形时的状态。作者本节的研究表明，变形引起的长大受阻在贝氏体相变中扮演了重要角色，当变形量逐渐增大到 ε_0时，由于长大受阻的消极效应削弱了形核的积极效应，贝氏体相变回落到无变形状态。虽然上述两种结果最终都是回到无变形状

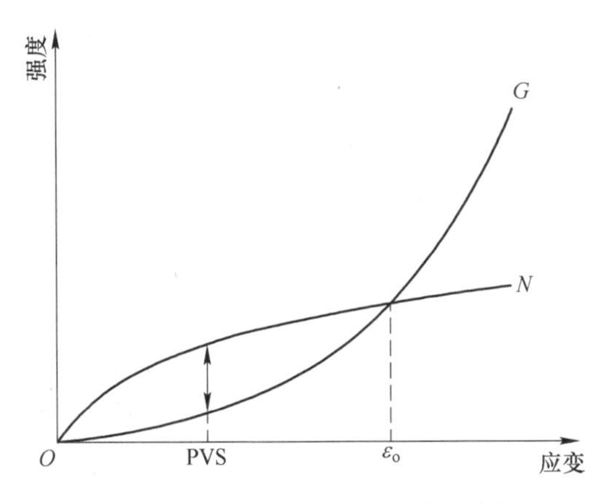

图 5-21　N 和 G 随应变量变化示意图

态，但两者中间过程是有本质区别的，前者是形核促进作用弥补长大受阻的损失，后者则是长大受阻的消极作用抵消掉了形核的积极效应。换言之，前者认为小应变阻止贝氏体相变，当应变量较大时，形核的促进作用抵消变形的阻止作用，形核的促进作用是贝氏体量的关键决定因素；而作者则认为小变形促进贝氏体相变，随着相变量增加，促进作用越来越弱，长大受阻是贝氏体量的关键决定因素。结合 5.2 节研究结果，可以将应变定义为 ε_o 临界应变，当变形量超过临界应变时，贝氏体转变量比无变形的还少。

5.3.4.2　变形温度对 PVS 的影响

图 5-18（a）中显示 PVS 随变形温度增加而增大，这是因为变形温度高于相变温度，变形过冷奥氏体在随后冷却过程中发生了回复，一部分位错和畸变能消失。为了弥补这部分损失，需要施加更大的应变，以达到最优的促进效果。当变形温度为 350℃和 400℃时，N 和 G 随应变的变化趋势将延迟，N 将趋于 N'，G 将趋于 G'，如图 5-22 所示，因此 PVS 相应增大，同样临界应变 ε_o 也会增加。

5.3.5　小结

本小节主要研究了变形温度对峰值应变（PVS）的影响规律，结果表明峰值应变随变形温度增加而增大，且对应的最大贝氏体转变量减少；当变形温度一定时，长大受阻的消极效应随应变量增大快速增强，而形核促进作用产生的积极效应逐渐消退，当两者比率最大时，贝氏体量达到最大值；变形对贝氏体相变影响存在临界应变 ε_o，应变小于 ε_o 时，贝氏体量被促进；当应变超过 ε_o 时，贝氏体转变量被抑制；低温变形促进残余奥氏体稳定化，有助于获得更多的残余奥氏体组织。

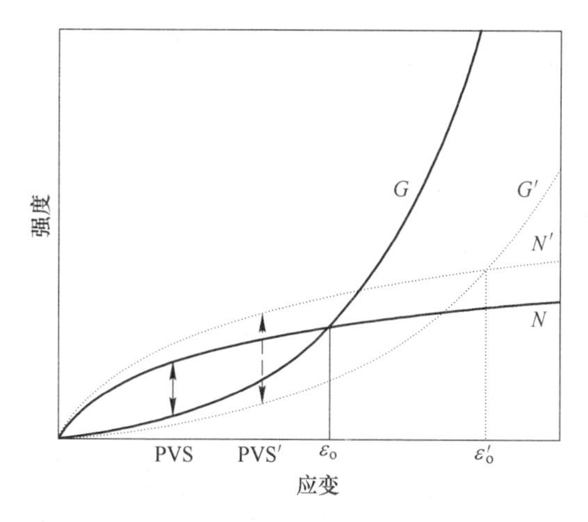

图 5-22 N 和 G 曲线随温度变化演变

5.4 残余奥氏体控制及其对性能影响

钢中残余奥氏体微观组织（数量、形貌、尺寸、分布和含碳量等）受多个因素影响，包括成分、热处理工艺和变形等。在成分设计方面，添加 Cr、Mo 等合金元素可以降低贝氏体相变温度，获得更细小的贝氏体铁素体板条和更小尺寸的块状残余奥氏体，但缺点是成本高，且增加贝氏体相变时间。添加 Co 和 Al 不仅可以加速中、高碳贝氏体转变，还可以减小残余奥氏体尺寸，提高残余奥氏体热稳定性，但转变时间仍然长达数小时。除了成分设计的影响外，残余奥氏体微观组织还受热处理工艺影响。Kammouni 等人[25]研究了相变温度对贝氏体钢中残余奥氏体含量和稳定性的影响，发现贝氏体相变温度主要通过改变残余奥氏体尺寸和形貌而影响其稳定性；Hu 等人[26]研究了奥氏体化温度对残余奥氏体的影响，降低奥氏体化温度，可以减少奥氏体晶粒尺寸，并细化残余奥氏体，但效果不是很显著。Long 等人[27]降低贝氏体等温转变温度到 M_s 附近，能减少残余奥氏体体积分数和细化残余奥氏体尺寸。此外，Hase 等人[28]和 Wang 等人[29]研究了多步热处理工艺对组织和性能的影响，第一步先进行等温贝氏体转变，形成部分贝氏体铁素体和未转变奥氏体（碳含量较高）；然后再降低等温温度，进行第二步低温贝氏体转变，未转变奥氏体继续转变为纳米贝氏体铁素体板条和薄膜状残余奥氏体。结果表明，随着多步贝氏体相变进行，块状残余奥氏体不断减少和细化，贝氏体钢强度、塑性和韧性都明显提高。多步热处理工艺虽然可以调控残余奥氏体，但作用仅限于通过细化残余奥氏体来提高伸长率，而对于残余奥氏体数量的调控效果有限，且多步热处理工艺路线比较复杂，随着多步贝氏体相变温度降低，延长了贝氏体转变时间。

此外，轧制变形也影响超高强度钢残余奥氏体微观组织，但到目前为止，关于变形对残余奥氏体控制的研究还很少，原因在于变形条件难以合理控制，主要涉及变形温度和变形程度的影响。因此本小节主要研究变形对超高强贝氏体钢中残余奥氏体微观组织影响，分析低温变形条件下的奥氏体力学稳定化，以及残余奥氏体控制对高强贝氏体钢力学性能影响，研究结果可以为超高强贝氏体钢残余奥氏体控制及强韧性优化提供理论依据。

5.4.1 变形对残余奥氏体形貌影响

图 5-23 给出了 900℃奥氏体化后，不同变形工艺条件下 SEM 组织。结果与

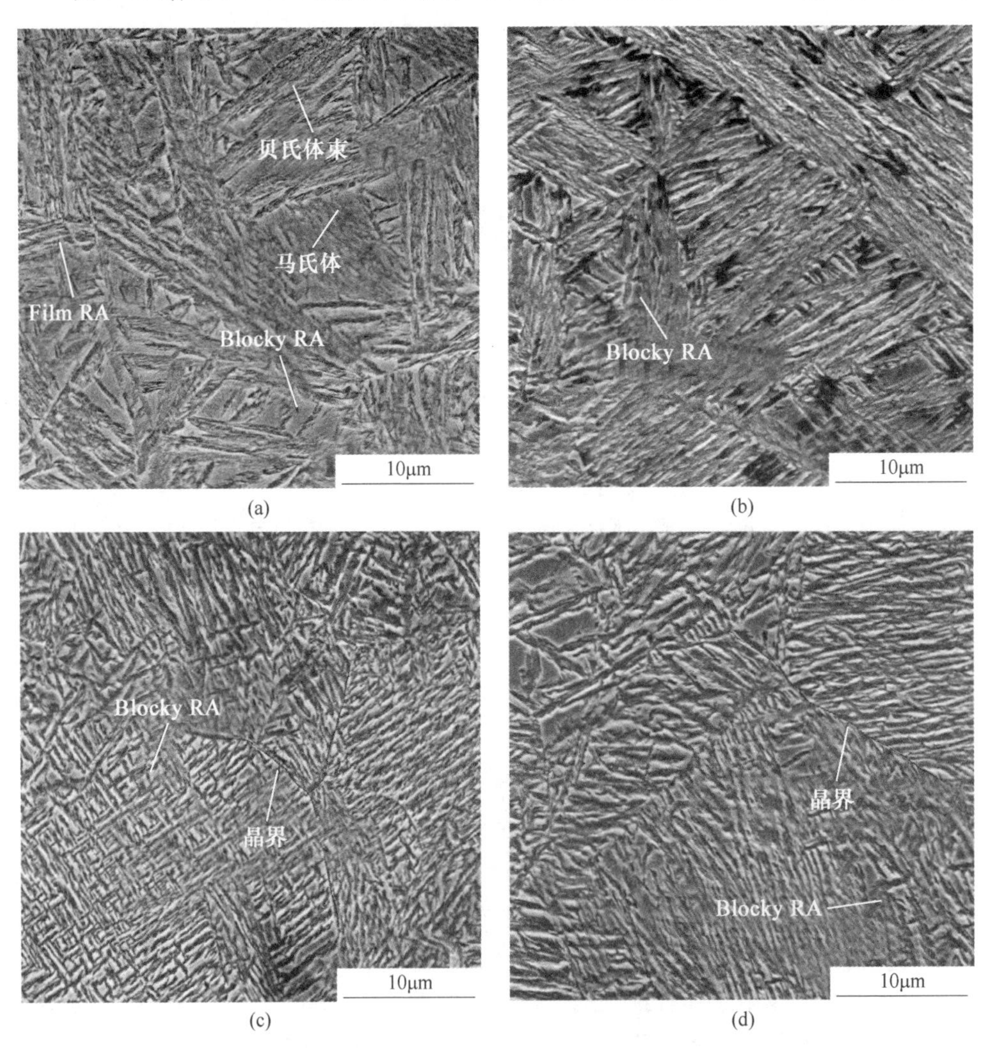

图 5-23 不同变形工艺条件下试样 300℃保温 90min 以后的室温 SEM 组织

（a）无变形；（b）变形 10%；（c）变形 20%；（d）变形 30%

5.3 节结果基本一致，四个工艺条件都得到了板条状贝氏体束。需要补充的是，贝氏体和残余奥氏体组织形貌随着变形发生明显变化，相比无变形试样，变形试样组织被分割成若干小块，图 5-23（a）中的大块状的相变产物基本消失，图 5-23（c）和（d）中的贝氏体束相互交错，呈明显的破碎状。贝氏体长大可以沿多个方向，因此可以将未转变的大块状奥氏体分割开。此外，变形也可以破坏原始奥氏体晶粒，将大块组织细化。这两个因素的综合作用使得变形后的试样组织更加细小，对于残余奥氏体稳定性会产生一定影响。

同样，图 5-24 也给出了中碳钢在 1050℃ 奥氏体化后，变形与无变形工艺下试样的组织对比结果。与无变形试样相比，图 5-24（b）中变形试样的组织发生明显变化，基本不含大块状 M，组织主要为 BF 和 RA。需要指出两个重要特征：一是变形后的贝氏体束将块状组织分割更细，此时的小块状组织为 RA 或者为马氏体/奥氏体（M/A）组织，但由于尺寸细小，无法完全区分；二是 BF 长大呈现“十字”交叉形貌（图中 Cross BF），这说明变形后的奥氏体中贝氏体长大方向受到影响。Gong 等人[10]研究了变形对贝氏体长大取向影响，发现低温形变奥氏体中贝氏体长大呈现择优取向特征，这主要归因于滑移面上的可动平面位错有利于特征贝氏体变体优先生长。贝氏体长大界面具有位移（Displacive）特征，与母相奥氏体为共格或半共格关系，大量研究表明，贝氏体与母相奥氏体之间的取向关系介于 N-W 和 K-S 关系[30,31]。因此不难推测，当母相取向因为变形改变时，贝氏体取向也会随之改变。总之，残余奥氏体形貌主要受到贝氏体组织影响，变形细化贝氏体组织，且影响贝氏体取向，那么残余奥氏体形貌就会受到影响。

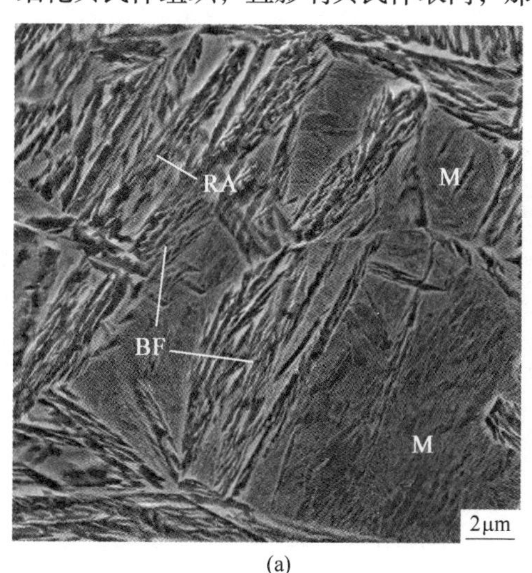

(a)

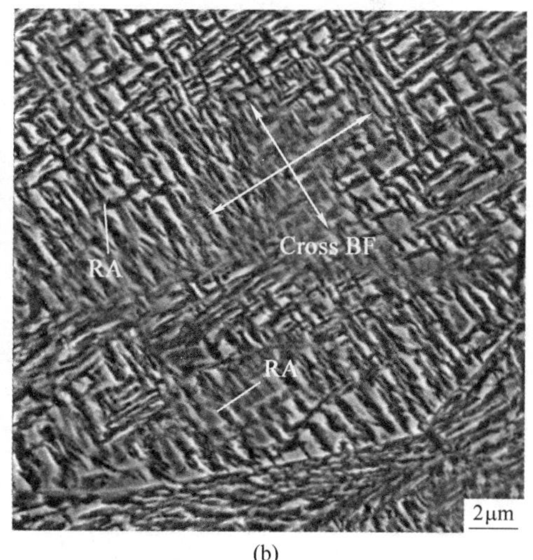

(b)

图 5-24 热模拟实验试样室温 SEM 组织

（a）1050℃ 奥氏体化，淬火至 300℃ 保温 90min；

（b）1050℃ 奥氏体化，淬火至 300℃ 变形 20%后保温 60min

为了更微观地理解变形对贝氏体和残余奥氏体的影响，选取图 5-24 中的试样进行 TEM 分析，结果如图 5-25 所示。对于无变形试样组织，颜色较深的为块状 M（图 5-25（a）），颜色较浅的为板条 BF，BF 与 M 相间分布；从图 5-25（c）的放大图可以看出板条 BF 的精细结构，薄膜状残余奥氏体（γ）分布在贝氏体铁素体（α）之间，且基本没有碳化物存在，这主要是因为钢中 Si 含量很高，抑制了渗碳体析出，这种贝氏体组织也称为无碳化物贝氏体。采用截距法测量了贝氏体板条的厚度，即 $\overline{L}_{\mathrm{T}} = \pi t/2$，其中 $\overline{L}_{\mathrm{T}}$ 为贝氏体板条总长，t 为板条厚度，统计结果显示无变形试样和变形 20%试样贝氏体厚度分别为（367±59）nm 和（157 ±

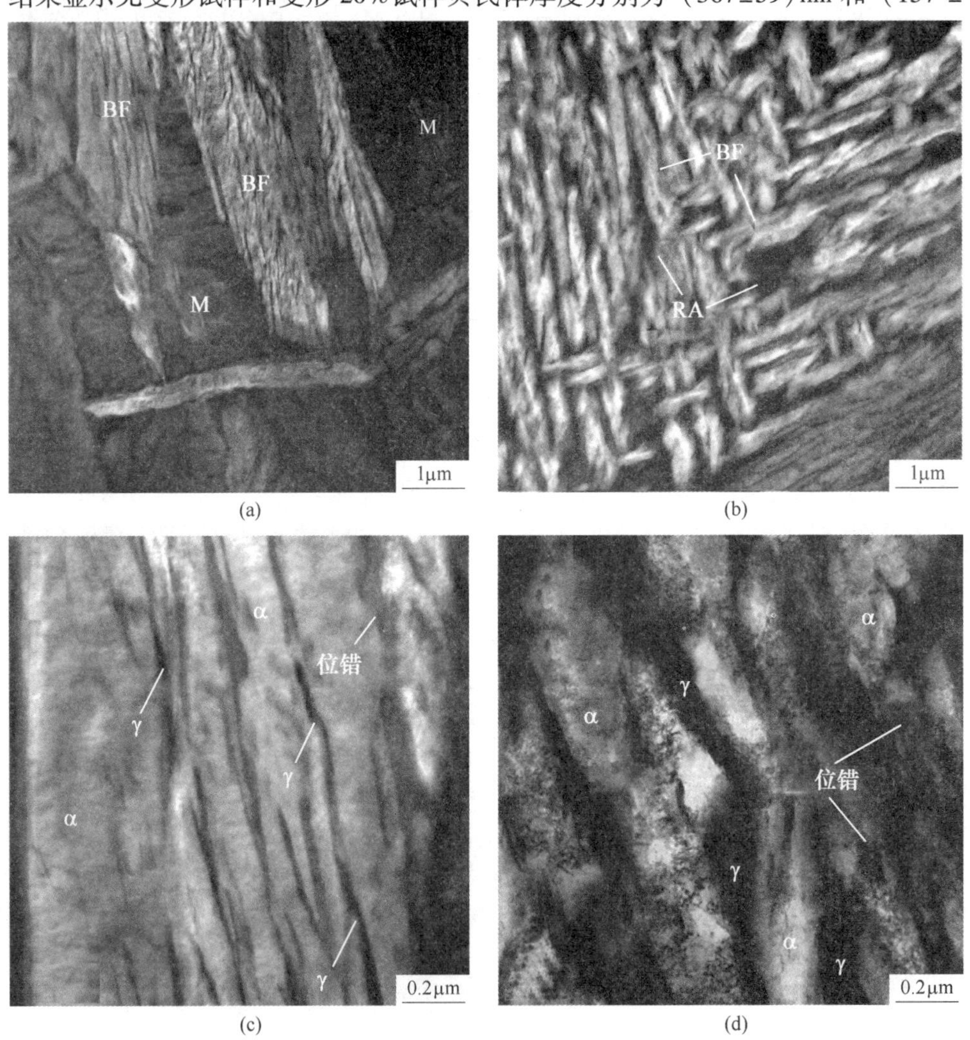

图 5-25　不同工艺条件下试样 300℃保温 90min 以后的室温 TEM 组织

（a）（c）无变形；（b）（d）变形 20%

38)nm。相比无变形试样，20%变形试样中的贝氏体明显细化，且呈现交叉形貌，与图 5-25（b）的组织特征对应，薄膜状或者细块状 RA 分布在 BF 板条之间。需要指出的是，变形后的试样仍会存在马氏体，但由于变形细化了组织，所以马氏体含量很少。此外，贝氏体相变会产生位错，如图 5-25(c) 和（d）所示，TEM 分析结果显示无变形试样和变形试样贝氏体板条位错密度分别为 $2.32\times 10^{15}\ m^{-2}$ 和 $5.51\times 10^{15}\ m^{-2}$，变形后的试样中贝氏体位错密度明显增加，这是因为变形本身会产生大量位错，等温相变过程中，新生相贝氏体会从母相奥氏体继承所有位错，再加上贝氏体相变本身也会产生位错，因此变形会增加贝氏体板条中的位错密度。Cornide 等人[32]研究了 300℃贝氏体等温相变时，BF 板条位错密度变化情况，发现贝氏体与奥氏体界面处的位错密度要高于板条中心部位，这也是图 5-25（c）和（d）中板条贝氏体界面处颜色较中心更深的原因。

5.4.2 变形影响残余奥氏体含量

图 5-26 为 XRD 衍射分析图样。根据（200)α、（211)α、（200)γ、（220)γ 和（311)γ 衍射峰计算残余奥氏体体积分数，结果如图 5-27（a）所示。无变形试样 RA 含量约为 6.8%，远小于变形试样 RA 含量，随着应变量增加，更多未转变的奥氏体保留下来，表明尽管变形促进贝氏体相变，最终贝氏体转变量增加，但变形后奥氏体稳定性增加。对于变形后的奥氏体，贝氏体和残余奥氏体 RA 数量同时增加，说明马氏体含量减少。变形后的试样等温完成以后残余奥氏体稳定化更严重，这与变形阻碍马氏体相变的观点是统一的。变形奥氏体等温完成以后，在冷却过程中发生稳定化，仅有一小部分发生马氏体相变，而更多的一部分则保留下来，成为 RA。因此，变形试样室温组织中的 RA 含量受贝氏体相变和残余奥氏体力学稳定化的综合影响。

奥氏体化学稳定化受碳含量影响，不同工艺条件下 RA 碳含量如图 5-27（b）所示。300℃变形 10%试样 RA 碳含量为 1.15wt.%，比无变形试样（0.87wt.%）高，之后随应变量增大，RA 碳含量逐渐降低。对比图 5-27（a）和（b）可以看出，残余奥氏体碳含量与贝氏体相变量随应变量的变化是一致的，都是先增加后减小，且最大值出现在应变量为 0.1 时。贝氏体相变过程中，新生成的贝氏体相会向周围未转变奥氏体排碳，使残余奥氏体含碳量升高，因此贝氏体转变量越多，排碳量就会越多，未转变的残余奥氏体含碳量就会增加。

5.4.3 形变奥氏体稳定化

奥氏体稳定性影响因素包括晶粒尺寸、奥氏体形貌及其碳含量，超细无碳化物贝氏体钢中残余奥氏体主要以两种形式存在于组织中，即块状和薄膜状。大块奥氏体经过预变形，被完全分割成很多小块，在随后等温相变过程中，一部分母

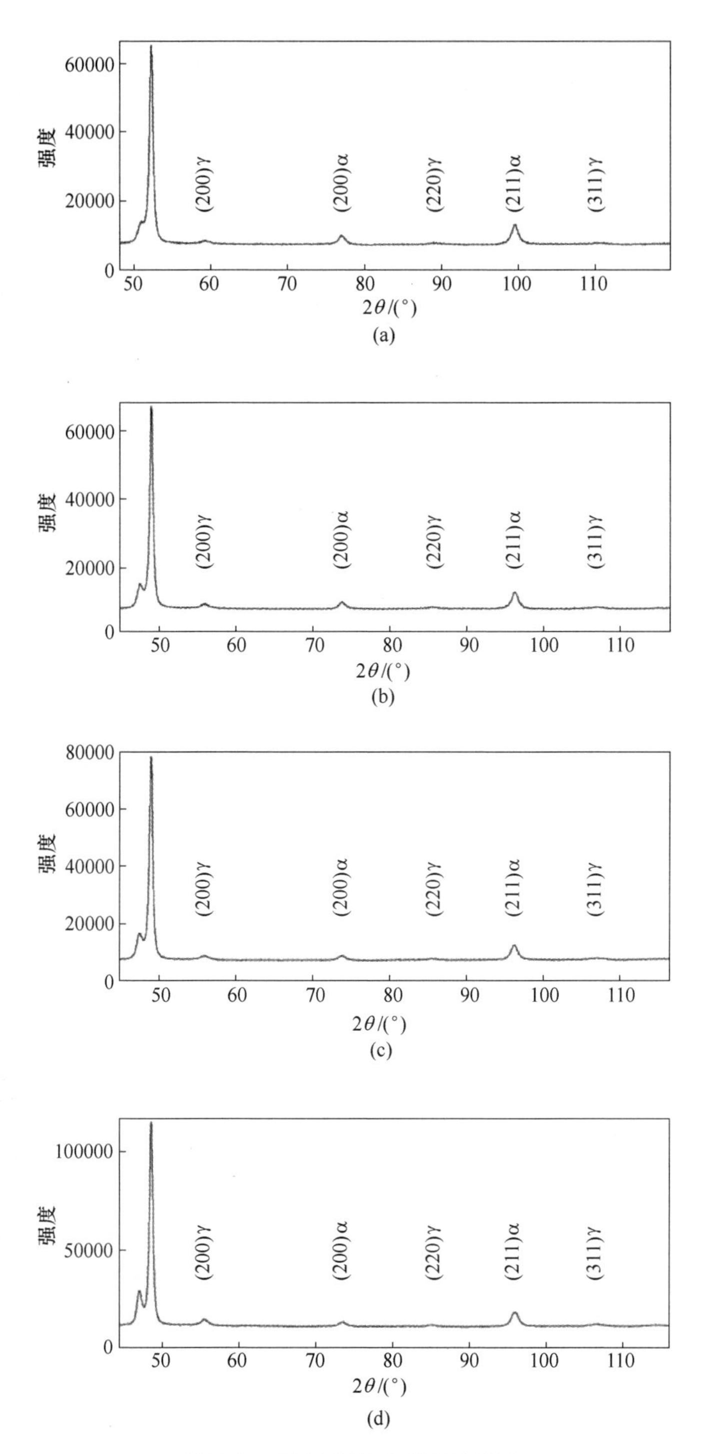

图 5-26　XRD 衍射分析实验结果

（a）900℃奥氏体化，无变形；（b）300℃变形 10%；（c）300℃变形 20%；（d）300℃变形 30%

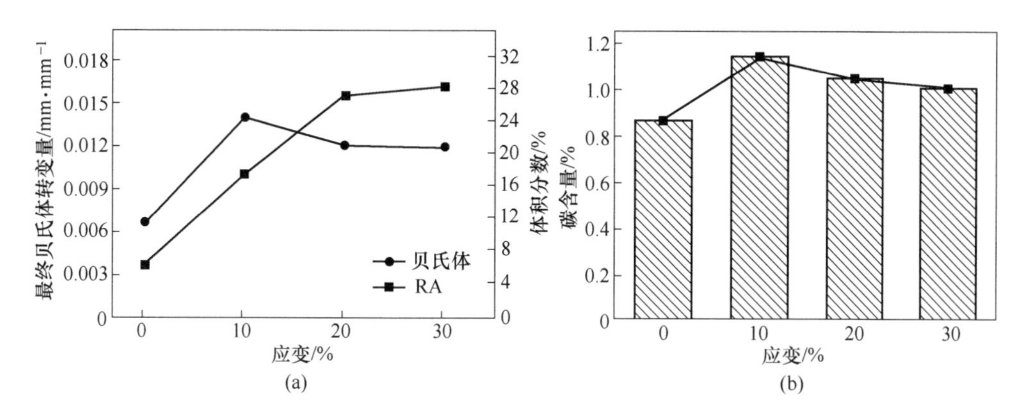

图 5-27 不同工艺条件下最终贝氏体转变量与残余奥氏体体积分数（a）以及残余奥氏体含碳量随应变量变化关系（b）

相奥氏体发生贝氏体相变，等温贝氏体相变完成后仍有一部分母相奥氏体未发生转变。试样从等温温度冷却到室温过程中，这部分未转变的奥氏体发生马氏体转变，另外一部分则稳定下来，成为残余奥氏体。因此，室温组织中残余奥氏体体积分数除了与贝氏体相变有关，还与冷却过程中的马氏体相变相关。

从 SEM 组织图可以看出，无变形试样中含有许多大块的马氏体组织，相比无变形试样，变形试样马氏体组织减少，因此总体上来说，变形后组织中残余奥氏体含量会增加。这与变形后奥氏体晶粒尺寸减小是相关的，因为奥氏体晶粒尺寸减小会抑制马氏体相变，从而使残余奥氏体稳定下来[33~35]，Lee 等人[36]同样也报道，小的奥氏体晶粒尺寸是获得更多室温残余奥氏体的主要原因，甚至比化学成分和位错密度两个因素更为重要。值得注意的是，对于变形奥氏体，贝氏体相变过程中的稳定化和马氏体相变稳定化原理是不同的。等温贝氏体相变过程中，由于贝氏体束长大受基体位错等缺陷的限制，奥氏体难以转变，从而发生力学稳定化；对于马氏体相变，奥氏体则是由于切变受阻而产生稳定化[37]，两者结果都是奥氏体发生稳定化，难以继续相变，但机制不一样。

除了奥氏体晶粒尺寸，碳含量是另一个决定残余奥氏体数量的重要因素，在没有变形影响时，一般残余奥氏体数量与碳含量变化是一致的。为了深入分析变形奥氏体稳定化的主要影响因素，采用 MUCG 83 程序计算了实验钢的理论 T_0和 A_{e3}曲线，结果如图 5-28 所示。一般认为，当母相奥氏体含碳量低于 T_0曲线时，贝氏体相变才能顺利进行，结合残余奥氏体碳含量实测结果可知，四种工艺条件下的残余奥氏体含碳量都位于 T_0和 A_{e3}曲线之间，因此贝氏体相变停止，残余奥氏体由于碳过饱和发生稳定化。但值得注意的是，四种工艺条件下奥氏体稳定化碳含量并不一样，且最终室温组织残余奥氏体体积分数与碳含量也并不对应，这说明变形对于奥氏体稳定化起了关键作用。对于低温条件下的等温贝氏体相变，变形可以产生力学稳定化作用；当变形量较大时，贝氏体束生长受阻严重，奥氏体就会发生稳定化保留下来，且在随后冷却过程中也仅有一小部分发生马氏体相变。图 5-27（a）中结果显示残余奥氏体数量随变形量增加逐渐增大，结合残余奥氏体碳含量结果分析可知，相比碳含量，变形对奥氏体稳定化影响更为重要。贝氏体相变过程中，由于变形使奥氏体发生力学稳定化是室温组织中残余奥氏体数量增加的主要原因。

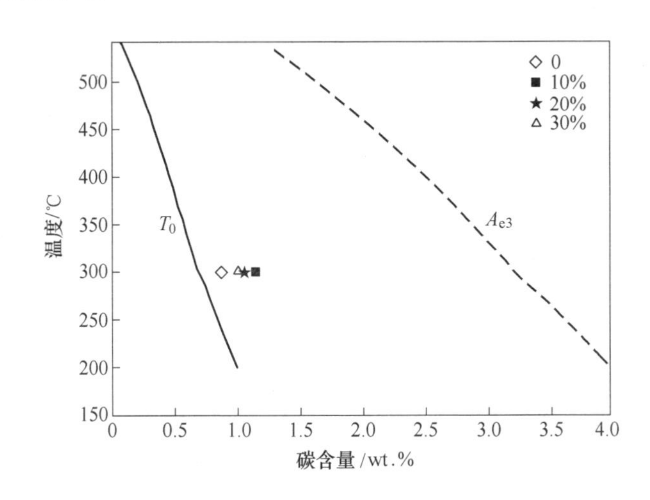

图 5-28　理论计算 T_0 曲线与实测残余奥氏体碳含量结果对比

总体而言，变形温度一定时，变形对奥氏体稳定化影响主要取决于变形量，等温相变完成以后未转变奥氏体含量主要取决于贝氏体转变量，而室温下的残余奥氏体数量取决于贝氏体量和马氏体量。应变为 0.1 时，贝氏体量达到峰值，残余奥氏体量最少，其碳含量最高，由于在随后冷却过程中马氏体相变少，因此残余奥氏体量相对于无变形仍然要多。此外，应变为 0.3 时，残余奥氏体含碳量虽然低，但室温组织中残余奥氏体含量仍然很高，这是因为变形产生的奥氏体力学稳定化作用占据主导地位。

5.4.4　奥氏体预变形调控力学性能

通过 5.4.2 节和 5.4.3 节的结果可知，变形增加奥氏体稳定性，使钢中残余奥氏体含量增加，那么，变形条件下的残余奥氏体形貌和含量的改善如何影响力学性能？选择中碳钢 Fe-0.4C-2.0Si-2.8Mn（wt.%）为研究对象，具体热处理和变形工艺如图 5-29 所示。

对两组试样进行拉伸实验，结果见表 5-2，相对于无变形试样，变形试样抗拉强度（UTS）和屈服强度（YS）分别增加 226MPa 和 317MPa，且总伸长率（TE）

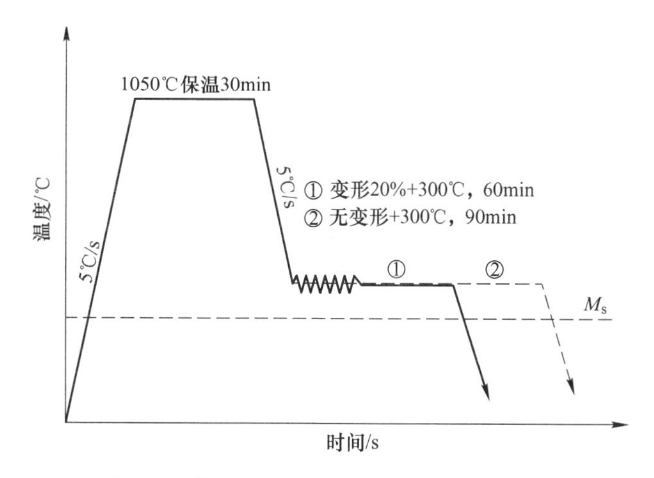

图 5-29　考察变形影响贝氏体钢性能实验工艺

表 5-2　拉伸实验检测结果

试样	YS/MPa	UTS/MPa	TE/%	PSE/GPa·%
无变形	1041±32	1507±34	13.1±0.9	19.7
变形 20%	1358±34	1733±38	15.7±0.9	27.2

也增加了 2.6%，因此通过奥氏体预变形优化超高强贝氏体钢显微组织，可以同时增加贝氏体钢强度和塑性，最终制备的贝氏体钢强塑积（PSE）可达 27.2GPa·%。根据 Bhadeshia 和 Young[37,38] 的研究，贝氏体钢的强度理论计算公式为：

$$\sigma = \sigma_{Fe} + \sum_i \sigma_{SS}^i + \sigma_C + k_\epsilon (\overline{L}_3)^{-1} + \sigma_{ppt} + K_D \rho_d^{0.5} \tag{5-8}$$

式中，σ_{Fe} 为纯铁标准强度；σ_{SS}^i 为合金元素固溶强化部分；σ_C 为过饱和固溶碳的强化作用；σ_{ppt} 为析出强化部分；$k_\epsilon (\overline{L}_3)^{-1}$ 为细晶强化，主要与贝氏体板条尺寸有关，其中 k_ϵ 为常数，$\overline{L}_3$ 为板条平均截距；$K_D \rho_d^{0.5}$ 为位错强化部分，$K_D = 0.38\mu b$，其中 μ 为剪切模量，b 为伯氏矢量（约为 0.25nm）。

相较于无变形试样，变形试样贝氏体板条明显细化，且贝氏体板条位错密度也明显增加，根据式（5-8）计算，由于变形细化贝氏体产生的强度增量为 419MPa，由于位错密度增加导致的强度增量为 191MPa。需要指出的是，变形试样抗拉强度相对无变形试样的增量并未达到 610MPa，这是因为未变形试样中含有更多马氏体组织。

超高强贝氏体钢的伸长率主要与其残余奥氏体有关，已有较多研究涉及残余奥氏体稳定性对伸长率的影响。在含有残余奥氏体的复相钢中，当残余奥氏体中碳含量很低时（≤0.5wt.%），残余奥氏体稳定性差，在塑性应变初期就会转变成马氏体，不利于增加伸长率[38]；另一方面，当残余奥氏体中碳含量非常高时（≥1.8wt.%），残余奥氏体太稳定，在应变过程中难以转变成马氏体，也不利于提高伸长率[39]。因此，只有残余奥氏体的稳定性处于适中的范围，才能明显改善超高强贝氏体钢的伸长率。影响残余奥氏体稳定性的因素有很多，除了含碳量以外，还包括形貌、尺寸和分布等。Xiong 等人[40]研究发现，薄膜状的残余奥氏体比块状残余奥氏体对伸长率的贡献更大，当应变仅为 2%时，块状残余奥氏体就发生了马氏体相变；而当应变量达到 12%时，薄膜状残余奥氏体才开始相变，说明薄膜状残余奥氏体比块状残余奥氏体更稳定。研究还表明[41]，残余奥氏体晶粒尺寸大于 1μm 是不稳定的，对材料的伸长率没有显著的影响，因为较大的残余奥氏体晶粒，含有较多转变成马氏体的潜在形核质点，在小的应变下就转变为马氏体。因此，超高强度贝氏体钢中残余奥氏体含量、形貌、尺寸等优化控制，直接决定了超高强度和高伸长率匹配程度。一般情况下，钢的强度增加会导致伸长率降低，尤其是针对变形加工处理的金属材料，但本研究结果表明，采用低温小变形+等温贝氏体相变的处理工艺，不仅可以提升强度，而且伸长率有所增加，这主要与钢中的 RA 含量和稳定性有关；通过变形不仅可以细化奥氏体组织，而且优化 RA 稳定性，使其在拉伸过程中发挥更好的增塑效应。

5.4.5　小结

本小节主要描述了奥氏体预变形控制残余奥氏体及其对性能影响，含碳量高有利于奥氏体稳定化；但相比碳含量的影响，变形引起的力学稳定化作用占据主要地位，随着应变量增大，残余奥氏体含量增加。残余奥氏体稳定性同时受碳含量和位错密度影响，尽管延长等温时间可以增加奥氏体含碳量，但变形可以使位错密度增加，且细化的贝氏体产生的相变塑性，更有利于获得稳定性良好的残余奥氏体，从而优化超高强贝氏体钢的综合性能。

变形条件下的残余奥氏体数量取决于等温过程总贝氏体量和冷却过程马氏体转变量的综合影响，虽然变形促进贝氏体相变，使贝氏体量增加，但仍然有大量残余奥氏体存在于室温条件下，这是因为马氏体相变受到了抑制。采用热变形+等温贝氏体相变的方法，不仅可以提升超高强贝氏体钢强度，而且增加伸长率，制备的中碳超高强贝氏体钢抗拉强度为 1733MPa，伸长率为 15.7%。低温奥氏体预变形不仅可以加速贝氏体相变，细化贝氏体组织，同时还能增加室温组织中的残余奥氏体，优化其稳定性。

参考文献

[1] Shipway P H, Bhadeshia H K D H. Mechanical stabilisation of bainite [J]. Materials Science

and Technology, 1995, 11 (11): 1116-1128.

[2] Larn R H, Yang J R. The effect of compressive deformation of austenite on the bainitic ferrite transformation in Fe-Mn-Si-C steels [J]. Materials Science and Engineering A, 2000, 278 (1-2): 278-291.

[3] Tsuzaki K, Ueda T, Fujiwara K, et al. in: Igata N, et al. (Eds.), Proceedings of the first Japan International SAMPE Symposium and Exhibition, Society for Advancement of Materials and Process Engineering, Japan, 1989: 799.

[4] Freiwillig R, Kudrman J, Chraska P. Bainite transformation in deformed austenite [J]. Metallurgical and Materials Transactions A, 1976, 7: 1091-1097.

[5] Edwards R H, Kennon N F. The morphology and mechanical properties of bainite formed from deformed austenite [J]. Metallurgical and Materials Transactions A, 1978, 9 (12): 1801-1809.

[6] Singh S B, Bhadeshia H K D H. Quantitative evidence for mechanical stabilization of bainite [J]. Materials Science and Technology, 1996, 12 (7): 610-612.

[7] Bhadeshia H K D H. The bainite transformation: unresolved issues [J]. Materials Science and Engineering A, 1999, 273-275: 58-66.

[8] Jin X J, Min N, Zheng K N Y, et al. The effect of austenite deformation on bainite formation in an alloyed eutectoid steel [J]. Materials Science and Engineering A, 2006, 438-440: 170-172.

[9] Gong W, Tomota Y, Koo M S, et al. Effect of ausforming on nanobainite steel [J]. Scripta Materialia, 2010, 63 (8): 819-822.

[10] Gong W, Tomota Y, Adachi Y, et al. Effects of ausforming temperature on bainite transformation, microstructure and variant selection in nanobainite steel [J]. Acta Materialia, 2013, 61 (11): 4142-4154.

[11] Miyamoto G, Iwata N, Takayama N, et al. Variant selection of lath martensite and bainite transformation in low carbon steel by ausforming [J]. Journal of Alloys and Compounds, 2013, 577: S528-S532.

[12] Pereloma E V, Al-Harbi F, Gazder A A. The crystallography of carbide-free bainites in thermomechanically processed low Si transformation-induced plasticity steels [J]. Journal of Alloys and Compounds, 2014, 615: 96-110.

[13] Taylor K A, Thompson S W, Fletcher F B. Physical Metallurgy of Direct-Quenched Steels [M]. Warrendale: The Minerals, Metals and Materials Society, 1993: 3.

[14] Edwards R H, Kennon N F. The morphology and mechanical properties of bainite formed from deformed austenite [J]. Metallurgical and Materials Transactions A, 1978, 9 (12): 1801-1809.

[15] Matsuzaki A, Bhadeshia H K D H, Harade H. Stress affected bainitic transformation in a Fe- C-Si-Mn alloy [J]. Acta Metallurgica et Materialia, 1994, 42 (4): 1081-1090.

[16] Shipway P H, Bhadeshia H K D H. The effect of small stresses on the kinetics of the bainite transformation [J]. Materials Science and Engineering A, 1995, 201: 143-149.

[17] 徐祖耀. 应力对钢中贝氏体相变的影响 [J]. 金属学报, 2004, 40 (2): 113-119.

[18] Umemoto M, Bando S, Tamura I. In: Tamura I, et al (eds). Proc. Int. Conf. Martensitic Transformations 1986, Sendai, Japan: The Jpn. Inst. Met., 1987: 595.

[19] Larn R H, Yang J R. The effect of compressive deformation of austenite on the bainitic ferrite transformation in Fe-Mn-Si-C steels [J]. Materials Science and Engineering A, 2000, 278 (1-2): 278-291.

[20] Yang J R, Huang C Y, Hseich W H, et al. Mechanical stabilization of austenite against bainitic reaction in Fe-Mn-Si-C bainitic steel [J]. Materials Transaction JIM, 1996, 37 (4): 579-585.

[21] Shipway P H, Bhadeshia H K D H. Mechanical stabilisation of bainite [J]. Materials Science and Technology, 1995, 11 (11): 1116-1128.

[22] Chatterjee S, Wang H S, Yang J R, et al. Mechanical stabilization of austenite [J]. Materials Science and Technology, 2006, 22: 641-644.

[23] Bao Y Z, Adachi Y, Toomine Y, et al. Dynamic recrystallization by rapid heating followed by compression for a 17Ni-0.2C martensite steel [J]. Scripta Materialia, 2005, 53 (12): 1471-1476.

[24] Sakuma Y, Matsumura O, Takechi H. Mechanical properties and retained austenite intercritically heat-treated bainite-transformed steel and their variation with Si and Mn [J]. Metallurgical and Materials Transactions A, 1991, 22 (2): 489-498.

[25] Kammouni A, Saikaly W, M. Dumont, et al. Effect of the bainitic transformation temperature on retained austenite fraction and stability in Ti microalloyed TRIP steels [J]. Materials Science and Engineering A, 2009, 518: 89-96.

[26] Hu F, Hodgson P D, Wu K M. Acceleration of the super bainite transformation through a coarse austenite grain size [J]. Materials Letters, 2014, 122: 240-243.

[27] Long X Y, Zhang F C, Kang J, et al. Low-temperature bainite in low-carbon steel [J]. Materials Science and Engineering A, 2014, 549: 344-351.

[28] Hase K, Garcia-Mateo C, Bhadeshia H K D H. Bimodal size-distribution of bainite plates [J]. Materials Science and Engineering A, 2006, 438-440: 145-148.

[29] Wang X L, Wu K M, Hu F, et al. Multi-step isothermal bainitic transformation in medium carbon steel [J]. Scripta Materialia, 2014, 74: 56-59.

[30] Kundu S, Verma A K, Sharma V. Quantitative analysis of variant selection for displacive transformations under stress [J]. Metallurgical and Materials Transactions A, 2012, 43 (7): 2552-2565.

[31] Beladi H, Tari V, Timokhina I B. On the crystallographic characteristics of nanobainitic steel [J]. Acta Materialia, 2017, 127: 426-437.

[32] Cornide J, Goro Miyamoto, Francisca García Caballero, et al. Distribution of dislocations in nanostructured bainite [J]. Solid State Phenomena, 2011, 172-174: 117-122.

[33] Lee S J, Lee Y K. Effect of austenite grain size on martensitic transformation of a low alloy steel [J]. Materials Science Forum, 2005, 475-479: 3169-3172.

[34] Jimenez-Melero E, Van Dijk N H, Zhao L, et al. Martensitic transformation of individual grains in low-alloyed TRIP steels [J]. Scripta Materialia, 2007, 56 (5): 421-424.

[35] Yang H S, Bhadeshia H K D H. Austenite grain size and the martensite-start temperature [J]. Scripta Materialia, 2009, 60: 493-495.

[36] Lee S, Lee S J, De Cooman B C. Austenite stability of ultrafine-grained transformation induced plasticity steel with Mn partitioning [J]. Scripta Materialia, 2011, 65 (3): 225-228.

[37] Hsu T Y. Additivity hypothesis and effects of stress on phase transformations in steel [J]. Current Opinion in Solid State and Materials Science, 2005, 9 (6): 256-268.

[38] Reisner G, Werner E A, Kerschbaummaur P, et al. The modeling of retained austenite in low-alloyed TRIP steels [J]. Journal of the Minerals, Metals and Materials Society, 1997, 49 (9): 62-65.

[39] De Meyer M, Vanderschueren D, De Cooman B C. The influence of the substitution of Si by Al on the properties of cold rolled C-Mn-Si TRIP steels [J]. ISIJ International, 1999, 39 (8): 813-822.

[40] Xiong X C, Chen B, Huang M X, et al. The effect of morphology on the stability of retained austenite in a quenched and partitioned steel [J]. Scripta Materialia, 2013, 68: 321-324.

[41] Bai D Q, Di Chiro A, Yue S. Stability of retained austenite in a Nb microalloyed Mn-Si TRIP steel [J]. Materials Science Forum, 1998, 284-286: 253-262.

6　应力对贝氏体相变的影响

生产和加工过程中，材料的相变行为往往受到应力的影响，如焊接热循环过程中，由于材料冷却速率较快，其相变行为受到应力和应变的影响。大型铸件、锻件的热处理过程也是温度、相变和应力三者之间相互影响的过程。相变行为影响显微组织，从而影响材料的力学和物理化学性能。近年来，应力与相变之间的交互作用受到了越来越多的关注。研究学者发现，单向应力可以加速贝氏体相变，并使贝氏体组织的生长方向趋于一致。按照应力的方向，可将其分为压缩应力和拉伸应力；按照应力的大小，可将其分为小于母相奥氏体屈服强度的弹性应力和大于奥氏体屈服强度的塑性应力。下面对应力作用下的贝氏体相变行为和组织演变进行研究。

6.1　机械驱动力

应力与相变的交互作用与相变驱动力是密不可分的。驱动力是相变的必要条件，对于无应力影响的贝氏体相变，驱动力源自于相变前后新相与母相的吉布斯自由能之差，称为化学驱动力。而对于应力作用下的贝氏体相变，由于应力的作用，产生了一种额外的驱动力，称为机械驱动力（ΔG_{mech}）。

相变过程伴随着晶体结构的转变。按照切变型相变理论，贝氏体相变时会在相变区域产生局部塑性变形，贝氏体相变过程中晶格类型改变和塑性变形同时发生，影响塑性变形的因素也会影响相变过程。众所周知，在拉伸或者压缩试样时，应力推动位错移动，从而促使试样发生塑性变形。类似地，在贝氏体相变过程中，轴向应力的施加会影响贝氏体相变时的塑性变形过程，从而影响整个相变过程。Patel 和 Cohen[1]研究了应力对切变型相变的作用，这一作用以机械驱动力的形式来表示：

$$\Delta G_{mech} = \sigma_N \delta + \tau s \tag{6-1}$$

式中，σ_N为惯习面的正应力；τ 为惯习面的剪切应力；s，δ 为不变平面应变的剪切应变和膨胀应变。

任何一个应力都可以用一个 3×3 的应力张量（$\boldsymbol{\sigma}_{lm}$）表示，将它乘以垂直于贝氏体惯习面的单位向量后，便可得到一个牵引力 $\boldsymbol{t}$ 来描述应力在这个惯习面上的状态，如图 6-1 所示。使用正交方法可以将 $\boldsymbol{t}$ 分解为 σ_N和 τ：

$$\sigma_N = |\boldsymbol{t}|\cos\{\theta\} \tag{6-2}$$

$$\tau = |\boldsymbol{t}|\cos\{\beta\}\cos\{\Phi\} \tag{6-3}$$

式中，$|\boldsymbol{t}|$为$\boldsymbol{t}$的大小；θ为惯习面法向与$\boldsymbol{t}$之间的夹角；β为$\boldsymbol{t}$与最大分切应力之间的夹角；Φ为最大分切应力和贝氏体剪切方向的夹角。利用式（6-1）~式（6-3），以及不同变体的晶体学参数，便可计算出应力对不同变体提供的机械驱动力。

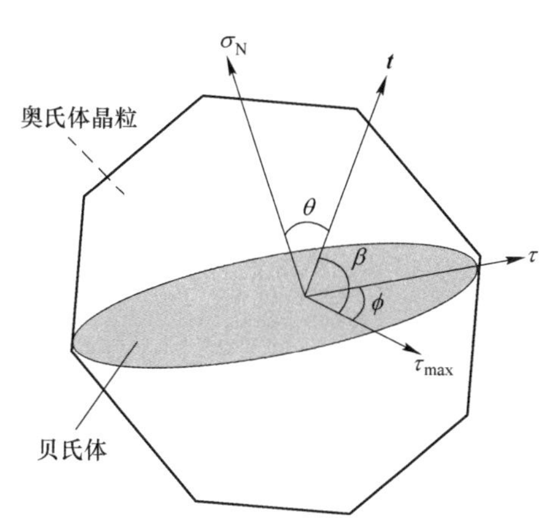

图 6-1 应力作用下贝氏体惯习面应力状态示意图[2]

结合式（6-2）和式（6-3）以及图 6-1 可以看出，拉应力时σ_N总是正值，而压应力时σ_N总是负值。结合式（6-1）发现压应力对膨胀应变做的功总是负值，但这并不意味着压应力一定抑制贝氏体相变。事实上，现有实验结果已经证明压应力可以促进贝氏体相变。这是因为，在钢铁材料中，剪切应变远大于膨胀应变，所以应力主要通过影响剪切应变来影响相变。因此虽然压应力不利于膨胀应变，但仍可以通过促进剪切应变来促进贝氏体相变。

式（6-1）~式(6-3）虽然可以计算出应力为每个变体提供的机械驱动力，但计算过程复杂。为了简化分析过程，通常可以使用最大机械驱动力来定量表示应力为贝氏体相变提供机械驱动力的能力。为了计算最大机械驱动力，可以假设惯习面上的应力、惯习面法向和剪切方向三者共面，即Φ值为零。根据式（6-2）和式（6-3）计算出σ_N和τ，从而将式（6-1）改写为：

压应力：
$$\Delta G_{Mech} = \frac{\sigma}{2}[s\sin2\theta - \delta(1 + \cos2\theta)] \tag{6-4}$$

拉应力：
$$\Delta G_{Mech} = \frac{\sigma}{2}[s\sin2\theta + \delta(1 + \cos2\theta)] \tag{6-5}$$

式中，σ为施加应力的大小。

因此，通过式（6-4）和式（6-5）可得，对于压应力，满足 $\tan2\theta = -\frac{s}{\delta}$ 时，

机械驱动力最大；对于拉应力，满足 $\tan 2\theta = \frac{s}{\delta}$ 时，机械驱动力最大。在贝氏体相变中，$s \approx 0.26$，$\delta \approx 0.03$，因此最优的 $\theta_{optimum} \approx 48.3°$（压应力）或 41.7°（拉应力）。根据式（6-4）和式（6-5）可以计算出不同应力为贝氏体相变提供的最大机械驱动力。例如，施加 140MPa 压应力时，最大机械驱动力为 -115.5J/mol。

轴向应力可以为相变过程提供额外的机械驱动力。因此，应力作用下相变总驱动力（ΔG）包括化学驱动力和机械驱动力。化学驱动力主要由相同成分奥氏体与铁素体自由能差提供（$\Delta G^{\gamma \to \alpha}$），它受化学成分和相变温度等影响；机械驱动力主要由应力对相变时的形变系统做功提供，它受应力方向和大小等影响。应力作用下贝氏体相变热力学条件可改写为：

$$\Delta G = \Delta G^{\gamma \to \alpha} + \Delta G_{Mech} < -G_{SB} \tag{6-6}$$

需要注意的是，当应力大于母相奥氏体屈服强度时，由于奥氏体预变形的产生，贝氏体相变热力学将更加复杂。

6.2　小于奥氏体屈服强度应力的影响

按施加应力的大小分类，可以将应力分为弹性应力（小于奥氏体屈服强度）和塑性应力（大于奥氏体屈服强度）。前者主要通过机械驱动力来影响相变，后者包括机械驱动力和奥氏体预变形两者共同作用。本节主要阐述弹性应力对贝氏体相变、组织和残余奥氏体等的影响规律。

6.2.1　相变动力学

研究应力对贝氏体相变影响时，通常需要用膨胀分析法，即在可以施加载荷的热模拟试验机上，对试样（圆柱形）施加轴向压缩应力或者拉伸应力。试验过程中记录下时间-温度-试样膨胀量等数据。由于贝氏体相变过程中 γ 相转变为 α 相，晶格发生膨胀，所以试样也发生膨胀。通过分析贝氏体相变过程中试样的膨胀量变化规律，可以对贝氏体相变进行研究。

很多研究都发现，在相变过程中对试样施加轴向弹性应力后，贝氏体相变动力学加快，相变量增加，这一现象可以通过膨胀分析法清楚地观察到。如图 6-2 所示，随着应力的增加，试样膨胀量增速增大，即贝氏体相变速率加快。显微组织图 6-3 表明，相变相同时间，施加应力的试样贝氏体量更多，同样证明了应力加速贝氏体相变[3]。施加弹性应力后，产生了一个额外的机械驱动力，使总驱动力增加，所以相变动力学加快。仅有个别研究报道了相反的结果，Matsuzaki 等人早期的研究显示较小的应力（20MPa、50MPa）抑制贝氏体相变[4]，但之后的文献中并未发现类似的结果。

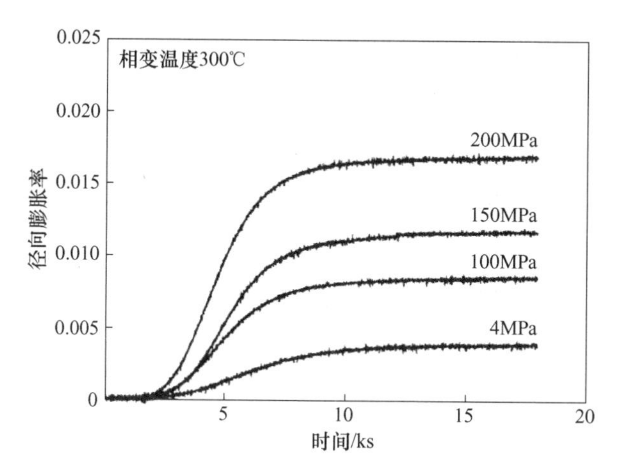

图 6-2 贝氏体等温相变过程中试样膨胀量[3]

Shipway 和 Bhadeshia[5] 做了这样一组对比实验：在不同相变温度下进行等温贝氏体相变，并在相变期间施加 20MPa 和 80MPa 的应力，结果如图 6-4 所示。试样在相变过程中体积膨胀（代表贝氏体量）达到某一值所需的时间随应力的增加而减少，即应力加速贝氏体相变。此外，除了少数数据外，大部分数据表明，在较高的相变温度下，应力缩短相变时间的效果更加明显，即加速效果更加明显。Hase 等人[3] 随后也发现了这一现象。如图 6-5 所示，在较低温度下相变时（250℃），无应力试样与有应力试样的贝氏体量变化曲线差别不大，而在较高温度下相变时（350℃），应力明显促进贝氏体相变。因此，相变温度不同时，同一弹性应力对贝氏体相变的促进作用是不同的，弹性应力对贝氏体相变的促进作用在较高相变温度下更加显著，这一现象主要与应力提供的机械驱动力占总驱动力的比值有关。上一节中已经提到，应力作用下的贝氏体相变总驱动力包括化学驱动力和机械驱动力。机械驱动力的大小与应力的大小有关，化学驱动力受相变温度、化学成分等影响。对于同一钢种，相变温度越高，化学驱动力就越小。在较高的相变温度下，应力提供的机械驱动力虽然大小不变，但由于化学驱动力的减小，机械驱动力占总驱动力的比值却增加，因此在较高的相变温度下，弹性应力对贝氏体相变的促进效果更加明显。

除了机械驱动力占总驱动力比值外，应力对贝氏体相变的促进效果还受到原始奥氏体晶粒尺寸的影响。本书作者进行了这样一组实验：设置奥氏体化温度为 1000℃、1100℃和 1200℃，贝氏体相变温度为 330℃，相变期间分为不施加应力或者施加 140MPa 弹性应力两种，贝氏体相变期间试样的体积膨胀量变化（代表贝氏体量的变化）如图 6-6 所示。奥氏体化温度为 1000℃时，有应力试样和无应力试样贝氏体含量变化差距较小，而奥氏体化温度为 1200℃时，两试样贝氏体含

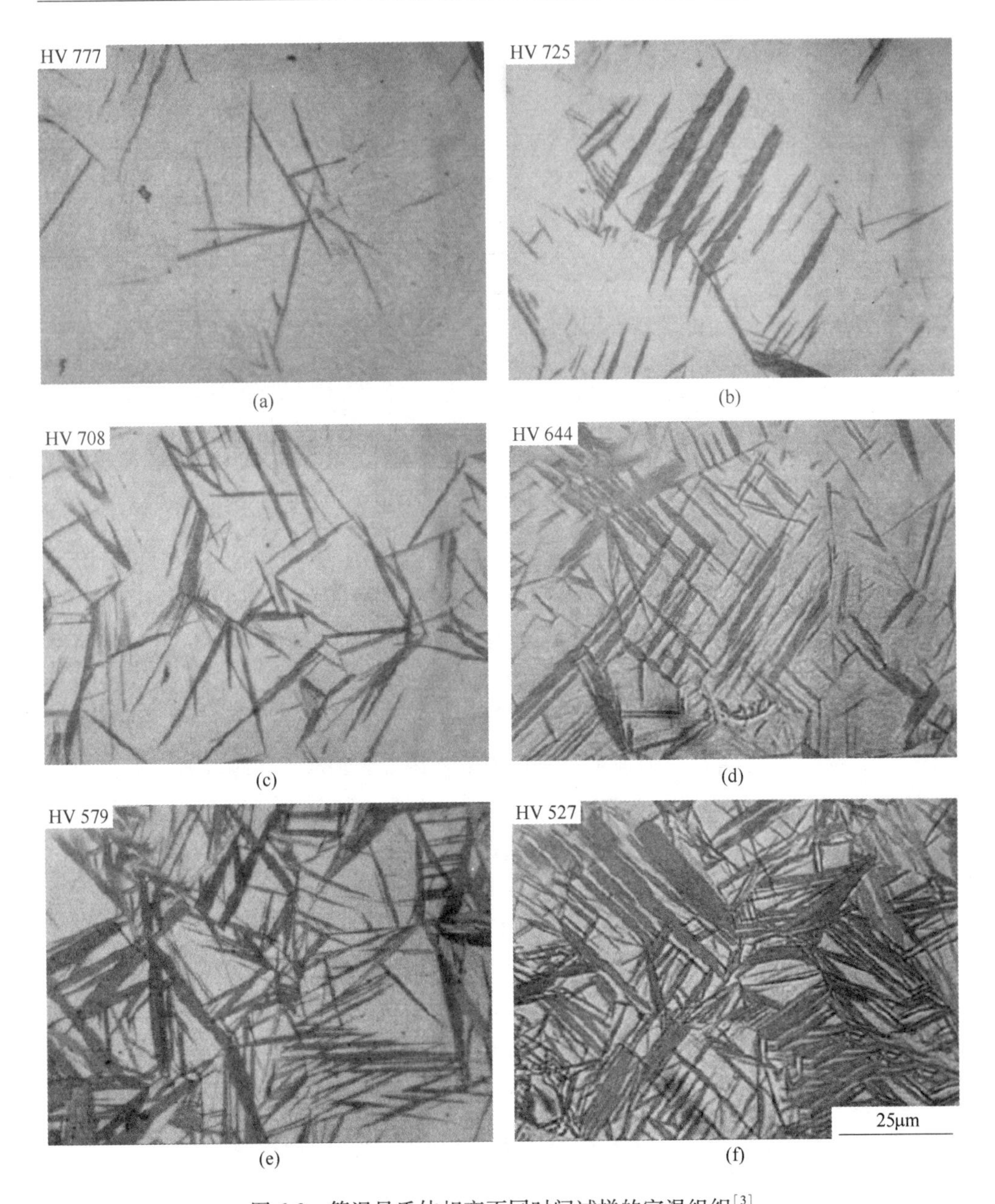

图 6-3　等温贝氏体相变不同时间试样的室温组织[3]

(a) 0.5h，4MPa；(b) 0.5h，200MPa；(c) 1h，4MPa；(d) 1h，200MPa；(e) 2h，4MPa；(f) 2h，200MPa

量差距增大（图 6-6（b）），说明奥氏体化温度越高，应力对贝氏体相变的促进效果增强。这一现象表明，应力对贝氏体相变的促进效果与原始奥氏体晶粒尺寸有关。奥氏体化温度升高时，原始奥氏体晶粒尺寸增加，一方面较大的奥氏体晶粒对贝氏体生长的阻碍作用较小；另一方面，母相奥氏体强度随晶粒的增大而降

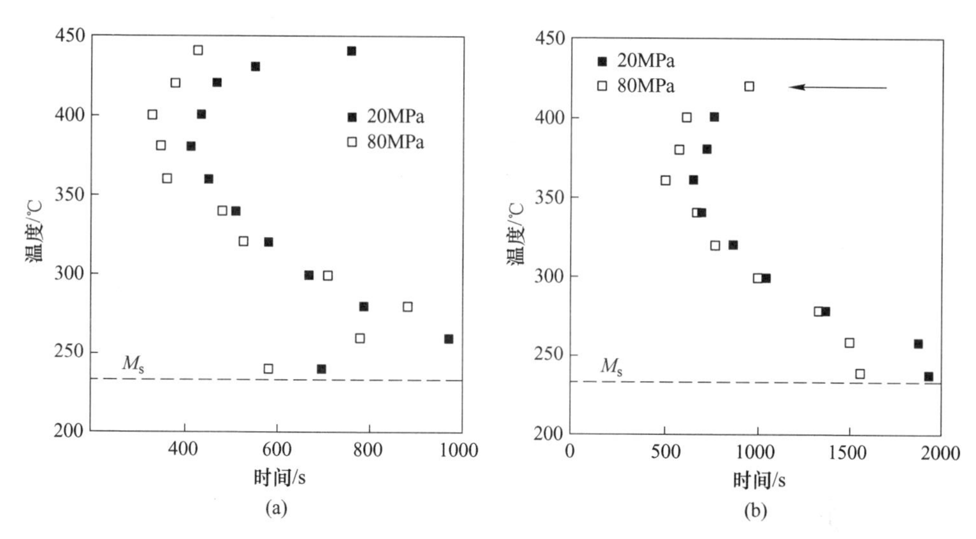

图 6-4 贝氏体相变过程中试样体积应变达到某一值所需的时间[5]

(a) 0.1%体积应变；(b) 0.5%体积应变

(随着应力的增加，相变时间缩短，表明应力促进相变。在较高的相变温度下，相变时间缩短量（■与□的距离）更大，表明应力的促进作用更大)

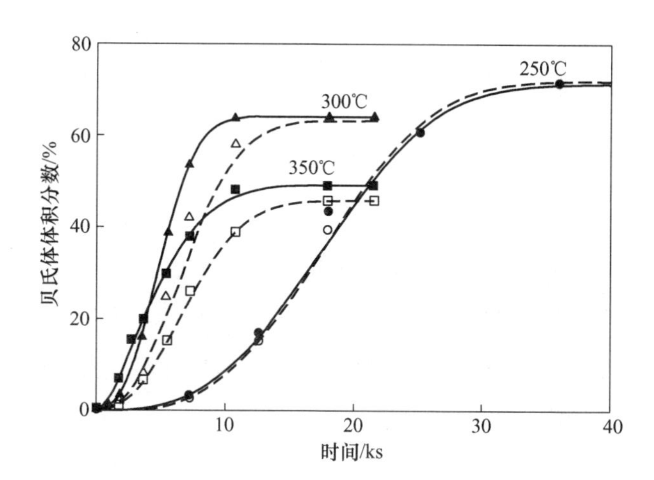

图 6-5 不同相变温度下有应力（200MPa）和无应力（4MPa）试样贝氏体相变动力学[3]

低，使得切变反应更容易发生。因此，在较大的奥氏体晶粒中，应力更容易发挥其促进作用。

综上所述，在弹性范围内，随着应力的增加，其对贝氏体相变的促进效果增加。应力的促进效果受到机械驱动力占总驱动力比值、原始奥氏体晶粒尺寸大小

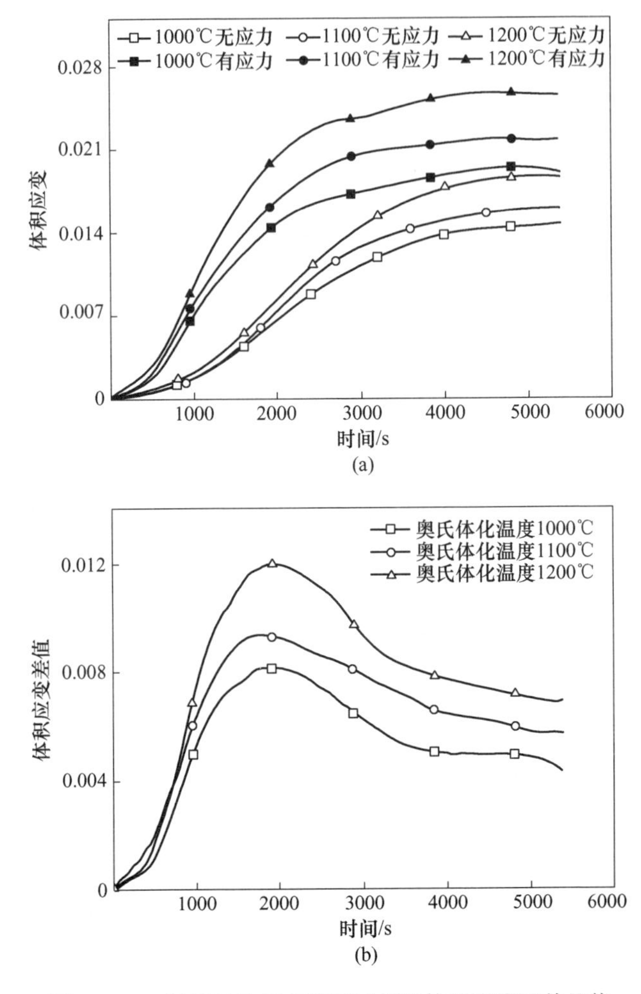

图 6-6　330℃贝氏体相变期间试样的体积膨胀及其差值

(a) 体积膨胀；(b) 有应力试样与无应力试样贝氏体相变期间体积膨胀之差

等因素的影响。机械驱动力所占比值越大，原始奥氏体晶粒尺寸越大，应力对贝氏体相变的促进效果越强。

6.2.2　显微组织

外加应力会影响相变过程，从而影响相变后的显微组织。如图 6-7 所示，无应力影响试样贝氏体含量较少，板条束较短。施加 50MPa 较小弹性应力后，组织没有明显变化。当弹性应力增加到 140MPa 时，贝氏体含量增加，贝氏体束增长，出现了许多队列式的贝氏体束。此外，施加应力后，块状 M/A 和 RA 的含量均减少，且被细化，薄膜状 RA 相对增多。

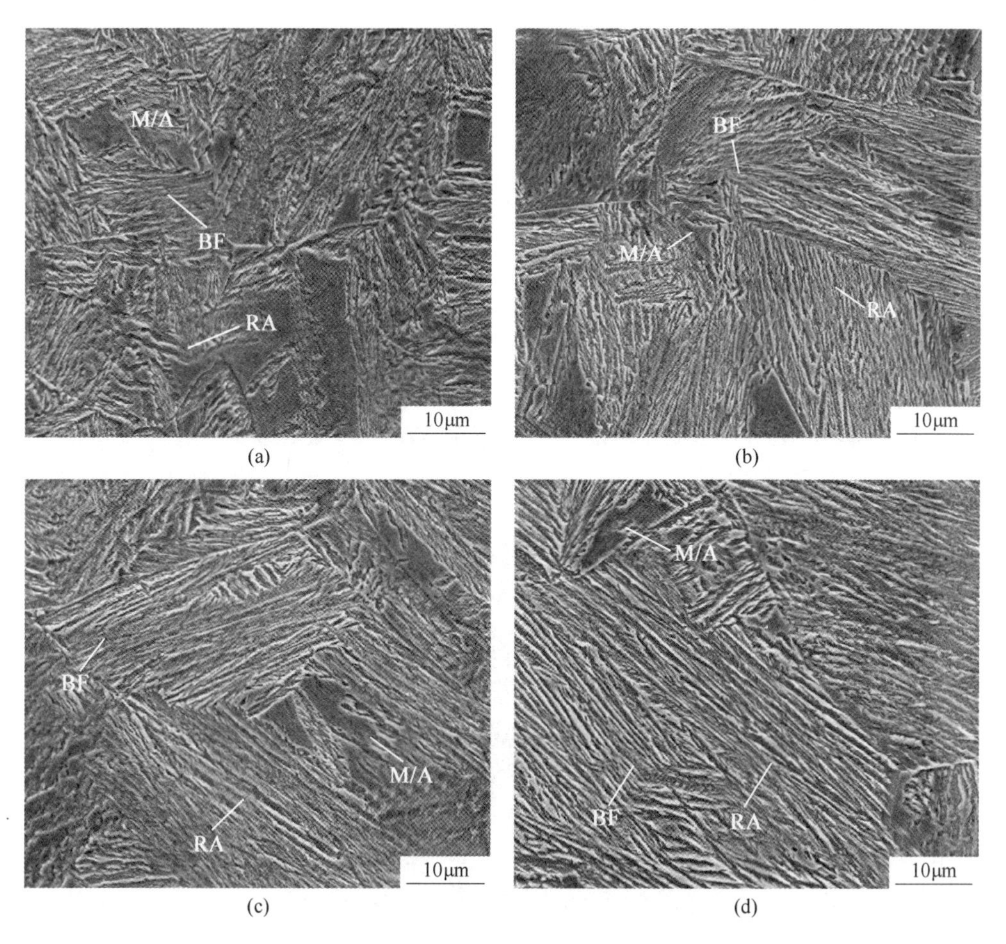

图 6-7 不同应力试样 SEM 显微组织

（a）无应力；（b）50MPa；（c）80MPa；（d）140MPa

无应力试样和弹性压应力试样透射电镜 TEM 组织如图 6-8 和图 6-9 所示，相应的贝氏体板条厚度统计结果如图 6-10 所示。施加应力后贝氏体板条厚度分布向右移动。无应力试样贝氏体板条平均厚度为（131.4±35.0）nm，140MPa 应力试样板条平均厚度为（140.5±26.1）nm，表明弹性应力增加贝氏体板条厚度。苏铁健等人[6]研究了弹性拉应力对一种 35MV7 钢贝氏体组织的影响，结果如图 6-11 所示。他们发现施加弹性拉应力后，贝氏体板条长度由 1～3μm 增加到超过 10μm，宽度由 0.2μm 增加到 0.3～0.9μm。

应力对贝氏体板条厚度的影响可用式（6-7）解释。贝氏体板条厚度受相变驱动力、母相奥氏体屈服强度、相变温度的影响，它们之间的关系可用式（6-7）表示[7]。可以看出，贝氏体板条厚度与相变驱动力正相关。施加应力后，总驱动力增大，所以板条厚度增加。

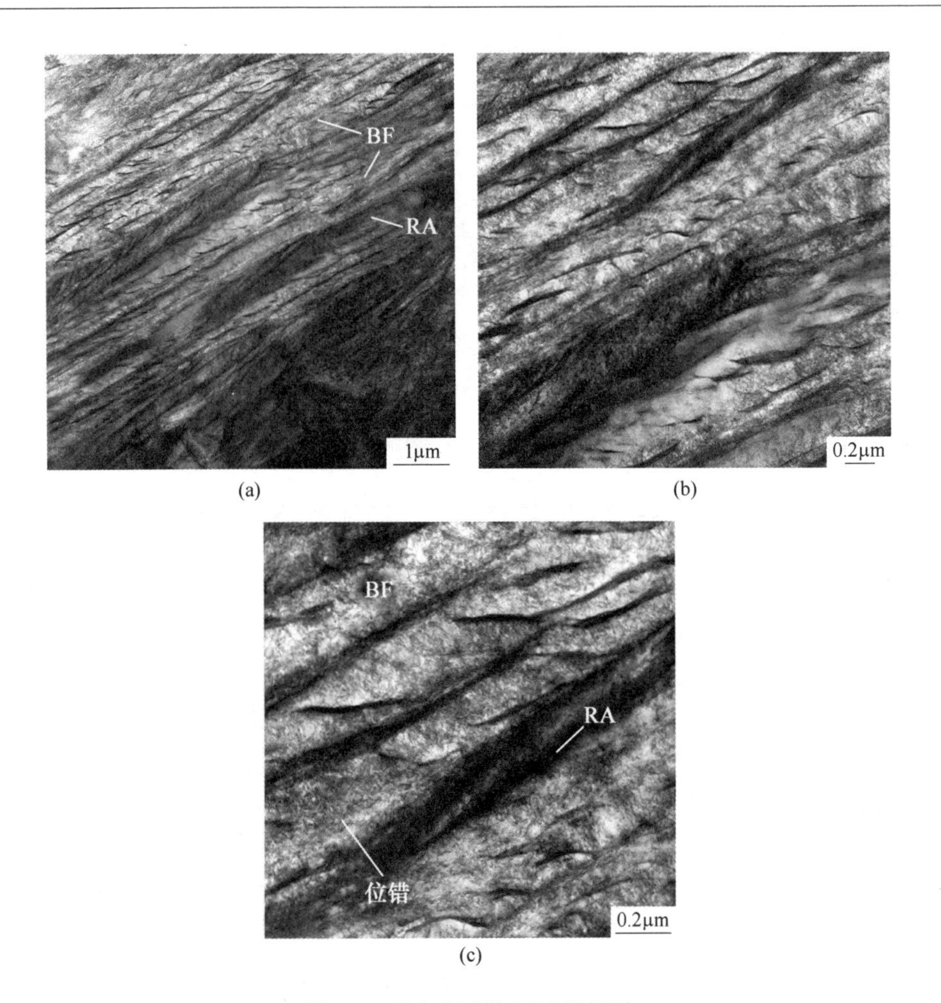

图 6-8　无应力试样 TEM 组织图

$$t \approx 0.478 + 1.2 \times 10^{-4}T + 1.25 \times 10^{-4}|\Delta G| - 2.2 \times 10^{-3}\sigma_y \qquad (6\text{-}7)$$

式中，t 为贝氏体板条厚度；T 为相变温度；ΔG 为贝氏体相变驱动力；σ_y 为母相奥氏体屈服强度。

施加应力后，显微组织另一个明显变化是贝氏体取向的变化。图 6-12 给出了无应力试样和 140MPa 弹性应力试样 EBSD 取向分布图，图中不同颜色代表不同取向，对应的 [100]、[010] 和 [001] 反极图如图 6-13 所示。无应力试样取向分布较随机，贝氏体变体种类较多，根据母相奥氏体与贝氏体之间的 N-W 取向关系计算可得，单个奥氏体晶粒内可以形成全部 12 种贝氏体变体。而施加 140MPa 应力后，贝氏体变体种类减少，取向分布趋于集中化。图 6-14 给出了贝氏体$<001>_{bcc}$极图，同样证明了施加应力后，贝氏体变体种类减少，产生择优取向。因此，弹性应力使贝氏体取向趋于一致，产生变体选择。

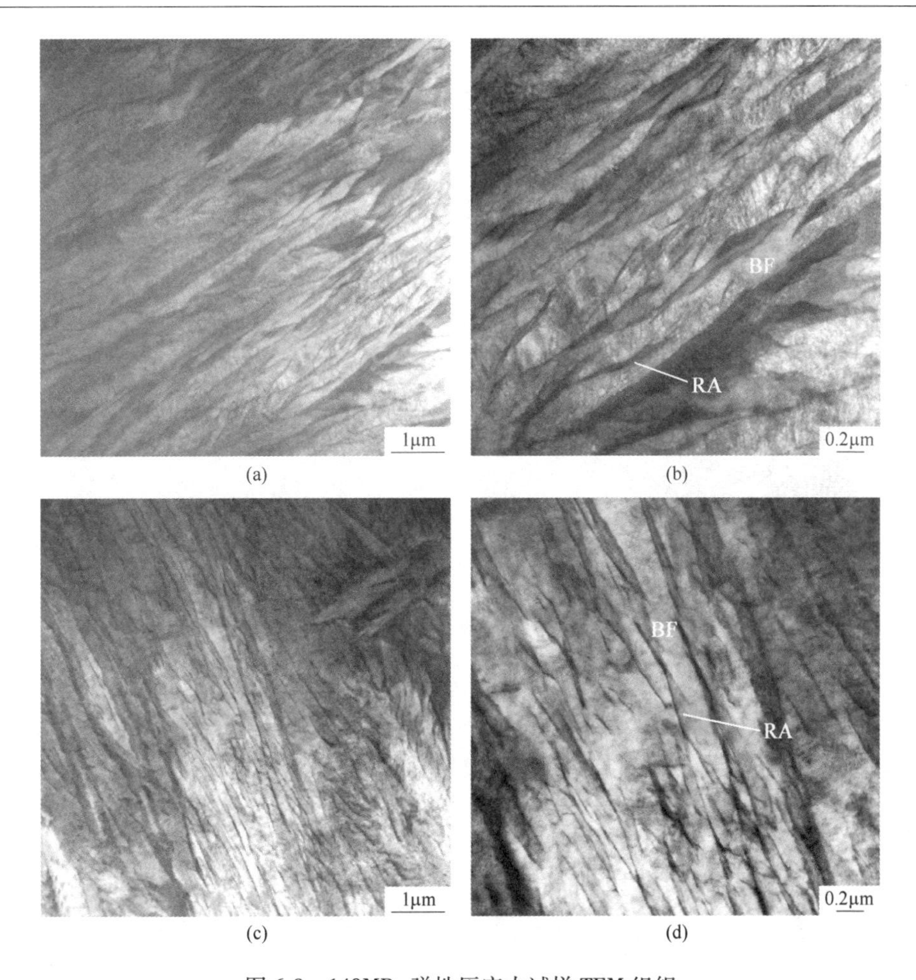

图 6-9 140MPa 弹性压应力试样 TEM 组织

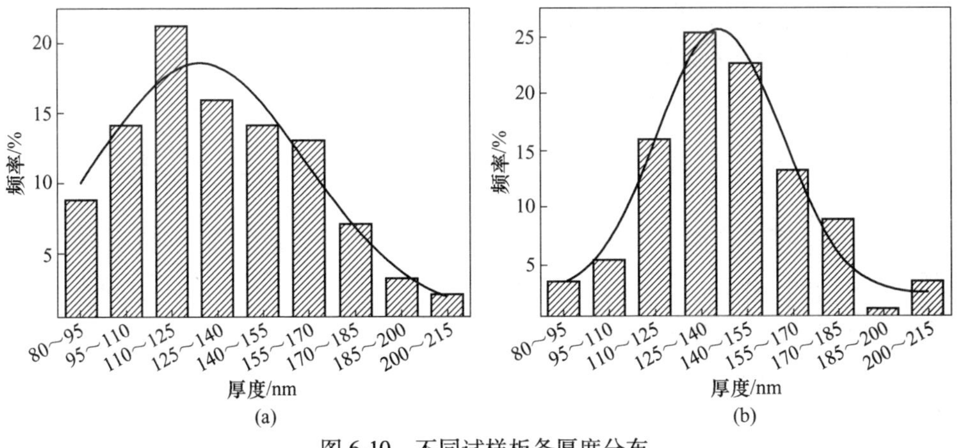

图 6-10 不同试样板条厚度分布

（a）无应力；（b）140MPa 弹性压应力

图 6-11　不同试样 TEM 组织[6]

（a）无应力；（b）128MPa 弹性拉应力

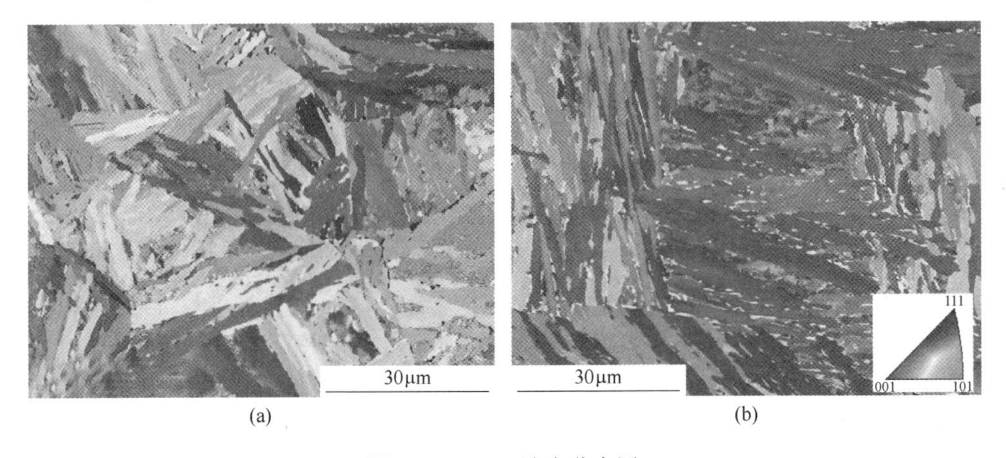

图 6-12　EBSD 取向分布图

（a）无应力；（b）140MPa 弹性应力，应力轴为竖直方向

Hase 等人同样证明了应力对贝氏体取向的影响[3]。他们通过两种方法观察到贝氏体取向的变化。(1) 他们对显微组织中贝氏体束的方向进行了简单的定量统计，测量了贝氏体束与应力轴之间的夹角（图 6-15）。结果表明，无应力试样（4MPa）贝氏体束与应力轴之间的夹角分布较随机，即取向分布随机；而应力试样（200MPa）贝氏体束与应力轴夹角分布在 40°～50°之间出现了峰值，证明了应力使贝氏体取向出现各向异性。(2) 通过进一步的 EBSD 分析，可以更加

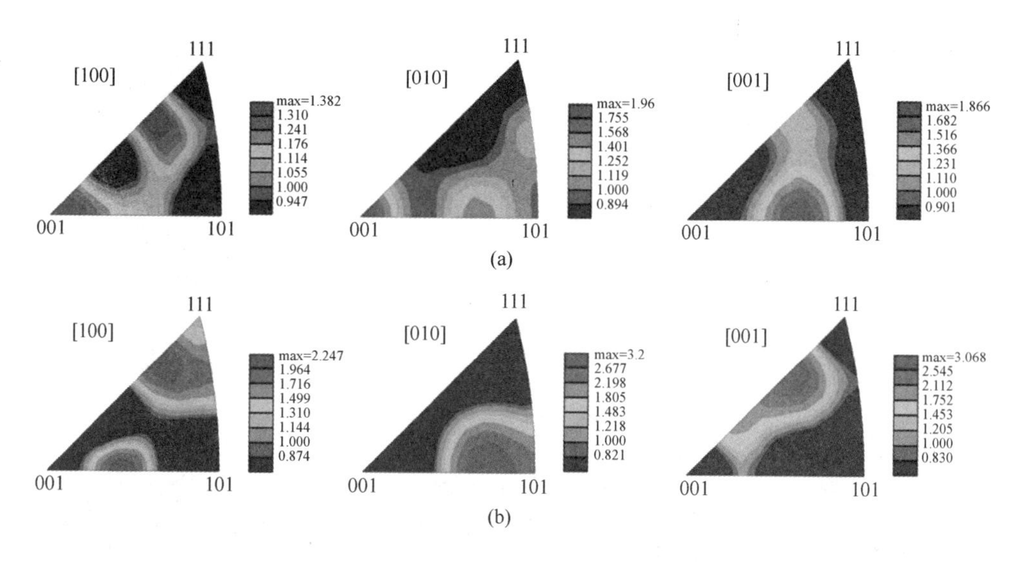

图 6-13 贝氏体取向反极图

(a) 无应力；(b) 140MPa 弹性应力

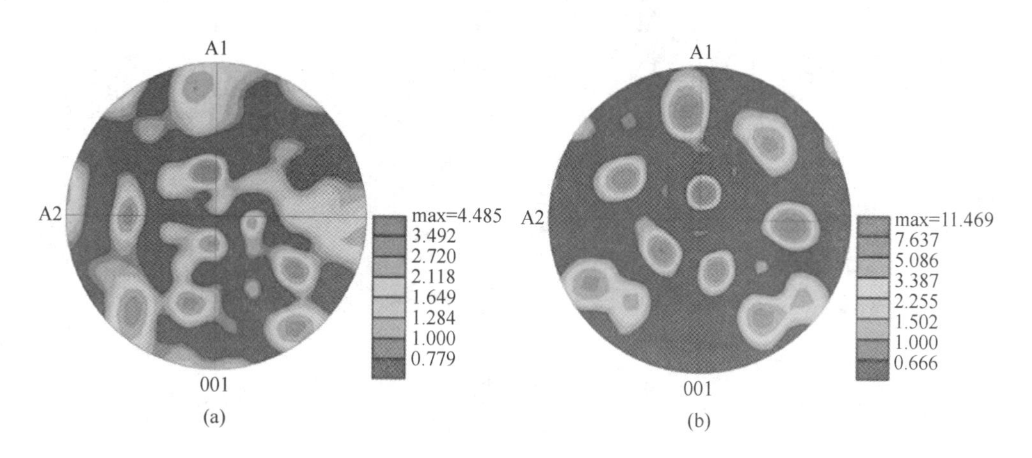

图 6-14 贝氏体 <001>$_{bcc}$ 极图

(a) 无应力；(b) 140MPa 弹性应力

清楚地观察到应力对贝氏体取向的影响（图 6-16）。施加应力后，贝氏体取向种类减少，且出现许多具有统一方向性的贝氏体束。

应力对贝氏体取向的影响与机械驱动力的不均匀分布有关。根据式（6-2）和式（6-3）可知，不同贝氏体变体与应力轴之间的夹角不同，所以应力为不同贝氏体变体提供的额外机械驱动力是不同的。应力作用下，处于有利位向的贝氏体被促进；相反，处于不利位向的贝氏体变体被抑制，所以产生了变体选择作用。根据 N-W 关系，贝氏体有 12 种不同的取向选择，而根据 K-S 关系，贝氏体

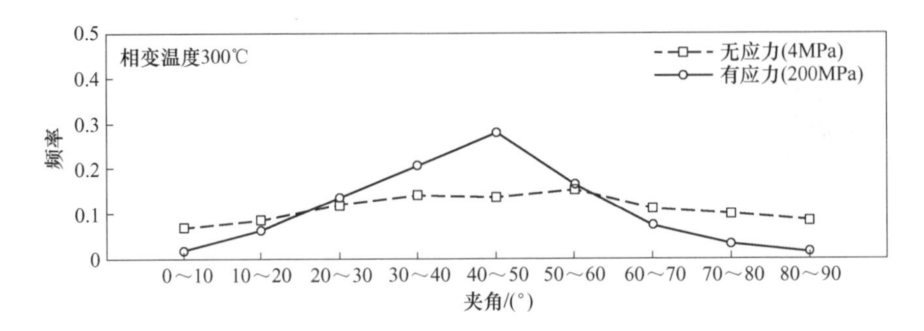

图 6-15　有应力（200MPa）和无应力（4MPa）试样显微组织中贝氏体束与应力轴之间的夹角统计图[3]

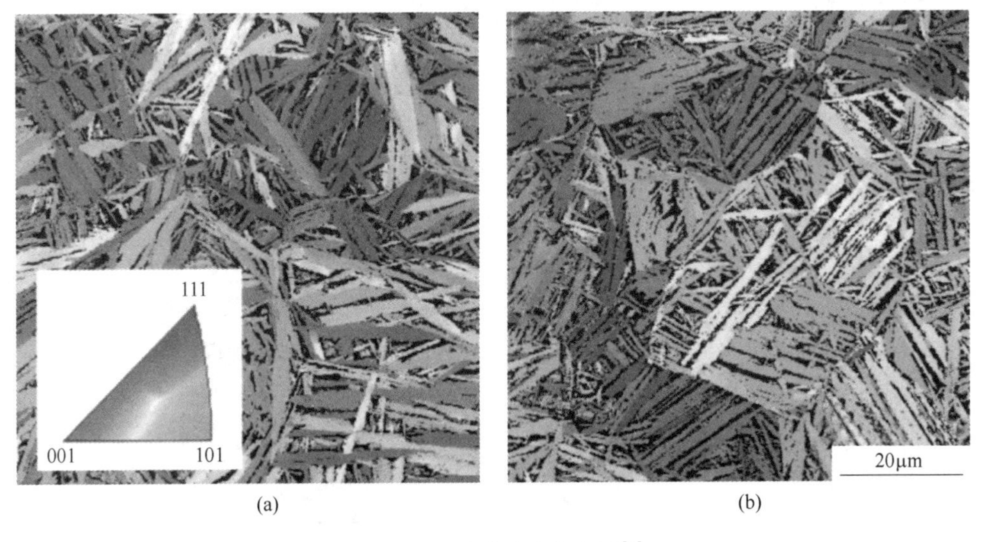

图 6-16　贝氏体取向分布图[3]
（a）无应力；（b）200MPa 应力

有 24 种不同的取向选择。当机械驱动力（ΔG_{Mech}）/总驱动力（ΔG）较小时，机械驱动力的作用很微弱，每一个形核点发展为 24 种不同取向贝氏体的可能性几乎是相同的，所以组织中贝氏体变体的种类较多。相反，当 $\Delta G_{Mech}/\Delta G$ 较大时，机械驱动力开始占据主导地位。每个变体获得的机械驱动力是不同的，那些具有较大机械驱动力的变体被促进，反之其他变体被抑制，甚至无法形成，从而出现了变体选择。因此，随着 $\Delta G_{Mech}/\Delta G$ 的增大，贝氏体变体数量减少（图6-17）。

高强贝氏体钢中存在大量块状残余奥氏体或马氏体，这种块状组织对韧性是不利的。相变过程中，贝氏体先形成，剩余未转变的奥氏体根据其稳定性，要么

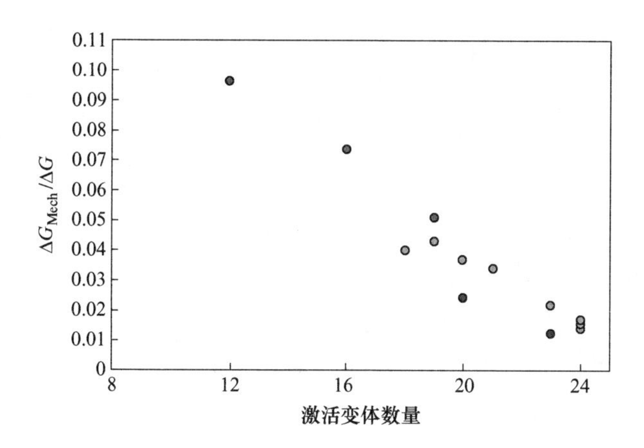

图 6-17　机械驱动力占总驱动力比值与激活变体个数之间的关系[8]

保留到室温形成残余奥氏体，要么部分转变为马氏体。在高碳钢中，贝氏体相变后，未转变的奥氏体较稳定，所以在室温成为了残余奥氏体，如图 6-18 所示。而在中碳或者低碳钢中，未转变的奥氏体不够稳定，部分奥氏体在冷却到室温的过程中转变为马氏体，如图 6-19 所示。由图 6-18 和图 6-19 可以看出，施加弹性应力后，块状组织（马氏体或残余奥氏体）数量减少，且被细化。这一现象与贝氏体数量和取向有关，可以通过示意图 6-20 来理解。在无应力试样中，贝氏体相变量较少，且贝氏体取向随机分布，所以在贝氏体相变过程中，奥氏体容易被分割成块状形貌，室温组织中存在较多的块状残余奥氏体；相反，在应力影响的试样中，贝氏体相变量较多，且贝氏体取向趋于一致，块状组织被队列式的贝氏体束细化。块状残余奥氏体或马氏体对钢的韧性不利，消除或细化块状组织对提高钢的韧性是有利的。

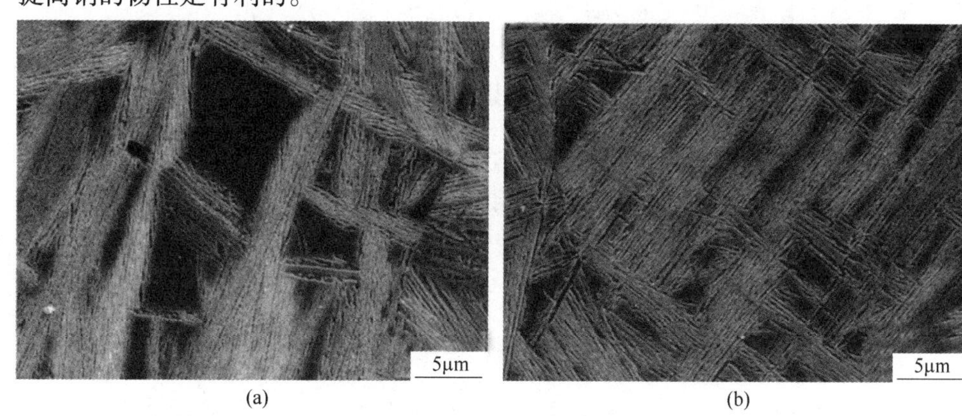

图 6-18　高碳钢 SEM 组织图[3]

（a）无应力；（b）200MPa 应力，小于奥氏体屈服强度

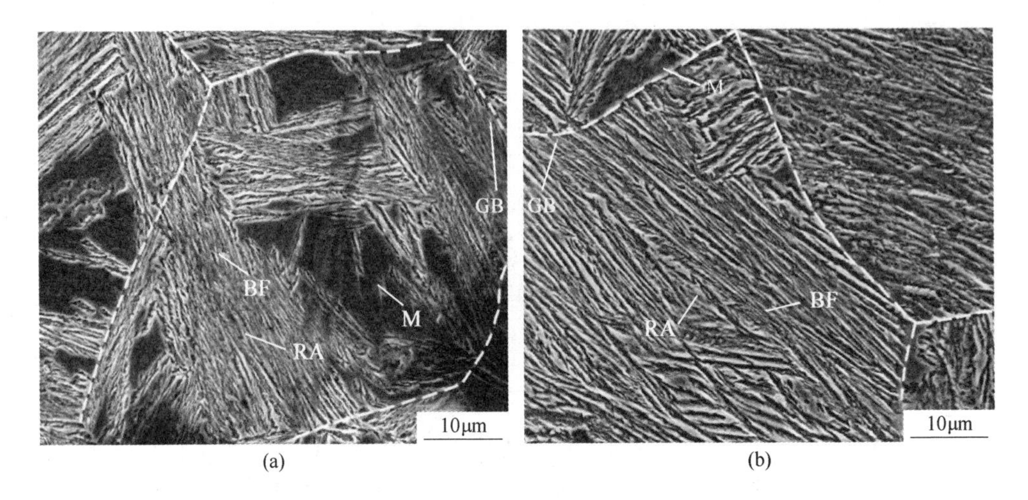

图 6-19　中碳钢 SEM 组织图

（a）无应力；（b）140MPa 压应力，小于奥氏体屈服强度

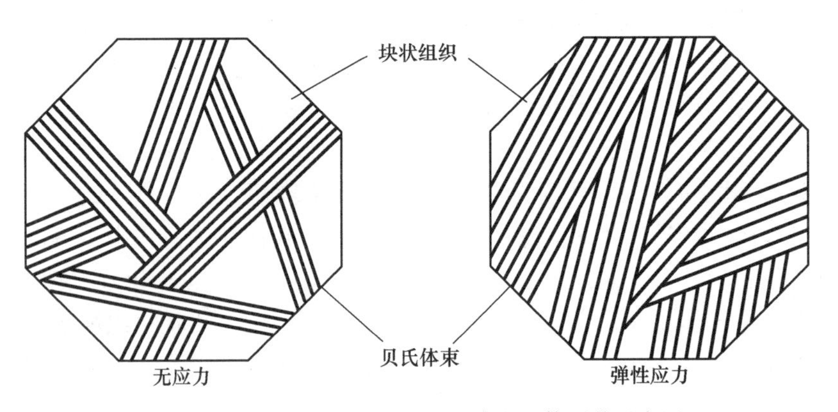

图 6-20　有应力和无应力试样残余奥氏体形貌示意图

6.3　大于奥氏体屈服强度应力的影响

当施加的应力大于母相奥氏体屈服强度时，母相奥氏体在转变前会产生塑性变形。在随后的相变过程中，塑性变形和施加的应力共同影响贝氏体相变。这一节主要探讨塑性应力对贝氏体相变和组织的影响。

6.3.1　相变行为

在理解塑性变形应力对贝氏体相变的影响前，需要先理解奥氏体预变形和应力对贝氏体相变的综合影响。图 6-21 为贝氏体相变期间试样体积膨胀率（代表相变量），它显示了奥氏体预变形与应力对贝氏体相变的综合影响。相变

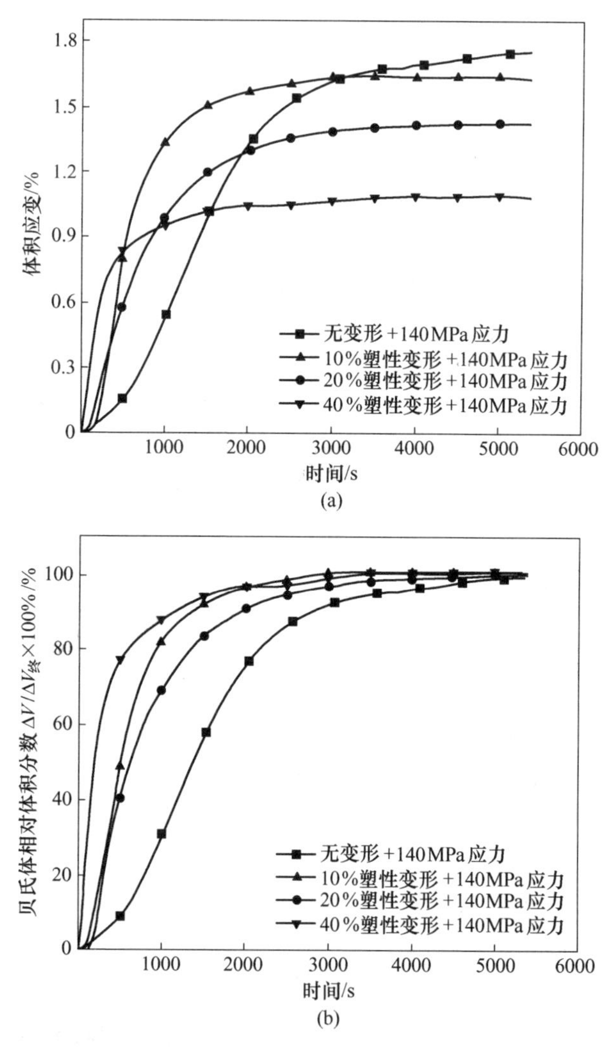

图 6-21 变形+应力同时施加时，试样在贝氏体相变期间的体积膨胀率（代表贝氏体相变量）

期间仅施加 140MPa 应力，而不进行奥氏体预变形时，贝氏体相变量最多，但相变速率较慢。10%塑性变形和 140MPa 应力同时作用时，贝氏体相变速率加快，但贝氏体最终转变量减少。随着变形量的增大，贝氏体相变量逐渐减少。这说明应力和奥氏体预变形同时影响贝氏体相变时，奥氏体预变形加速贝氏体相变动力学，但减少最终转变量。这是因为奥氏体预变形产生了额外的形核点，加速贝氏体转变速率，但也增加了位错密度，阻碍了贝氏体长大，减少其最终尺寸，所以相变速率加快，但转变量减少。需要注意的是，第 5 章介绍了单独的低温小变形可以增加贝氏体转变量，这与本节应力和变形同时影响贝氏体相变是不同的。

塑性应力提供的机械驱动力较大，对贝氏体相变的促进效果更加明显。图6-22显示了塑形应力对贝氏体相变的影响。可以看出，与无应力试样相比，施加塑性应力后，试样体积膨胀率增加，完成相变所需时间明显减少，表明塑性应力增加相变量，明显加速贝氏体相变。施加塑性应力时，贝氏体相变前会发生奥氏体预变形。因此，塑性应力对贝氏体相变的影响包括两部分：一是相变期间持续施加应力的影响；二是奥氏体预变形的影响。如前所述，应力为相变提供额外的机械驱动力，从而增加贝氏体相变量，加速相变动力学，而奥氏体预变形和应力同时施加时，变形会减少相变量。尽管如此，塑性应力提供了足够的机械驱动力，其促进作用超过了变形带来的不利影响，因此塑性应力可以增加贝氏体相变量。此外，随着塑性应力的增加，贝氏体相变量先增加后降低，这是变形量增大、其阻碍作用逐渐增强的结果。Liu 等人同样观察到塑性应力增大时，贝氏体相变量降低的现象[9]。需要注意的是，虽然相变量随塑性应力先增加后减少，但相变速率一直增加，这是变形提供更多形核点造成的。

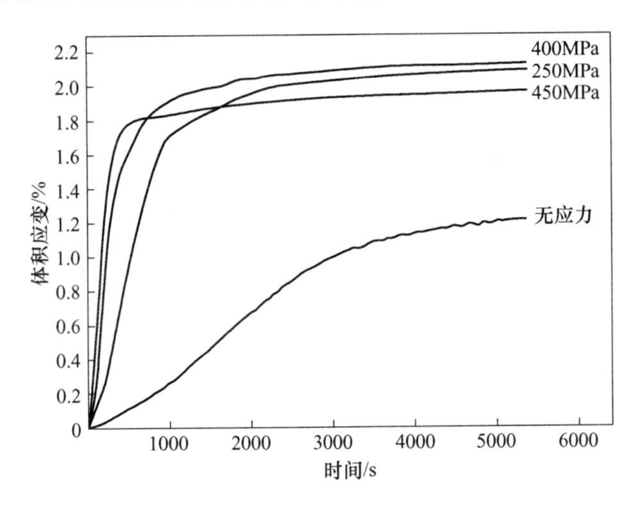

图 6-22　贝氏体相变期间不同试样体积应变随时间变化

6.3.2　显微组织

塑性应力对母相奥氏体产生了变形，其对组织的影响比弹性应力更加显著。如图6-23所示，在无应力试样中，母相奥氏体晶粒基本呈等轴多边形，而施加塑性应力后，母相奥氏体被压扁，发生了塑性变形。在250MPa应力下，塑性变形程度较低，贝氏体取向趋于一致；在400MPa和450MPa应力作用下，塑性变形程度较大，贝氏体取向明显趋于一致。此外，与无应力试样相比，施加塑性应力后，贝氏体含量增多，块状马氏体和残余奥氏体被细化。由于贝氏体束取向趋于一致，所以其长度增长。

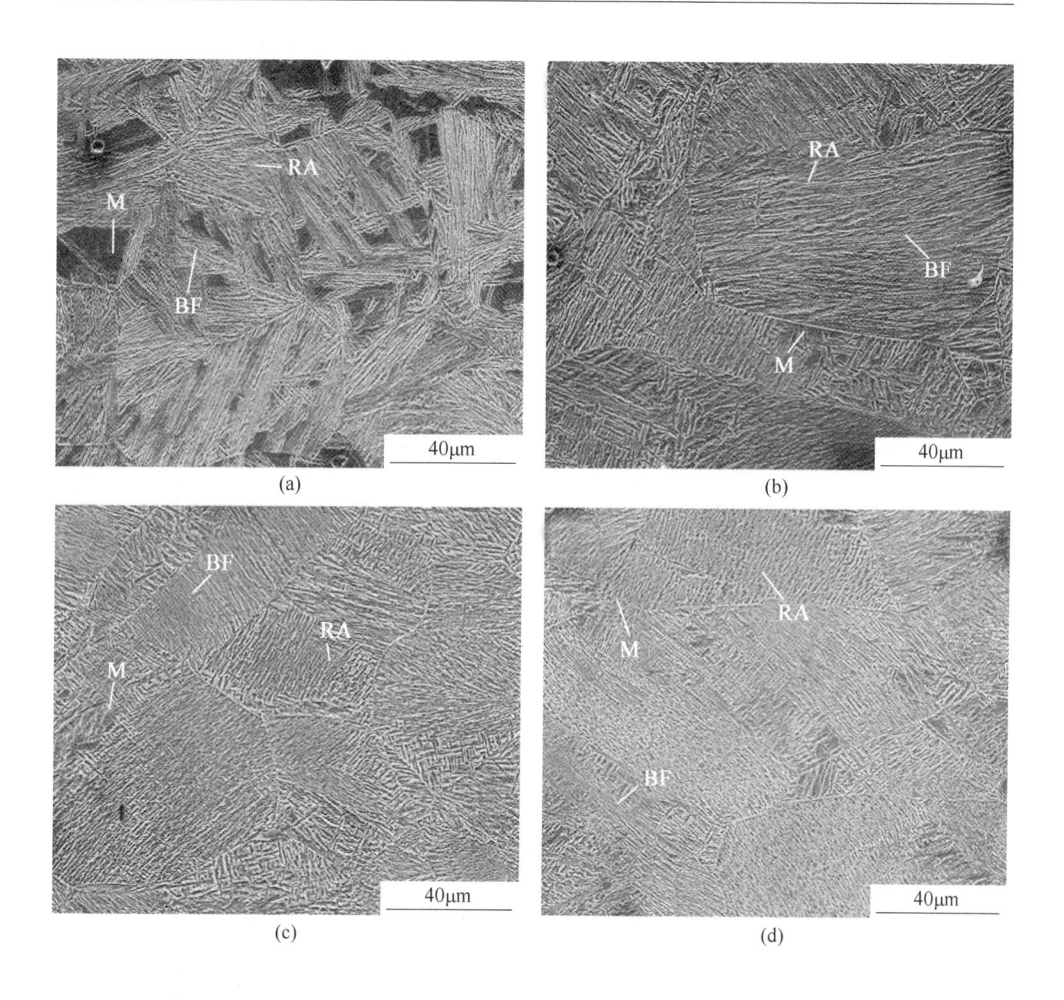

图 6-23 不同应力状态试样 SEM 显微组织
(a) 无应力; (b) 250MPa; (c) 400MPa; (d) 450MPa

由透射显微镜照片图 6-24 可以看出，当塑性应力较小时（250MPa），贝氏体铁素体（亚单元，并非贝氏体束）长度已经有所减少；而施加 450MPa 应力时，贝氏体铁素体长度明显变短，这主要是因为塑性变形带来的位错阻碍了贝氏体铁素体的伸长。不同试样贝氏体板条厚度统计如图 6-25 所示。无应力试样贝氏体板条厚度分布主要集中在 95~170nm 之间，250MPa 应力试样板条厚度主要集中在 110~185nm 之间，450MPa 应力试样板条厚度主要集中在 125~230nm 之间。三种应力状态试样板条平均厚度分别为(131.4±35)nm（无应力）、(158.7±55.6)nm（250MPa）和（179.3±29.6)nm（450MPa），表明塑性应力使贝氏体板条厚度增加。一方面，应力为贝氏体亚单元的长大提供额外机械驱动力，这有助于增加贝氏体板条厚度；另一方面，贝氏体以切变方式长大，塑性变形增加奥

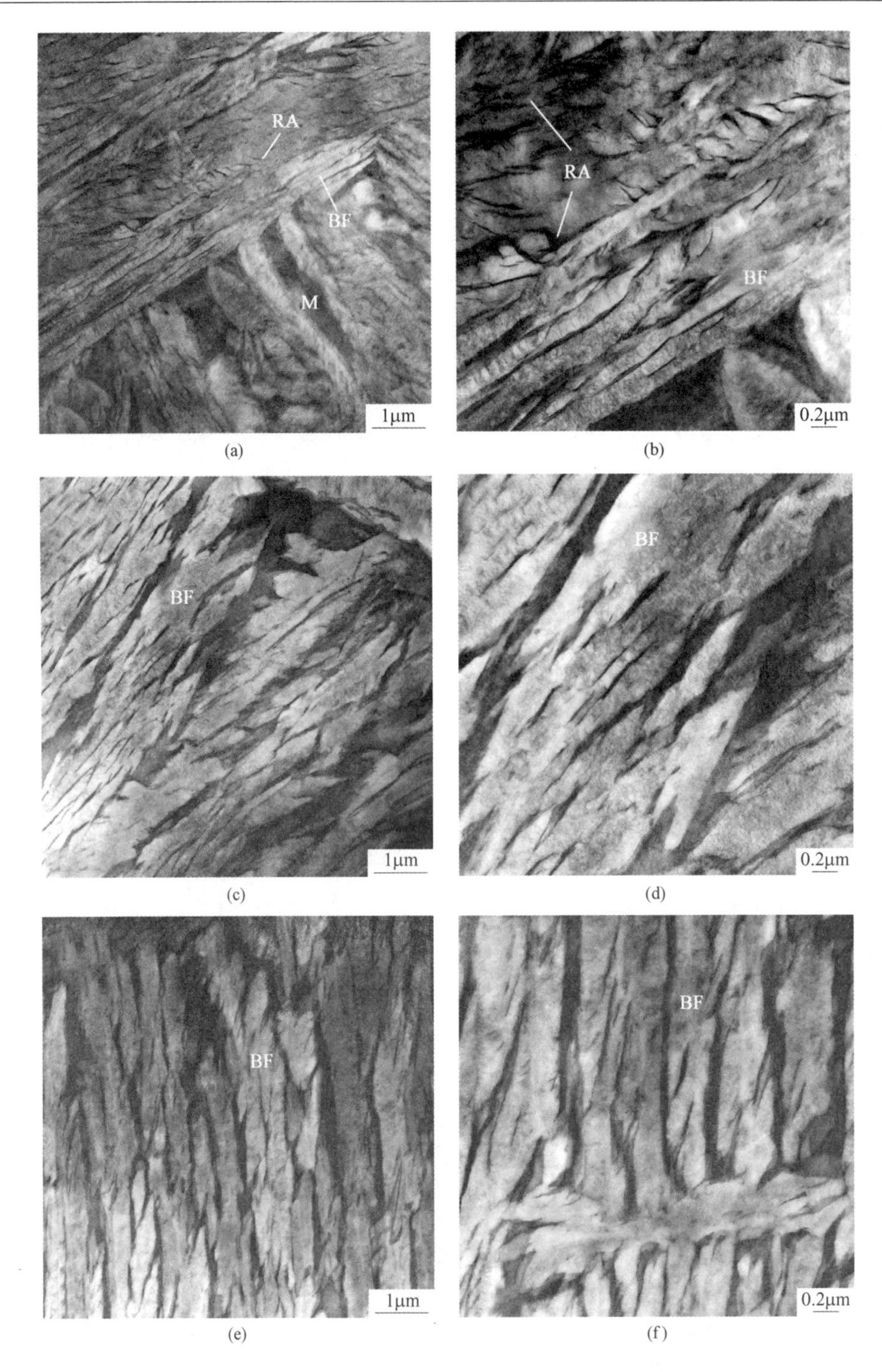

图 6-24 不同应力状态试样 TEM 组织图（330℃贝氏体相变）

(a)(b) 无应力；(c)(d) 250MPa；(e)(f) 450MPa

氏体的强度，从而有利于细化贝氏体板条。施加应力后，贝氏体板条厚度增加，说明机械驱动力的作用更强。

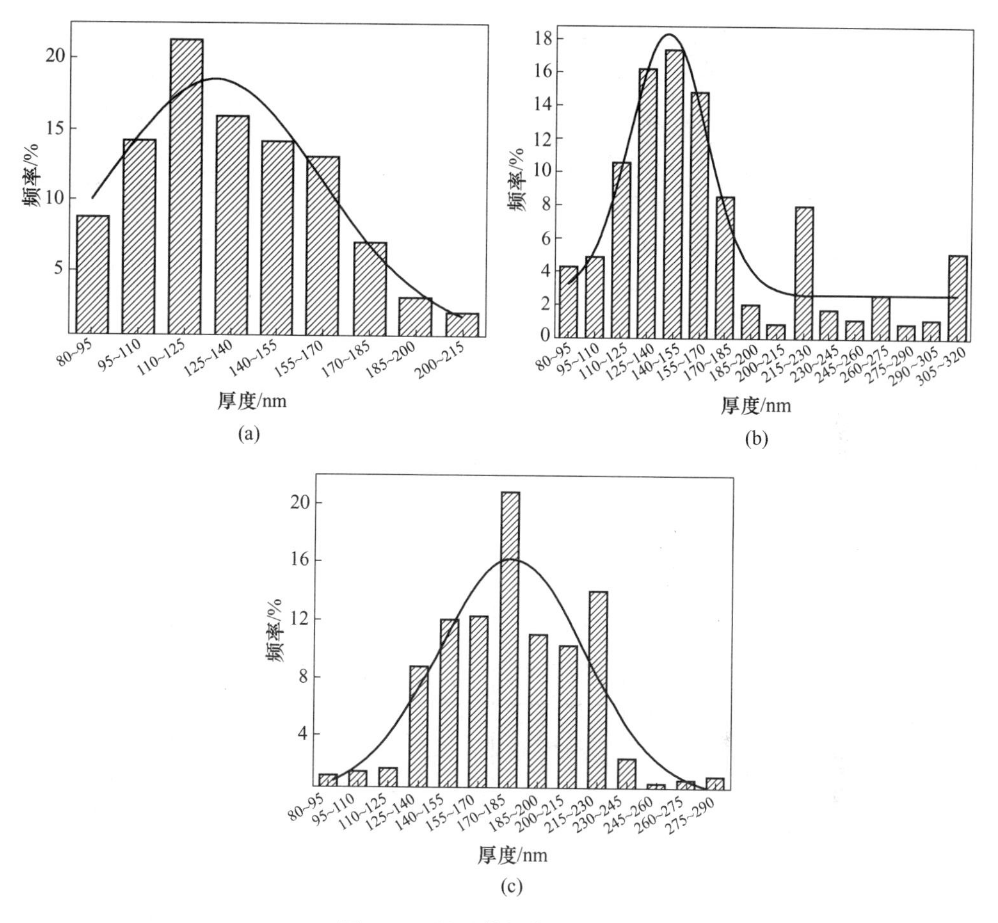

图 6-25 贝氏体板条厚度统计

（a）无应力；（b）250MPa；（c）450MPa

图 6-23 中的 SEM 组织表明，塑性应力使贝氏体取向趋于一致，这可以通过 EBSD 技术更加准确地观察到。图 6-26 给出了无应力试样和施加 450MPa 塑性应力试样取向分布图。施加塑性应力后，取向分布图颜色种类减少，表明贝氏体取向明显趋于一致。图 6-27 给出了两试样单个奥氏体晶粒中（晶粒 A 和 B）贝氏体<001>$_{bcc}$、<110>$_{bcc}$和<111>$_{bcc}$极图。由极图可以看出，无应力试样极点数量较多，分布较广，即贝氏体变体种类多；而施加 450MPa 塑性应力后，极点数量明显减少，即变体种类明显减少。根据 N-W 关系计算可得，无应力试样晶粒 A 中可以形成全部 12 种贝氏体变体，而 450MPa 试样晶粒 B 中，仅能形成 2 种贝氏体变体，因此，施加塑性应力后，产生明显的变体选择。

图 6-26　EBSD 取向分布图
（a）无应力；（b）450MPa

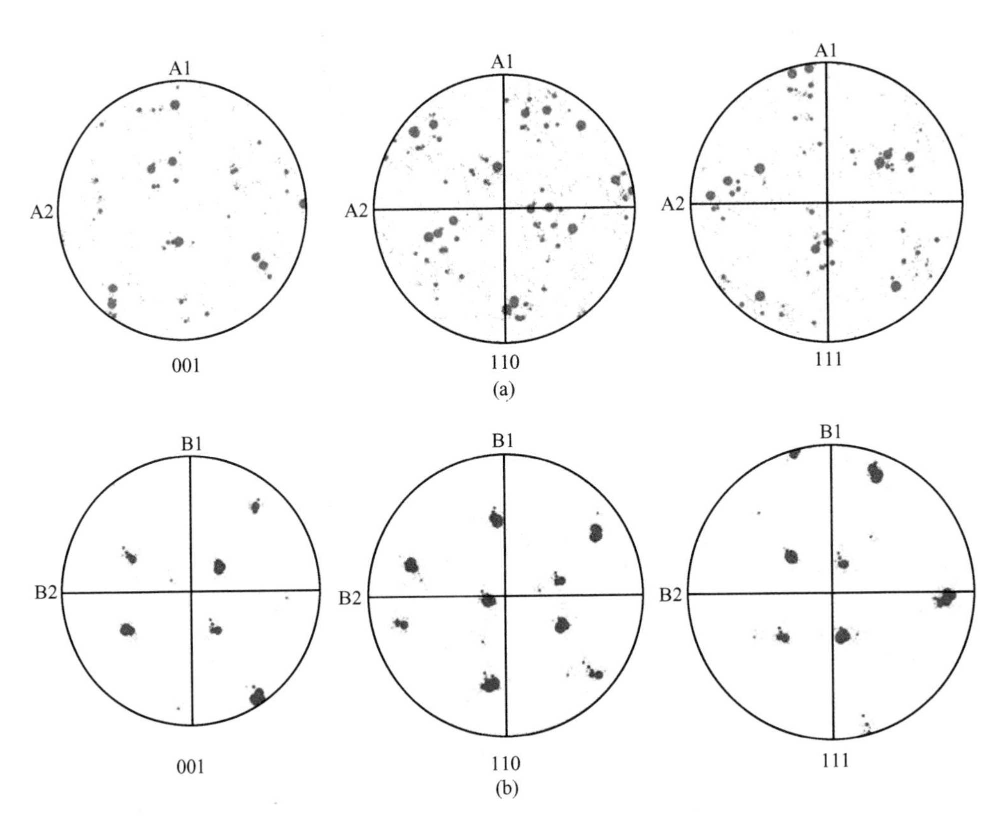

图 6-27　不同试样单个奥氏体晶粒中贝氏体极图
（a）无应力；（b）450MPa

除此之外，应力对碳化物析出也会产生较大影响。Chang 等人研究了 700MPa 塑性应力对 Fe-0.46C-2.10Si-2.15Mn（wt.%）钢碳化物析出的影响[10]。通过 TEM 图 6-28 可以看出，无应力试样贝氏体铁素体内碳化物取向较多（图 6-28（a）），施加 700MPa 应力后，碳化物取向明显趋于一致（图 6-28（b）和（c））。

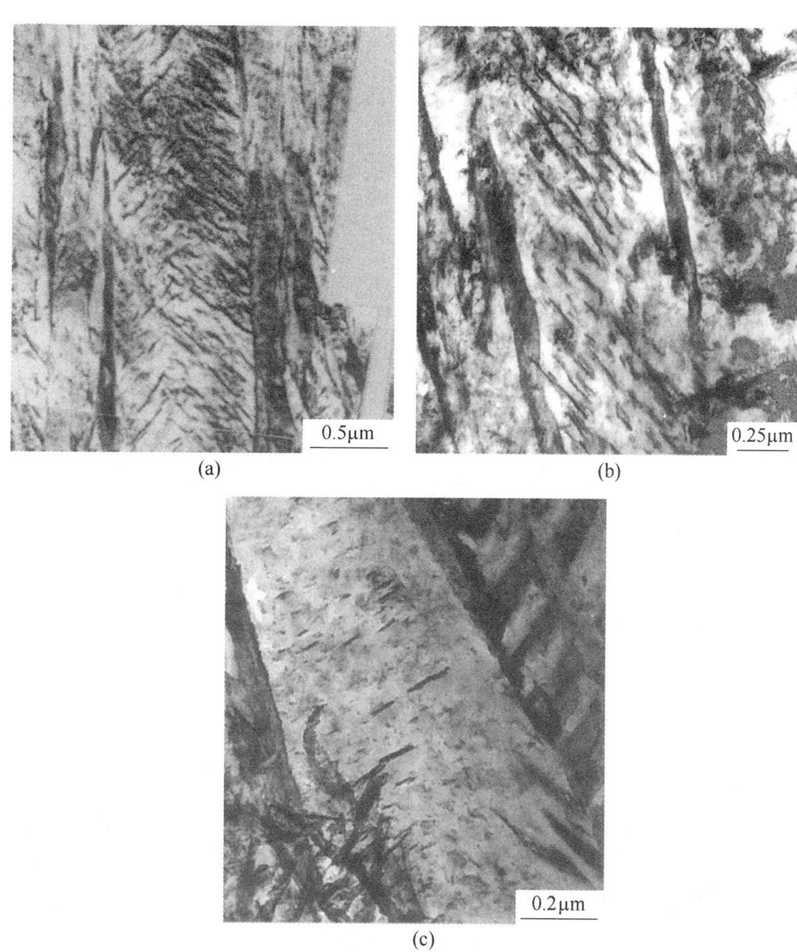

(a) (b) (c)

图 6-28 不同试样碳化物形貌[10]
（a）无应力；（b）（c）700MPa 塑性应力

6.4 不同状态应力对比分析

如前所述，轴向应力按其大小分为弹性应力和塑性应力，按其方向分为压应力和拉应力。不同状态应力对贝氏体相变的影响效果是有差别的，影响机理也不尽相同。本节对不同状态应力的影响进行讨论。

6.4.1 弹性应力和塑性应力

前几节介绍了弹性应力和塑性应力均增加贝氏体最终转变量，加速贝氏体相变动力学。图 6-29 给出了试样在贝氏体相变期间最终体积应变（即最大贝氏体转变量）随应力变化规律。施加 30～450MPa 应力后，试样体积应变均大于无应力试样，表明无论小应力还是大应力都可以促进贝氏体相变量。此外，随着应力的增加，体积应变先线性快速增加，后缓慢增加，最后逐渐降低。存在两个临界应力点，第一个点（点 *A*）对应着过冷奥氏体的屈服强度；第二个点（点 *B*）约为 310MPa，对应贝氏体转变量最大值。

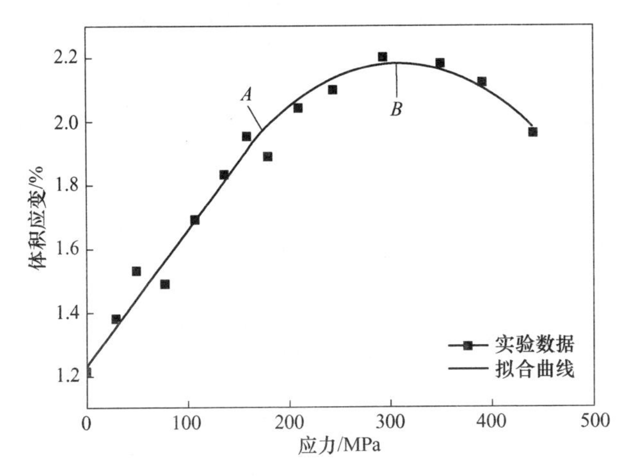

图 6-29 试样在贝氏体相变期间最终体积应变随应力变化规律

当应力小于奥氏体屈服强度时，主要是机械驱动力促进贝氏体相变。当应力大于奥氏体屈服强度时，母相奥氏体产生了变形，此时应力对贝氏体相变的总体影响由机械驱动力和奥氏体预变形两者构成。6.3 节介绍了奥氏体预变形和应力同时影响贝氏体相变时，变形会减少贝氏体相变量。为了定量地理解应力对贝氏体相变的影响规律，将 S_t 定义为应力的总体影响效果（即机械驱动力和奥氏体预变形的综合作用），将 S 定义为单独应力的促进作用（即机械驱动力的促进作用），将 D 定义为变形的阻碍作用。因此，应力总体作用效果 S_t 可以通过下式表示：

$$S_t = S - D \tag{6-8}$$

式中，S 和 D 为应力大小 σ 的函数。通过图 6-29 奥氏体屈服强度（点 *A*）之前的实验数据可以计算得到 S 和 σ 之间的定量关系，这是因为这个阶段没有奥氏体预变形的干扰。图 6-29 显示 S 随 σ 的增加而线性增加，即 $\frac{dS}{d\sigma} > 0$，且 $\frac{d^2S}{d\sigma^2} = 0$。因此，$S$ 可以通过下式定量描述：

$$S = k_1\sigma \tag{6-9}$$

式中，k_1为正值常数。

当应力低于奥氏体屈服强度时，D 为零；当应力超过奥氏体屈服强度时，D 随着应力的增加而增加，所以 $\frac{dD}{d\sigma} > 0$。$\frac{d^2D}{d\sigma^2}$ 的符号可以通过以下分析推导出来。图 6-29 表明，当应力大于奥氏体屈服强度时 $\frac{d^2S_t}{d\sigma^2} < 0$。根据式（6-8）可以得到下列关系：$\frac{d^2S_t}{d\sigma^2} = \frac{d^2S}{d\sigma^2} - \frac{d^2D}{d\sigma^2} < 0$。因为 $\frac{d^2S}{d\sigma^2} = 0$，所以 $\frac{d^2D}{d\sigma^2} > 0$。因此，$D$ 关于 σ 的函数需满足以下条件，即 $\frac{dD}{d\sigma} > 0$，且 $\frac{d^2D}{d\sigma^2} > 0$。可以使用一个简单的抛物线函数来描述应力大于奥氏体屈服强度时 D 与 σ 之间的函数关系：

$$D = k_2(\sigma - \sigma_\gamma)^2 \quad (\sigma \geqslant \sigma_\gamma) \tag{6-10}$$

式中，k_2为正值常数；σ_γ为母相奥氏体屈服强度。

综上所述，S_t和 σ 之间的关系可以定量表示为：

$$S_t = \begin{cases} k_1\sigma & (\sigma < \sigma_\gamma) \\ k_1\sigma - k_2(\sigma - \sigma_\gamma)^2 & (\sigma \geqslant \sigma_\gamma) \end{cases} \tag{6-11}$$

根据式（6-9）~式(6-11)，可以绘制出 S_t、S 和 D 随 σ 变化的示意图，如图 6-30 所示。通过图 6-30 可以更清楚地理解 S_t随 σ 的变化规律。当应力小于奥氏体屈服强度（σ_γ）时，没有奥氏体预变形的干扰，S_t与 S 相等，均随应力的增加而线性增加。当应力超过 σ_γ时，出现了变形的阻碍作用（D），且随着应力的增大，这种阻碍作用增速不断加快。当应力达到 σ_m时，D 曲线的切线与 S 的切线相互平行，即变形阻碍作用（D）的增速与机械驱动力促进作用（S）的增速相等，所以应力总体促进作用（S_t）达到最大值。当应力超过 σ_m后，D 的增速快于 S 的增速，所以 S_t逐渐下降。需要注意的是，在实验涉及到的应力范围内，机械驱动力的促进作用总是大于变形的阻碍作用，所以所有涉及到的应力都能促进贝氏体相变。此外，可以预测到，当应力非常大时（超过 σ_h，即 S 与 D 的交点），阻碍作用可能超过了促进作用，此时应力可能阻碍贝氏体相变，这有待进一步的深入研究来验证。

前几节已经介绍了弹性应力和塑性应力均使贝氏体取向趋于一致。如图 6-31 所示，无应力试样中贝氏体束较短，取向随机，且组织中存在大量块状马氏体/残余奥氏体。施加弹性应力或塑性应力后，贝氏体束长度增长，贝氏体取向

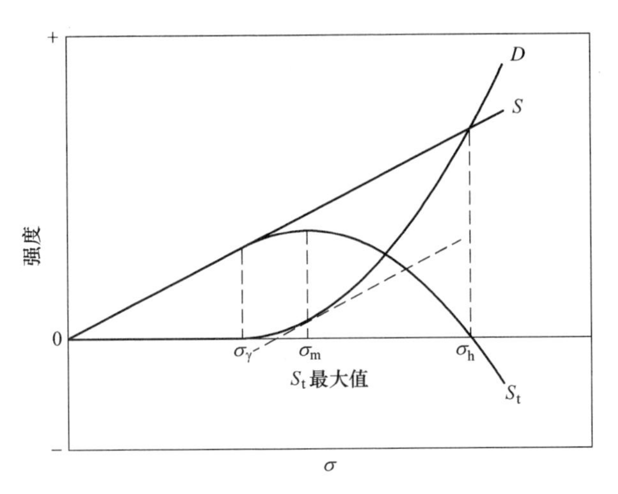

图 6-30　S_t、S 和 D 随 σ 变化的示意图

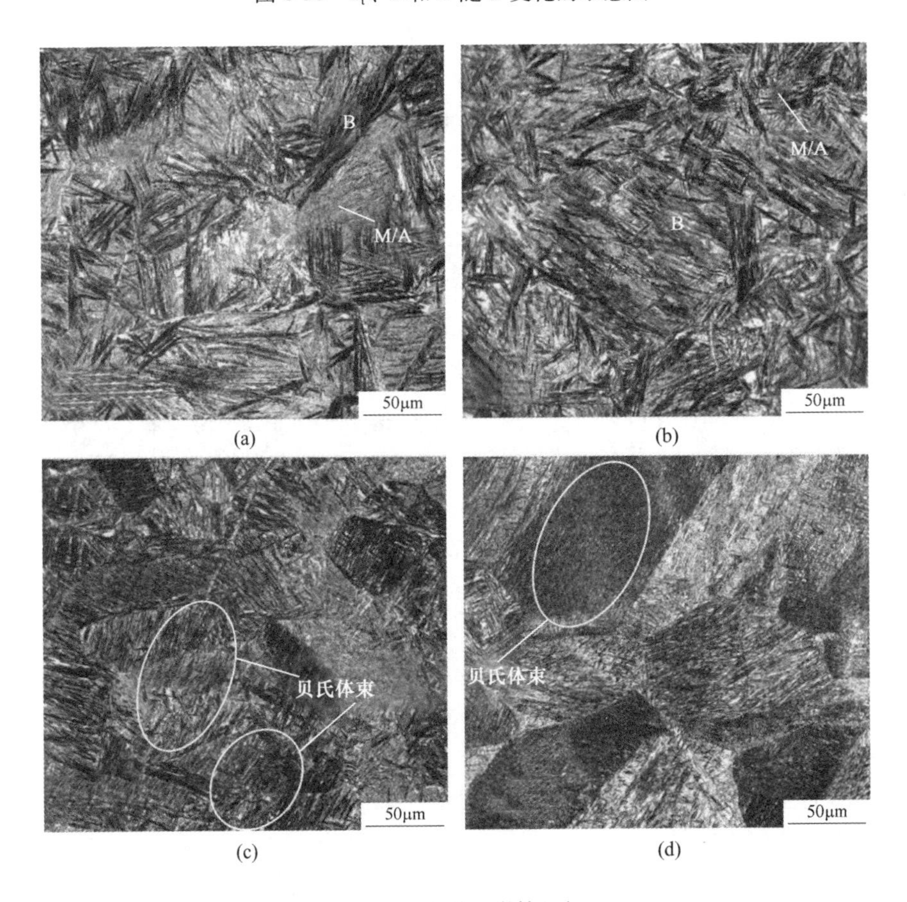

图 6-31　光学显微镜组织

(a) 无应力；(b) 140MPa 弹性应力；(c) 250MPa 塑性应力；(d) 450MPa 塑性应力

趋于一致，块状马氏体/残余奥氏体得到细化。由于塑性应力提供的机械驱动力较大，因此其对显微组织的影响更加显著。需要注意的是，塑性应力增加贝氏体束的长度，但由于位错增多，使贝氏体亚单元长度缩短。图 6-32 给出了贝氏体亚单元厚度随应力变化规律。由于机械驱动力的作用，弹性应力和塑性应力均使贝氏体亚单元粗化。

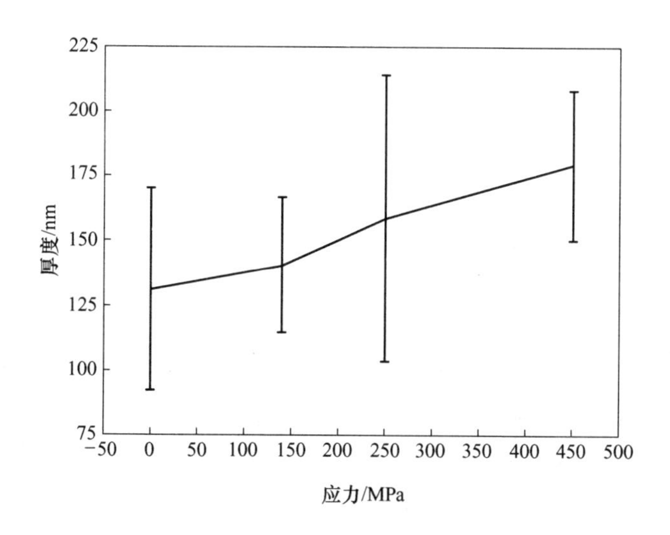

图 6-32　贝氏体亚单元厚度随应力变化规律

6.4.2　压应力与拉应力

由式（6-4）和式（6-5）可知，压应力和拉应力均为贝氏体相变提供机械驱动力，其作用方向虽然不同，但机械驱动力大小差别不大。例如，施加 140MPa 压应力和 140MPa 拉应力时，最大机械驱动力分别为－115J/mol 和－145J/mol。将化学驱动力考虑进去后，两者总驱动力（化学驱动力+机械驱动力）之间的差别就更加微小。因此，压应力和拉应力对贝氏体相变动力学和显微组织的影响应该是相近的，这已经通过作者的实验证明。如图 6-33 所示，应力方向不同时，贝氏体相变速率差别不大，说明压应力和拉应力对贝氏体相变动力学影响基本相同。由显微组织图 6-34 可以看出，压应力和拉应力影响下，室温组织差别不大。对 TEM 图片中贝氏体板条尺寸进行统计，结果如图 6-35 所示。两种状态下，贝氏体板条厚度均值基本相同。总之，压应力和拉应力为贝氏体相变提供的机械驱动力大小相近，所以它们对贝氏体相变动力学和显微组织的影响差别不大。

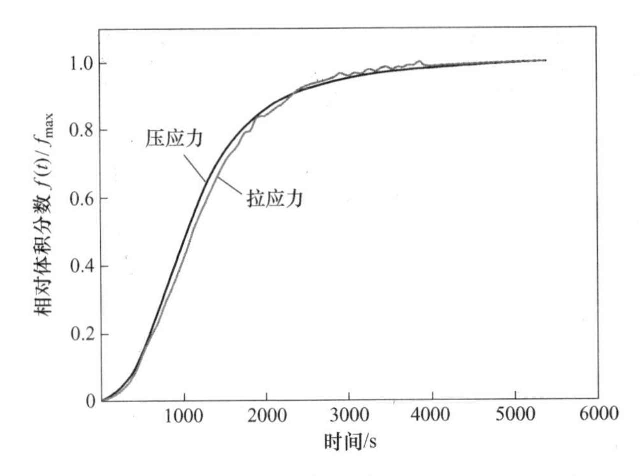

图 6-33　压应力和拉应力作用下贝氏体相变动力学曲线

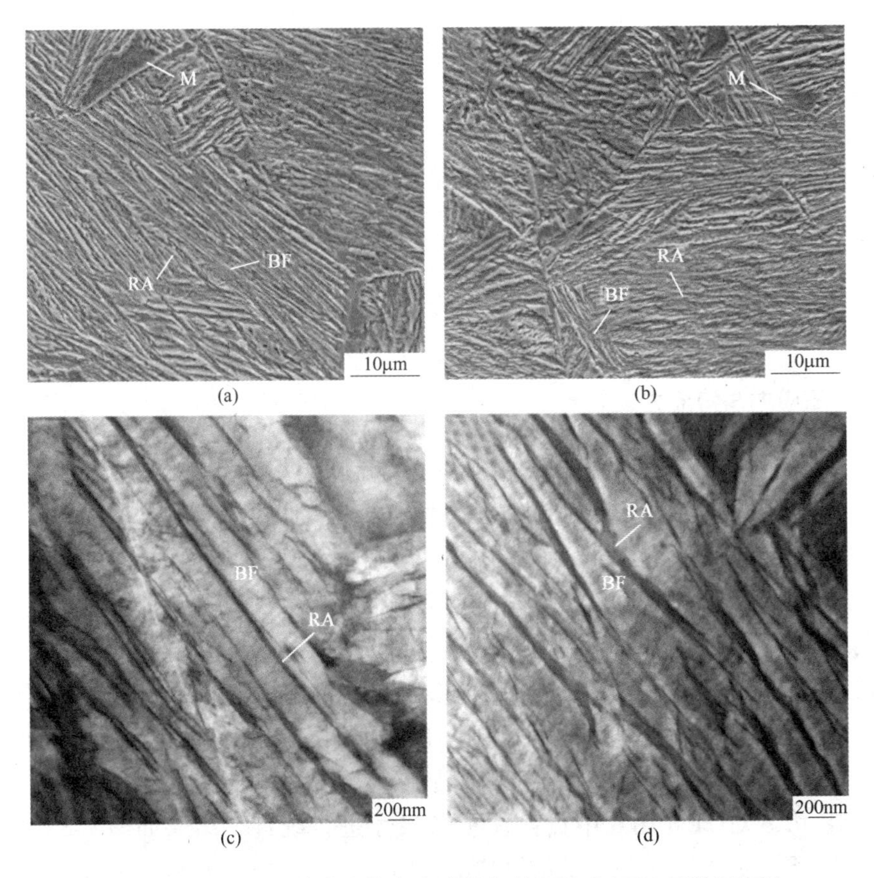

图 6-34　140MPa 压应力和拉应力试样典型 SEM 和 TEM 显微组织图

（a）140MPa 压应力，SEM；（b）140MPa 拉应力，SEM；

（c）140MPa 压应力，TEM；（d）140MPa 拉应力，TEM

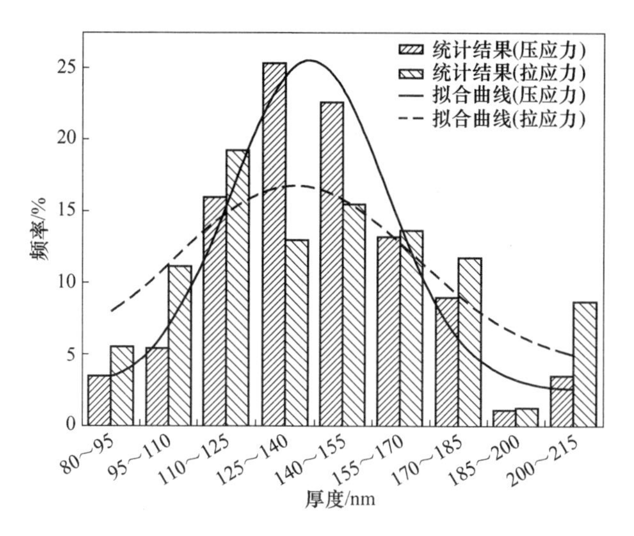

图 6-35 贝氏体板条厚度分布统计

6.5 相变塑性

很多研究人员发现，在外加应力作用下发生贝氏体或马氏体相变时，即使应力小于试样的屈服强度，试样在相变期间的尺寸变化也是不均匀的，即发生了塑性变形。这种由于相变而产生的塑性变形，称为相变塑性（Transformation Plasticity，TP）。有学者预测，相变塑性最大可能达到14%[4]，这将对产品的尺寸稳定性产生很大的影响。

如图 6-36 所示，对于无应力试样，随着贝氏体相变的进行，圆柱形试样径向和轴向膨胀率同时增加，且大小十分接近（实心和空心方框）。施加 140MPa 弹性压应力后，贝氏体相变期间试样径向膨胀率增大，而轴向膨胀率缩小（实心和空心圆形），表明试样在贝氏体相变期间发生了塑性变形。施加 250MPa 塑性应力后，径向膨胀和轴向膨胀差距进一步拉大（实心和空心三角形），即塑性变形程度增大。需要注意的是，图 6-36 在绘制时已经将应力产生的弹性变形和塑性变形剔除掉，所以贝氏体相变期间的变形不是应力造成的，而是伴随相变产生的。

应力作用下贝氏体相变期间产生的塑性变形，即相变塑性，可以简单地用圆柱形试样轴向的塑性变形来表征，见式（6-12）[5]。图 6-37 为贝氏体相变期间圆柱形试样沿轴向的相变塑性。无应力影响的试样相变塑性几乎为零，即相变期间不发生塑性变形。应力影响的试样，随着贝氏体相变的进行，相变塑性不断增大，当贝氏体相变停止时，相变塑性几乎保持不变。随着应力的增加，相变塑性不断增大。因此，相变塑性受贝氏体相变量和应力大小的影响。

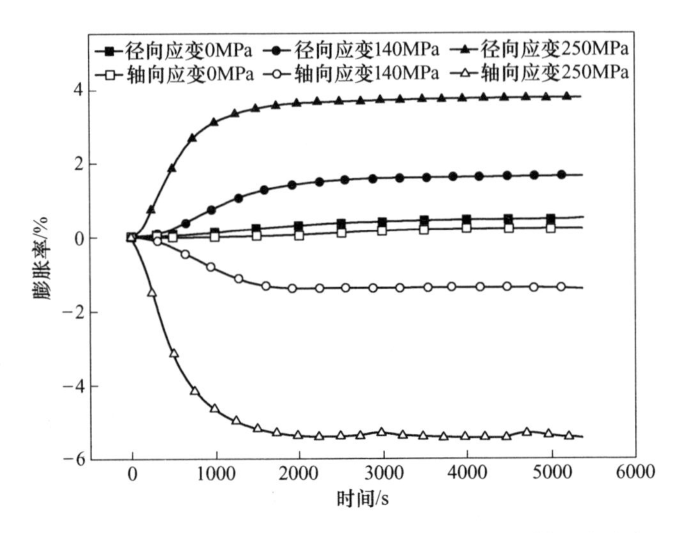

图 6-36　等温贝氏体相变期间圆柱形试样径向和轴向膨胀率

$$\varepsilon_{\mathrm{P}} = \varepsilon_{\mathrm{L}} - \frac{1}{3}\frac{\Delta V}{V} \tag{6-12}$$

式中，ε_{P}为相变塑性；ε_{L}为试样轴向膨胀率；$\frac{\Delta V}{V}$为试样体积膨胀率。

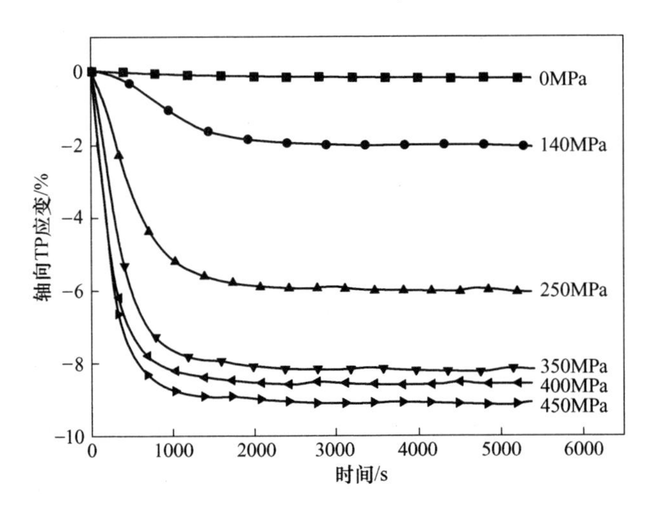

图 6-37　贝氏体相变期间圆柱形试样沿轴向的相变塑性

目前，对相变塑性产生的解释主要有两种机理，即 Magee 机理[11]和 Greenwood-Johnson 机理[12]。Magee 机理认为相变塑性的产生是贝氏体取向趋于一致造成的；而 Greenwood-Johnson 机理则认为由于母相和子相的体积不同，相变过程中较软相发生微小的塑性变形，所以产生了宏观上的相变塑性。

如前所述，施加应力后，贝氏体取向趋于一致，产生了变体选择，所以相变塑性的产生可以用 Magee 机制来解释。如图 6-38 所示，贝氏体长大时会在相变区域产生形状改变，这种形状改变一般可描述为不变平面应变。不变平面应变包括两部分：一部分是与贝氏体惯习面平行的剪切应变（$S \approx 0.26$），另一部分是与惯习面垂直的膨胀应变（$\delta \approx 0.03$）。如果贝氏体取向分布随机，对于每一个剪切应变，总会存在有一个与之方向相反的、大小相等的剪切应变。此时，不变平面应变的剪切分量会相互抵消，试样的膨胀量主要是膨胀应变的累积产生的，所以试样发生相变时宏观上的膨胀是均匀的。相反，如果贝氏体取向分布不随机，那么总会存在一部分没有被抵消的剪切应变，它们将不断积累，并使试样在相变期间发生塑性变形，即试样在宏观上的膨胀是不均匀的。

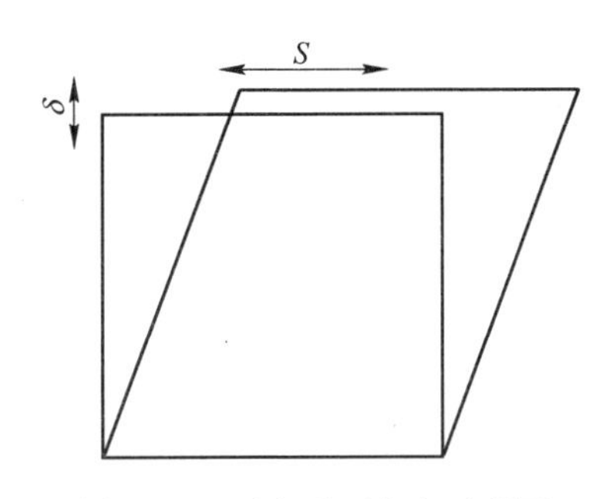

图 6-38 不变平面应变示意图

膨胀分析法是研究钢铁材料相变行为的常用方法之一，使用膨胀分析法可以绘制某一钢种的连续冷却转变（CCT）曲线和等温转变（TTT）曲线。研究贝氏体相变时，也经常使用膨胀分析法。前面已经介绍了膨胀分析法的原理是：面心立方结构的 γ 相与体心立方的 α 相致密度不同，它们两者相互转换时，由于致密度的改变，试样会发生膨胀或者收缩。奥氏体转变为贝氏体时，试样会发生体积膨胀，相变量越多膨胀量就越大。因此，可以用试样的体积膨胀量代表相变量。对于无应力影响的贝氏体相变，试样三维方向的膨胀率应该是均匀的，所以大多数研究使用单一方向的膨胀量来定量代表贝氏体相变量。然而，对于应力作用下的贝氏体相变，试样单一方向的尺寸变化不仅包括了膨胀分量 δ 的宏观积累，还包括了相变塑性，所以不能定量代表贝氏体转变量。如图 6-39 所示，施加 140MPa 应力后试样径向膨胀是原来的近 3 倍，而由显微组织图可以看出贝氏体量实际变化并没有那么多。Hase 等人同样发现，对于应力作用下的贝氏体相变，单一方向的膨胀量增加量远大于贝氏体实际增加量[3]。因此，使用膨胀分析法研究应力作用下贝氏体相变时，需要消除相变塑性的干扰。剪切应变属于塑性变形，根据塑性变形体积不变原理，从微观角度讲，剪切应变不会改变单个贝氏体变体的体积，它仅仅改变贝氏体变体的形状；从宏观角度讲，剪切应变的累积不会改变试样的体积。换句话说，试样的体积应变（体积膨胀率）不受剪切应变的干扰，所以可以通过求体积应变来消除剪切应变的干扰。体积应变是不变平面应变的膨胀分量在宏观层面的积累，它是贝氏体相变过程中奥氏体晶格转变为铁素体晶格时产生的膨胀，因此可以定量代表贝氏体转变量。体积应变可由公式（6-13）求得。

$$\Delta V/V = (1 + \varepsilon_{L})(1 + \varepsilon_{R})^{2} - 1 \tag{6-13}$$

式中，$\Delta V/V$ 为试样的体积应变；ε_{L}为轴向应变；ε_{R}为径向应变。

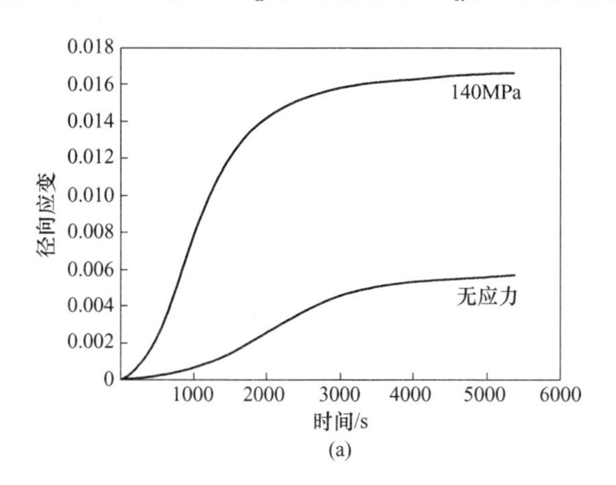

(a)

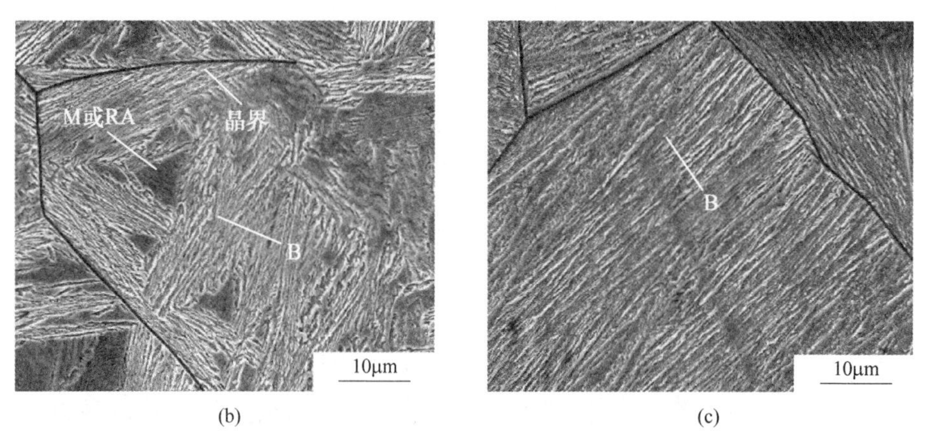

(b)　　(c)

图 6-39　贝氏体相变期间试样径向膨胀率（a），以及无应力试样（b）和 140MPa 应力试样（c）显微组织

根据式（6-13）计算出试样的体积应变如图 6-40 所示。可以看出，有应力试样体积应变和无应力试样体积应变差距较小，与实际贝氏体量变化较符合（图 6-39（b）和（c））。因此，对于应力作用下的贝氏体相变，试样单一方向的膨胀量不能代表贝氏体相变量，需要用体积应变来定量表征贝氏体相变量。

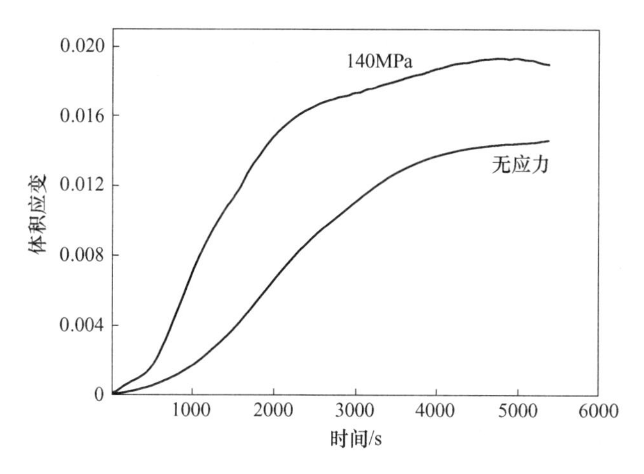

图 6-40　贝氏体相变期间试样体积应变

6.6　贝氏体相变动力学模型

建立贝氏体相变动力学模型对定量分析贝氏体相变、预测相变量和相变完成所需时间，以及动力学模拟软件的开发是十分重要的。前几节介绍了弹性应力和塑性应力均加速贝氏体相变动力学，本节对应力作用下贝氏体相变动力学模型进行介绍。

Avrami 方程式（4-5）是描述相变行为的常用方程[13]。建立应力作用下贝氏体相变动力学模型的方法之一是对 Avrami 方程进行改进，建模过程的主要思路是：首先使用 Avrami 方程对不同应力和不同温度下贝氏体相变动力学曲线（相对体积分数随时间变化曲线）进行拟合，获得不同状态下相变动力学参数 n 和 b 值；接着寻找动力学参数 n 和 b 与温度和应力两个变量之间的定量函数关系；最后建立关于应力和相变温度的贝氏体相变动力学模型。

首先，使用 Avrami 方程来对不同应力和不同温度下贝氏体相变动力学曲线进行拟合，获得不同状态下相变动力学参数 n 和 b 值。有研究表明，动力学参数 n 主要受相变温度和钢的化学成分影响，所以在拟合过程中将同一温度下的 n 值设定为常数，即将 n 作为温度的函数。

根据 n 和 b 的拟合结果，分析其变化规律，从而得到 n 和 b 关于应力和温度的定量函数。动力学参数 n 随温度变化规律如图 6-41（a）所示。n 随相变温度的升高而线性减小，所以 n 与相变温度 T 之间的关系可以用下面的线性方程表示：

$$n(T) = n_k \times T + n_0 \tag{6-14}$$

式中，n_k和 n_0为拟合参数。

对于实验钢种，n_k为-0.00604，n_0为 3.621。

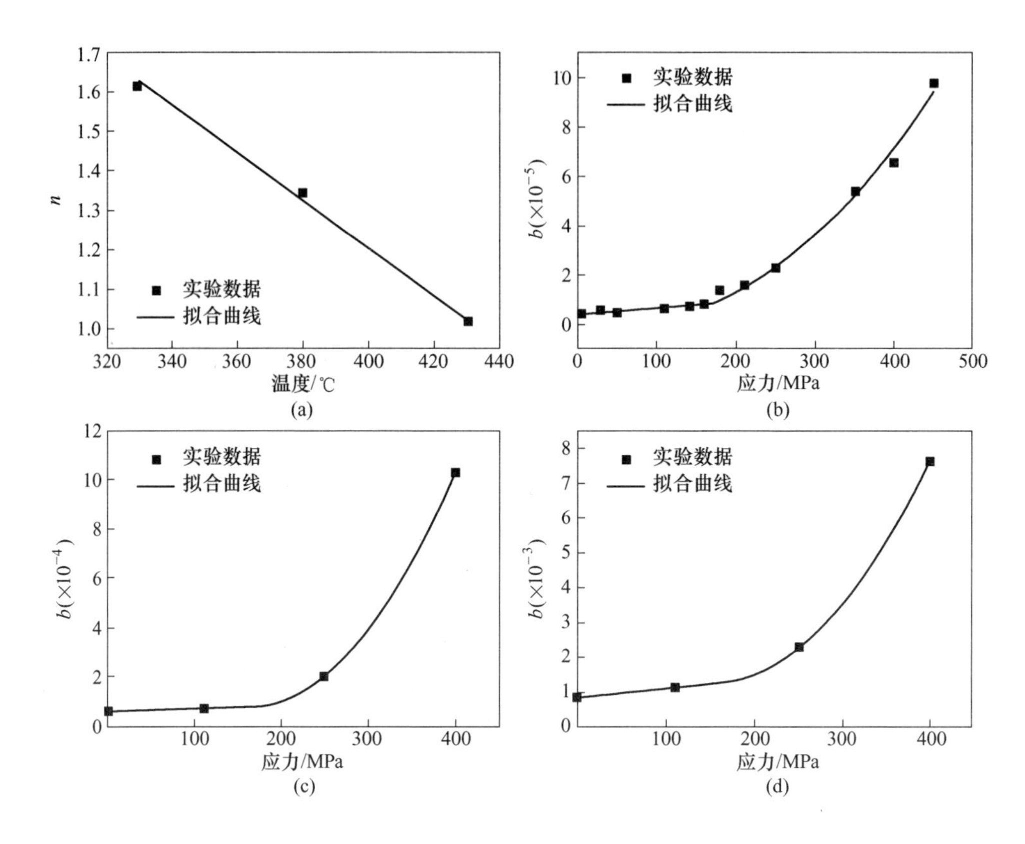

图 6-41 动力学参数 n 随相变温度变化及不同温度下动力学参数 b 随应力变化

（a）动力学参数 n 随相变温度变化；（b）330℃；（c）380℃；（d）430℃

图 6-41（b）~（d）分别给出了 330℃、380℃和 430℃相变时动力学参数 b 随应力变化规律。当相变温度为 330℃时（图 6-41（b）），动力学参数 b 随应力的增加而增大，表明应力对贝氏体相变的加速程度增强。此外，存在一个临界应力点，对应着母相奥氏体的屈服强度。在这个临界点之前，b 随应力的增加而线性增大；临界点之后，b 的增速逐渐加快。临界点前后的变化主要是母相奥氏体变形引起的。对于 380℃和 430℃下的贝氏体相变，可以得到上述类似的结果（图 6-41（c）和（d））。

在寻找动力学参数 b 与温度和应力两个变量之间关系时，首先找到不同温度下 b 与应力之间的函数关系，接着确定该函数表达式中的拟合参数与相变温度之间的关系，从而得到动力学参数 b 与温度和应力的统一函数表达式。根据图 6-41（b）~（d）中 b 随应力的变化规律，可以用线性方程（应力小于奥氏体屈服强度时）和抛物线方程（应力大于奥氏体屈服强度时）的组合来描述动力学参数 b 随应力变化：

$$b(\sigma,\ T) = \begin{cases} b_0\sigma + b_1 & (0 < \sigma \leqslant \sigma_s) \\ b_2\sigma^2 + b_3\sigma + b_4 & (\sigma > \sigma_s) \end{cases} \tag{6-15}$$

式中，b_0，b_1，b_2，b_3，b_4为拟合参数；σ_s 为母相奥氏体屈服强度。

使用式（6-15）对图 6-41（b）~（d）中实验数据进行拟合，得到 $b_i(i=0, 1, 2, 3, 4)$，结果见表6-1。图6-42 绘制出了 b_i（$i=0, 1, 2, 3, 4$）随应力的变化规律，可以看出，b_0~b_2和 b_4为正值，而 b_3为负值。它们的绝对值均随相变温度的升高而增大，表明 b_i（$i=0, 1, 2, 3, 4$）为温度的函数。根据表 6-1 和图 6-42，可以用一个简单的模型，即式（6-16）来描述 b_i（$i=0, 1, 2, 3, 4$）与相变温度之间的关系。

$$b_i = c \times \exp\left(-\frac{d}{T}\right) \tag{6-16}$$

式中，c，d 为拟合参数，拟合结果见图6-42。可以看出式（6-16）很好地描述了 b_i与相变温度之间的关系。

表 6-1 使用式（6-15）拟合图 6-41（b）~（d）中实验数据得到 b_i（$i=0, 1, 2, 3, 4$）

相变温度/℃	b_0	b_1	b_2	b_3	b_4
330	2.648×10^{-8}	4.074×10^{-6}	6.015×10^{-10}	-6.814×10^{-8}	3.877×10^{-6}
380	1.118×10^{-7}	5.626×10^{-5}	1.726×10^{-8}	-5.690×10^{-6}	5.438×10^{-4}
430	2.373×10^{-6}	8.79×10^{-4}	1.021×10^{-7}	-3.071×10^{-5}	3.559×10^{-3}

总之，应力作用下贝氏体相变动力学可以用式（6-17）来描述：

$$\frac{f(t)}{f_{max}} = 1 - \exp[-b(\sigma,\ T)\,t^{n(T)}] \tag{6-17}$$

其中，模型中的动力学参数 $n(T)$ 和 $b(\sigma,\ T)$ 见式（6-14）~式（6-16）。

为了验证模型的精度，将 80MPa 和 300MPa 应力影响下贝氏体相变（相变温度为 330℃）实际动力学曲线与模型计算结果进行比较，结果如图 6-43 所示（这两个试样的实验数据没有用于建模过程）。图 6-43 表明，模型计算结果与实验测量结果基本一致，表明建立的相变动力学模型可以较精确地预测应力作用下（小于和大于奥氏体屈服强度）贝氏体相变动力学。该模型同时考虑了弹性应力和塑性应力对贝氏体相变动力学的影响。

Liu 等人[14]同样建立了弹性应力作用下贝氏体相变动力学模型：

$$\zeta = \zeta_{max}\{1 - \exp[-b(t-\tau)^n]\} \tag{6-18}$$

$$b = b_0(1 + b_1\sigma_e) \tag{6-19}$$

$$b_0 = 2.3166 \times 10^{-2}\exp\left(-\frac{628.5}{T}\right)C_{eq}^{-16.1506} \tag{6-20}$$

$$b_1 = 3.9245 \times 10^{-2}\exp\left(-\frac{568.1}{T}\right) C_{eq}^{-0.124} \tag{6-21}$$

$$n = 2.5119 - 2.6475 \times 10^{-3}T \tag{6-22}$$

式中，ζ 为贝氏体体积分数；τ 为孕育期；C_{eq}为碳当量；t 为时间；T 为温度。

该模型考虑了钢化学成分的影响，但未考虑塑性应力对相变动力学的影响。

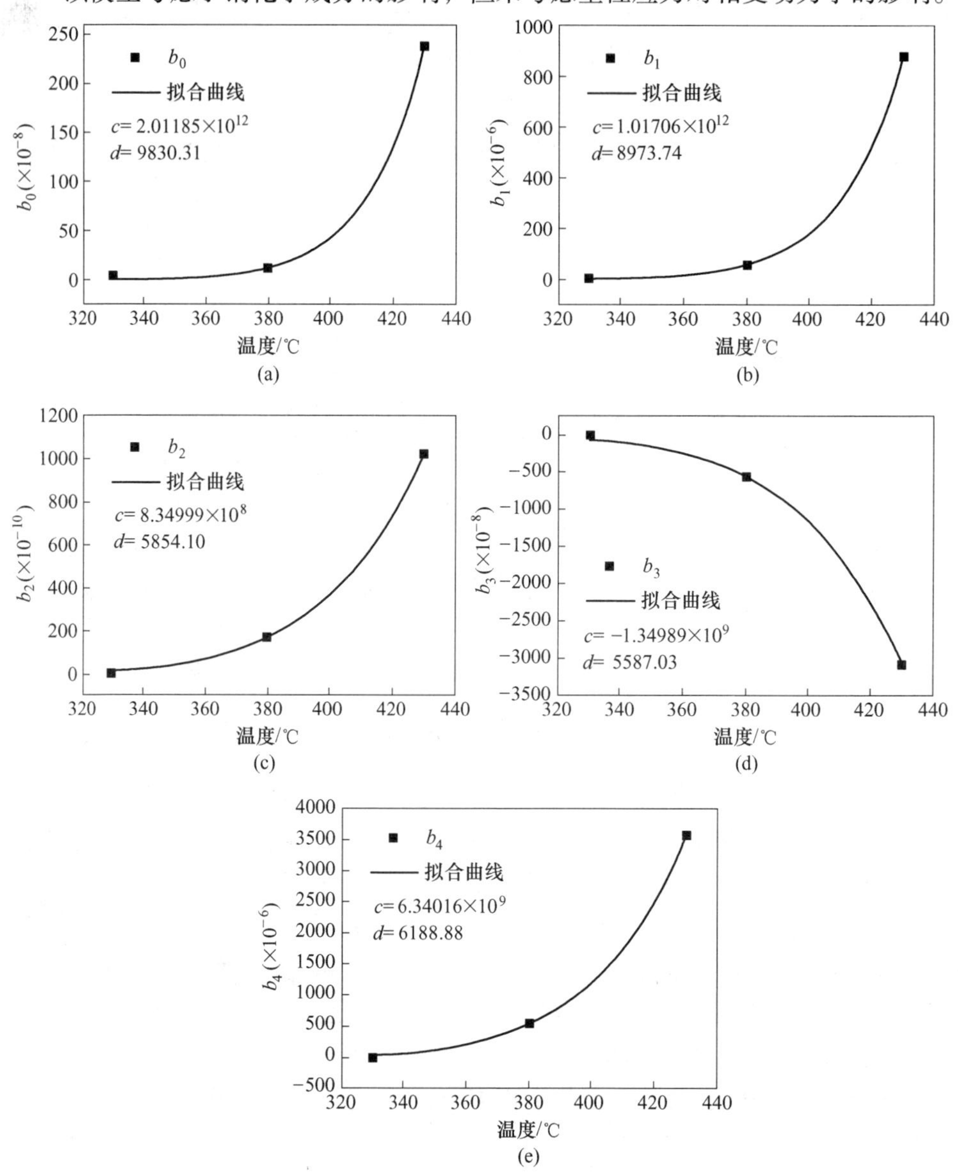

图 6-42　b_i（i=0，1，2，3，4）与相变温度之间的关系

（a）b_0；（b）b_1；（c）b_2；（d）b_3；（e）b_4

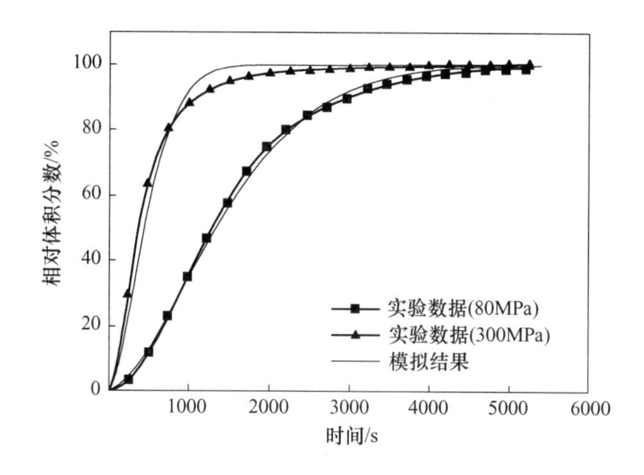

图 6-43 80MPa 和 300MPa 应力作用下贝氏体相变动力学实验结果与模型计算结果的比较

6.7 本章小结

本章介绍了应力对贝氏体相变动力学和显微组织的影响规律，主要结论如下：

（1）对于应力作用下的膨胀分析法，由于相变塑性的影响，试样各个方向的膨胀是不均匀的，所以不能用单一方向的膨胀定量表征贝氏体相变量，需要采用体积膨胀。

（2）弹性应力为贝氏体相变提供额外机械驱动力，从而加速贝氏体相变，增加贝氏体相变量。应力对贝氏体相变的促进效果与机械驱动力占总驱动力比例，母相奥氏体晶粒尺寸和强度等因素有关，升高相变温度和奥氏体化温度可以增强弹性应力对贝氏体相变的促进作用。弹性应力细化块状残余奥氏体和马氏体组织，但由于机械驱动力的作用增加贝氏体板条厚度。此外，弹性应力使贝氏体组织取向趋于一致，产生变体选择。

（3）塑性应力对贝氏体相变的作用是机械驱动力和奥氏体预变形的综合影响。塑性应力增加贝氏体相变量，并显著加速贝氏体相变动力学。随着塑性应力的增加，贝氏体相变量先增加后降低，相变速率一直增大。塑性应力明显减少贝氏体变体种类，产生明显变体选择，使贝氏体取向趋于一致。此外，随塑性应力的增加，贝氏体板条厚度增厚，长度变短。

（4）随着应力的增加，应力对贝氏体相变量的促进效果先快速线性增加，后缓慢增加，最后降低。存在两个临界应力值，第一个临界应力对应着母相奥氏体的屈服强度，第二个对应着应力的最大促进效果，可用简单的数学模型来定量描述这一变化规律。

（5）压应力和拉应力提供的机械驱动力大小相近，所以它们对贝氏体相变动力学的影响差别不大，两种应力状态下的贝氏体形貌、板条厚度等也没有明显差别。

（6）通过对 Avrami 方程进行改进，可以建立应力作用下贝氏体相变动力学模型，模型同时考虑了弹性应力和塑性应力对贝氏体相变的影响，且具有较高预测精度。

参考文献

[1] Patel J R, Cohen M. Criterion for the action of applied stress in the martensitic transformation [J]. Acta Metallurgica, 1953, 1 (5): 531-538.

[2] Samanta S, Biswas P, Giri S, et al. Formation of bainite below the M_s temperature: kinetics and crystallography [J]. Acta Materialia, 2016, 105: 390-403.

[3] Hase K, Garcia-Mateo C, Bhadeshia H K D H. Bainite formation influenced by large stress [J]. Materials Science and Technology, 2004, 20 (12): 1499-1505.

[4] Matsuzaki A, Bhadeshia H K D H, Harada H. Stress affected bainitic transformation in a Fe-C-Si-Mn alloy [J]. Acta Metallurgical Materialia, 1994, 42 (4): 1081-1090.

[5] Shipway P H, Bhadeshia H K D H. The effect of small stresses on the kinetics of the bainite transformation [J]. Materials Science and Engineering A, 1995, 201: 143-149.

[6] Su T J, Aeby-Gautier E, Denis S. Morphology changes in bainite formed under stress [J]. Scripta Materialia, 2006, 54: 2185-2189.

[7] Bhadeshia H K D H. Bainite in Steels [M]. 3rd edition. London: Institute of Materials, Minerals and Mining, 1978.

[8] Kundu S, Hase K, Bhadeshia H K D H. Crystallographic texture of stress-affected bainite [J]. Proceedings: Mathematical, Physical and Engineering Sciences, 2007, 463 (2085): 2309-2328.

[9] Liu Z, Yao K F, Liu Z. Quantitative research on effects of stresses and strains on bainitic transformation kinetics and transformation plasticity [J]. Materials Science and Technology, 2000, 16 (6): 643-647.

[10] Chang L C, Bhadeshia H K D H. Stress-affected transformation to lower bainite [J]. Journal of Materials Science, 1996, 31 (8): 2145-2148.

[11] Magee C L. Transformation kinetics, microplasticity and aging of martensite in Fe-31Ni [D]. Pittsburgh: Carnegie Mellon University, 1966.

[12] Greenwood G W, Johnson R H. The deformation of metals under small stresses during phase

transformations [C]. Proceedings of the Royal Society, 1965, 283 (1394): 403-422.

[13] Avrami M. Kinetics of phase change I [J]. Journal of Chemical Physics, 1939, 7 (12): 1103-1112.

[14] Liu C C, Yao K F, Liu Z, et al. Bainitic transformation kinetics and stress assisted transformation [J]. Materials Science and Technology, 2001, 17 (10): 1229-1237.

附录 本书涉及的著者主要代表性论著

[1] Tian J Y, Xu G, Hu H J, Wang X, Zurob H. Transformation kinetics of carbides-free bainitic steels during isothermal holding above and below M_s[J]. Journal of Materials Research and Technology, 2020, 9: 13594-13606.

[2] Liu M, Xu G, Tian J Y, Chen Z Y, Xiong Z L. The effect of primary ferrite on bainitic transformation, microstructure, and properties of low carbon bainitic steel [J]. Metal Science and Heat Treatment, 2020, 62: 306-314.

[3] Hu H J, Xu G, Nabeel M, Dogan N, Zurob H. In Situ Study on Interrupted Growth Behavior and Crystallography of Bainite[J]. Metallurgical and Materials Transactions A, 2021, 52: 817-825.

[4] 刘曼，胡海江，田俊羽，徐光. 变形对超高强贝氏体钢组织和力学性能的影响[J]. 金属学报，2021，57：749-756.

[5] Chen G H, Hu H J, Xu G, et al. Optimizing microstructure and property by ausforming in a medium-carbon bainitic steel[J]. ISIJ International, 2020, 60 (9): 2007-2014.

[6] Liu M, Xu G, Tian J Y, et al. Effect of austempering time on microstructure and properties of a low-carbon bainite steel[J]. International Journal of Minerals, Metallurgy and Materials, 2020, 27 (3): 340-346.

[7] Liu M, Wang Z T, Pan C G, et al. Microstructure and properties of a medium-carbon high-strength bainitic steel treated by boro-austempering treatment[J]. Steel Research International. 2020, DOI: 10. 1002/srin. 202000128.

[8] Liu M, Cai F, Zhang Q, et al. Chro-austempering treatment of a medium-carbon high-strength bainitic steel[J]. Journal of Materials Research and Technology, 2020, submitted.

[9] Chen G H, Xu G, Hu H J, et al. Effect of two-step ausforming on bainite transformation and retained austenite in a medium-carbon bainitic steel[J]. Materials Research Express, 2020, 7 (1): 016519.

[10] Yao Z S, Tian J Y, Chen X, et al. Investigation on microstructure and Properties of low carbon wear-resistant steels with addition of Cr and Ni[J]. Steel Research International, 2020, DOI: 10. 1002/srin. 201900677.

[11] Hu H J, Xu G, Dai F Q, et al. Critical ausforming temperature to promote isothermal bainitic transformation in prior-deformed austenite[J]. Materials Science and Technology, 2019, 35: 420-428.

[12] Zou H, Hu H J, Xu G, et al. Combined effects of deformation and undercooling on isothermal bainitic transformation in an Fe-C-Mn-Si alloy[J]. Metals, 2019, 9: 138-148.

[13] Chen G H, Xu G, Wang L, et al. Effect of strain rate on the bainitic transformation in Fe-C-Mn-Si medium-carbon bainitic steels[J]. Metallurgical and Materials Transactions A, 2019, 50: 573-580.

[14] Chen G H, Xu G, Hu H J, et al. Effect of deformation during austempering on bainite transformation and retained austenite in a medium-carbon bainitic steel [J]. Steel Research International, 2020, DOI: 10.1002/srin.201900353.

[15] Tian J Y, Xu G, Hu H J, et al. Effects of undercooling and transformation time on microstructure and strength of Fe-C-Mn-Si superbainitic steel[J]. Strength of Materials, 2019, 51: 439-449.

[16] Tian J Y, Xu G, Jiang Z Y, et al. In-situ observation of martensitic transformation in a Fe-C-Mn-Si bainitic steel during austempering[J]. Metals and Materials International, 2019, DOI: 10.1007/s12540-019-00370-8.

[17] Tian J Y, Xu G, Jiang Z Y, et al. Transformation behavior and properties of carbide-free bainite steels with different Si contents[J]. Steel Research International, 2019, 90: 1659.

[18] Tian J Y, Xu G, Jiang Z Y, et al. Effect of austenisation temperature on bainite transformation below martensite starting temperature[J]. Materials Science and Technology, 2019, 35: 1539-1550.

[19] Tian J Y, Xu G, Zhou M X, et al. Effects of Al addition on bainite transformation and properties of high-strength carbide-free bainitic steels[J]. Journal of Iron and Steel Research International, 2019, 26: 846-855.

[20] Xiong T, Xu G, Yuan Q, et al. Effects of initial austenite grain size on microstructure and mechanical properties of 5% nickel cryogenic steel[J]. Metallography, Microstructureand Analysis, 2019, 8: 241-248.

[21] Yao Z S, Xu G, Hu H J, et al. Effect of Ni and Cr addition on transformation and properties of low-carbon bainitic steels [J]. Transactions of the Indian Institute of Metals, 2019, 72: 1167-1174.

[22] Liu M, Xu G, Tian J Y, et al. The effect of stress on bainite transformation, microstructure and properties of a low-carbon bainitic steel[J]. Steel Research In-

ternational, 2019, DOI: 10. 1002/srin. 201900159.

[23] Chen G H, Xu G, Hu H J, et al. Effect of strain rate on deformation resistance during ausforming in Fe-C-Mn-Si high-strength bainite steels[J]. Steel Research International, 2018, 89, DOI: 10. 1002/srin. 201800201.

[24] Tian J Y, Xu G, Jiang Z Y, et al. Effect of Ni addition on bainite transformation and properties in a 2000MPa grade ultrahigh strength bainitic steel[J]. Metals and Materials International, 2018, 24: 1202-1212.

[25] Tian J Y, Xu G, Jiang Z Y, et al. Transformation behavior of bainite during two-step isothermal process in an ultrafine bainite Steel[J]. ISIJ International, 2018, 58: 1875-1882.

[26] Tian J Y, Xu G, Wang L, et al. In situ observation of the lengthening rate of bainite sheaves during continuous cooling process in a Fe-C-Mn-Si superbainitic steel[J]. Transactions of the Indian Institute of Metals, 2018, 71: 185-194.

[27] Tian J Y, Xu G, Zhou M X, et al. Refined bainite microstructure and mechanical properties of a high-strength low-carbon bainitic steel treated by austempering below and above M_s [J]. Steel Research International, 2018, 89, DOI: 10. 1002/srin. 201700469.

[28] Zhou M X, Xug, Hu H J, et al. Kinetics model of bainitic transformation with stress[J]. Metals and Materials International, 2018, 24: 28-34.

[29] Zhu M, Xu G, Zhou M X, et al. Effects of tempering on the microstructure and properties of a high-strength bainite rail steel with good toughness[J]. Metals, 2018, 8: 484-494.

[30] Tian J Y, Xu G, Zhou M X, et al. The effects of Cr and Al addition on transformation and properties in low-carbon bainitic steels[J]. Metals, 2017, 7: 40-50.

[31] Zhou M X, Xu G, Hu H J, et al. Comprehensive analysis on the effects of different stress states on the bainitic transformation[J]. Materials Science and Engineering: A, 2017, 704: 427-433.

[32] Zhou M X, Xu G, Hu H J, et al. The effect of large stress on bainitic transformation at different transformation temperatures[J]. Steel Research International, 2017, 88, DOI: 10. 1002/srin. 201600377.

[33] Zhou M X, Xu G, Tian J Y, et al. Bainitic transformation and properties of low carbon carbide-free bainitic steels with Cr addition[J]. Metals, 2017, 7: 263-273.

[34] Hu H J, Xu G, Wang L, et al. Effects of strain and deformation temperature on bainitic transformation in a Fe-C-Mn-Si alloy[J]. Steel Research International,

2017, 88, DOI: 10.1002/srin.201600170.

[35] Hu H J, Xu G, Zhou M X, et al. New insights to the promoted bainitic transformation in prior deformed austenite in a Fe-C-Mn-Si alloy [J]. Metals and Materials International, 2017, 23: 233-238.

[36] Zhou M X, Xu G, Hu H J, et al. The morphologies of different types of Fe_2SiO_4-FeO in Si containing steel[J]. Metals, 2017, 7: 8-15.

[37] Tian J Y, Xu G, Zhou M X, et al. The effects of Cr and Al addition on transformation and properties in low-carbon bainitic steels[J]. Metals, 2017, 7: 40-50.

[38] Hu H J, Xu G, Zhou M X, et al. Effect of Mo content on microstructure and property of low-carbon bainitic steels[J]. Metals, 2016, 6 (8): 173-182.

[39] Zhou M X, Xu G, Wang L, et al. The combined effect of the prior deformation and applied stress on the bainite transformation[J]. Metals and Materials International, 2016, 22: 956-961.

[40] Zhou M X, Xu G, Hu H J, et al. The effect of large stress on bainitic transformation at different transformation temperatures[J]. Steel Research International, 2016, DOI: 10.1002/srin.201600377.

[41] Zhou M X, Xu G, Wang L, et al. Effect of undercooling and austenitic grain size on bainitic transformation in an Fe-C-Mn-Si superbainite steel[J]. Transactions of the Indian Institute of Metals, 2016, 69: 693-698.

[42] Zhou M X, Xu G, Wang L, et al. Comprehensive analysis on dilation of bainitic transformation under stress[J]. Metals and Materials International, 2015, 21: 985-990.

[43] Hu H J, Zurob H S, Xu G, et al. New insights to the effects of ausforming on the bainitic transformation[J]. Materials Science and Engineering A, 2015, 626: 34-40.

[44] Hu H J, Xu G, Wang L, et al. The effects of Nb and Mo addition on transformation and properties in low carbon bainitic steels[J]. Materials and Design, 2015, 84 (4): 95-99.

[45] Hu H J, Xu G, Wang L, et al. Effect of ausforming on stability of retained austenite in an C-Mn-Si bainitic steel[J]. Metals and Materials International, 2015, 21 (5): 929-935.

[46] Hu H J, Xu G, Zhang Y L, et al. Dynamic observation of bainite transformation in a Fe-C-Mn-Si superbainite steel[J]. Journal of Wuhan University of Technology, Materials Science Edition, 2015, 30 (4): 818-821.

[47] Hu H J, Xu G, WangL, et al. Dynamic observation of twin evolution during aus-

tenite grain growth in an Fe-C-Mn-Si alloy[J]. International Journal of Materials Research, 2014, 105 (4): 337-341.

[48] Hu Z W, Xu G, Hu H J, et al. In situ measured growth rates of bainite plates in an Fe-C-Mn-Si superbainitic steel[J]. International Journal of Minerals, Metallurgy and Materials, 2014, 21: 371-378.

[49] Xu G, Liu F, Wang L, et al. A new approach to quantitative analysis of bainitic transformation in a superbainite steel [J]. Scripta Materialia, 2013, 68: 833-836.

[50] Liu F, Xu G, Zhang Y L, et al. In situ observations of austenite grain growth in Fe-C-Mn-Si superbainitic steel[J]. International Journal of Minerals, Metallurgy and Materials, 2013, 20: 1060-1066.

[51] 田俊羽. 超高强纳米贝氏体钢微观组织调控及强韧化机理研究[D]. 武汉: 武汉科技大学, 2020.

[52] 周明星. 应力对超细高强贝氏体钢相变和组织影响研究[D]. 武汉: 武汉科技大学, 2018.

[53] 胡海江. 超级贝氏体钢相变动力学及力学稳定化机理研究[D]. 武汉: 武汉科技大学, 2017.

[54] 陈光辉, 徐耀文, 刘曼, 等. 高温变形和过冷度对中碳钢贝氏体相变的影响[J]. 钢铁研究学报, 2020, 32 (11): 984-989.

[55] 陈光辉, 徐光, 胡海江, 等. 1.6GPa 级中碳高强贝氏体钢中残余奥氏体调控机理的研究[J]. 钢铁, 2021, 56 (1): 1-9.

[56] 刘曼, 胡海江, 田俊羽, 等. 贝氏体钢等温淬火和淬火-配分复合工艺研究[J]. 钢铁, 2020.

[57] 刘曼, 徐光, 田俊羽, 等. 硅含量对低碳贝氏体相变动力学和性能的影响[J]. 钢铁研究学报, 2019, 31 (11): 982-987.

[58] 胡海江, 徐光, 张玉龙, 等. 变形对贝氏体钢等温相变动力学影响研究[J]. 材料热处理学报, 2015, 36 (12): 246-250.

[59] 胡海江, 徐光, 张玉龙, 等. 先进贝氏体钢奥氏体晶粒长大行为的动态观察[J]. 材料热处理学报, 2014, 35 (1): 83-87.

[60] 胡海江, 徐光, 刘峰. 超级贝氏体钢相变的原位观察研究[J]. 材料科学与工艺, 2014, 22 (5): 97-101.